人工智能与
人类未来丛书

巧用DeepSeek
快速搞定数据分析

朱宁 著

北京大学出版社
PEKING UNIVERSITY PRESS

内 容 提 要

本书是一本关于数据分析与DeepSeek应用的实用指南,旨在帮助读者了解数据分析的基础知识及如何利用DeepSeek进行高效的数据处理和分析。随着大数据时代的到来,数据分析已经成为现代企业和行业发展的关键驱动力,本书正是为了满足这一市场需求而诞生。

本书共分为8章,涵盖了从数据分析基础知识、常见的统计学方法,到使用DeepSeek进行数据准备、数据清洗、特征提取、数据可视化、回归分析与预测建模、分类与聚类分析及深度学习和大数据分析等全面的内容。各章节详细介绍了如何运用DeepSeek在数据分析过程中解决实际问题,并提供了丰富的实例以帮助读者快速掌握相关技能。

本书适合数据分析师、数据科学家、研究人员、企业管理者、学生及对数据分析和人工智能技术感兴趣的广大读者阅读。通过阅读本书,读者将掌握数据分析的核心概念和方法,并学会如何运用DeepSeek为数据分析工作带来更高的效率和价值。

图书在版编目(CIP)数据

巧用DeepSeek快速搞定数据分析 / 朱宁著. —— 北京:北京大学出版社,2025.5. —— ISBN 978-7-301-36159-7

Ⅰ. TP274

中国国家版本馆CIP数据核字第2025N94355号

书　　　名	巧用DeepSeek快速搞定数据分析 QIAOYONG DeepSeek KUAISU GAODING SHUJU FENXI
著作责任者	朱宁 著
责任编辑	刘云　姜宝雪
标准书号	ISBN 978-7-301-36159-7
出版发行	北京大学出版社
地　　　址	北京市海淀区成府路205号　100871
网　　　址	http://www.pup.cn　新浪微博:@北京大学出版社
电子邮箱	编辑部 pup7@pup.cn　总编室 zpup@pup.cn
电　　　话	邮购部 010-62752015　发行部 010-62750672　编辑部 010-62570390
印　刷　者	大厂回族自治县彩虹印刷有限公司
经　销　者	新华书店
	880毫米×1230毫米　32开本　12.5印张　359千字 2025年5月第1版　2025年5月第1次印刷
印　　　数	1-4000册
定　　　价	79.00元

未经许可,不得以任何方式复制或抄袭本书之部分或全部内容。
版权所有,侵权必究
举报电话:010-62752024　电子邮箱:fd@pup.cn
图书如有印装质量问题,请与出版部联系,电话:010-62756370

推荐序

夯实智能基石，共筑人类未来

人工智能正在改变当今世界。从量子计算到基因编辑，从智慧城市到数字外交，人工智能不仅重塑着产业形态，还改变着人类文明的认知范式。在这场智能革命中，我们既要有仰望星空的战略眼光，也要具备脚踏实地的理论根基。北京大学出版社策划的"人工智能与人类未来"丛书，恰如及时春雨，无论是理论还是实践，都对这次社会变革有着深远影响。

该丛书最鲜明的特色在于其能"追本溯源"。当业界普遍沉迷于模型调参的即时效益时，《人工智能大模型数学基础》等基础著作系统梳理了线性代数、概率统计、微积分等人工智能相关的计算脉络，将卷积核的本质解构为张量空间变换，将损失函数还原为变分法的最优控制原理。这种将技术现象回归数学本质的阐释方式，不仅能让读者的认知框架更完整，还为未来的创新突破提供了可能。书中独创的"数学考古学"视角，能够带读者重走高斯、牛顿等先贤的思维轨迹，在微分流形中理解Transformer模型架构，在泛函空间里参悟大模型的涌现规律。

在实践维度，该丛书开创了"代码即理论"的创作范式。《人工智能大模型：动手训练大模型基础》等实战手册摒弃了概念堆砌，直接使用PyTorch框架下的100多个代码实例，将反向传播算法具象化为矩阵导数运算，使注意力机制可视化为概率图模型。在《DeepSeek源码深度解析》

中，作者团队细致剖析了国产大模型的核心架构设计，从分布式训练中的参数同步策略，到混合专家系统的动态路由机制，每个技术细节都配有工业级代码实现。这种"庖丁解牛"式的技术解密，使读者既能把握技术全貌，又能掌握关键模块的实现精髓。

该丛书着眼于中国乃至全世界人类的未来。当全球算力竞赛进入白热化阶段，《Python大模型优化策略：理论与实践》系统梳理了模型压缩、量化训练、稀疏计算等关键技术，为突破"算力围墙"提供了方法论支撑。《DeepSeek图解：大模型是怎样构建的》则使用大量的可视化图表，将万亿参数模型的训练过程转化为可理解的动力学系统，这种知识传播方式极大地降低了技术准入门槛。这些创新不仅呼应了"十四五"规划中关于人工智能底层技术突破的战略部署，还为构建自主可控的技术生态提供了人才储备。

作为人工智能发展的见证者和参与者，我非常高兴看到该丛书的三重突破：在学术层面构建了贯通数学基础与技术前沿的知识体系；在产业层面铺设了从理论创新到工程实践的转化桥梁；在战略层面响应了新时代科技自立自强的国家需求。该丛书既可作为高校培养复合型人工智能人才的立体化教材，又可成为产业界克服人工智能技术瓶颈的参考宝典，此外，还可成为现代公民了解人工智能的必要书目。

站在智能时代的关键路口，我们比任何时候都更需要这种兼具理论深度与实践智慧的启蒙之作。愿该丛书能点燃更多探索者的智慧火花，共同绘制人工智能赋能人类文明的美好蓝图。

于剑

北京交通大学人工智能研究院院长

交通数据分析与挖掘北京市重点实验室主任

中国人工智能学会副秘书长兼常务理事

中国计算机学会人工智能与模式识别专委会荣誉主任

前言

随着大数据时代的到来,数据分析和人工智能技术正迅速改变着各行各业的运作方式。DeepSeek作为先进的人工智能模型,不仅在自然语言处理领域具有广泛应用,还在数据分析、图像识别、推荐系统等多个方面展示出巨大的潜力。随着技术的不断进步和发展,DeepSeek有望在未来为我们提供更加智能化、个性化的服务,成为企业和个人在数据驱动决策中不可或缺的工具。

此外,DeepSeek的成功应用将为人工智能领域带来新的突破,推动人工智能与各行业的深度融合。随着越来越多的企业和个人认识到DeepSeek的价值,这一技术将为人类社会创造巨大的社会效益和经济价值,成为未来科技发展的重要引擎之一。

笔者的使用体会

在使用DeepSeek的过程中,笔者深感这一技术的强大与便捷。通过利用DeepSeek在数据分析过程中的各个环节进行实践操作,我们可以大大提高工作效率,降低人力成本,从而为企业和个人带来更高的投资回报率。同时,DeepSeek的智能生成能力使非专业人士也能快速上手,降低了数据分析和人工智能领域的门槛。

在编写本书的过程中,笔者亲身体验了DeepSeek在数据收集、清洗、特征提取、建模、可视化等方面的实际应用。这一过程不仅帮助我们更深入地理解数据分析的各个环节，而且让我们对DeepSeek的强大功能和广泛应用前景充满信心。我们相信，通过阅读本书，读者也能够领略到DeepSeek的魅力，从而更好地运用这一技术解决实际问题。

本书的特色

● 实用性强：本书通过实际案例和操作技巧，使读者能够快速上手并灵活运用数据分析和DeepSeek技术。

● 深入浅出：本书以通俗易懂的语言解释数据分析和DeepSeek的原理及应用，让职场新手也能轻松掌握。

● 高效学习：本书结构紧凑，内容精炼，便于读者快速吸收和理解，无须花费大量时间。

● 融合行业经验：本书结合了作者多年的职场经验，为读者提供了独到的见解和实用建议。

● 适用人群广泛：无论是职场新人、管理者、开发者还是对数据分析和人工智能技术感兴趣的读者，本书都能为其提供有益的启示和指导。

通过本书，我们希望为读者提供一个全面、实用的数据分析与DeepSeek应用指南，助力职场人士在竞争激烈的环境中脱颖而出。

本书包括的内容

本书内容可分为三大部分。

第一部分（第1章）旨在为读者奠定数据分析基础，详细介绍数据分析的定义、重要性、流程及常见的统计学方法和工具。同时，对DeepSeek的核心理念和应用进行详细阐述。

第二部分（第2～5章）通过实例展示如何使用DeepSeek编写数据收集脚本、生成数据样本、处理数据质量和结构问题，以及进行特征工程和数据可视化。本部分将帮助读者熟练运用DeepSeek解决实际数据分析问题。

第三部分（第6～8章）结合案例向读者展示如何运用DeepSeek进行回归分析、预测建模、分类与聚类分析，以及深度学习和大数据分析。通过本部分的学习，读者将能够灵活运用DeepSeek技术解决复杂的数据分析问题。

读者在阅读本书过程中如遇到问题，可以通过邮件与笔者联系。笔者常用的电子邮箱是xyzhuning@126.com。

本书读者对象

● 数据分析师：希望通过掌握DeepSeek技术提升数据分析、预测建模和报告呈现等方面的能力的专业人士。

● 项目经理：期望运用DeepSeek技术提高项目执行效率、降低沟通成本和促进团队协作的管理者。

● 研发工程师：对DeepSeek技术感兴趣，希望了解其原理及应用方法，将其运用于实际开发项目中的技术人员。

● 企业管理者：寻求利用DeepSeek技术提升企业数据分析能力，为决策提供更为精准的依据的领导者。

● 学生：数据分析、人工智能等相关专业，希望了解DeepSeek技术及其在实际应用中的价值的学生。

● 对人工智能和数据分析感兴趣的读者：希望了解DeepSeek技术的原理、应用场景和实践方法，探索将其运用于各行各业的广大读者。

致谢

在本书完稿之际，衷心感谢我的家人和朋友们，他们在这个过程中给予了我无尽的支持与鼓励。正是他们的信任和理解，让我得以在忙碌的工作和生活中抽出时间来完成这本书的创作。同时，感谢北京大学出版社老师的辛勤工作，他们的专业意见和建议为本书的质量提升做出了很大贡献。最后，感谢所有关心、支持和阅读本书的读者，希望这本书能为你们的职场发展提供有益的帮助，也欢迎大家提出宝贵的意见和建议，让我们共同进步。

> **特别提醒：** 本书从写作到出版，需要一段时间，软件升级后可能会有界面变化，读者在阅读本书时，可以根据书中的思路，举一反三地进行学习，不必拘泥于细微的变化，掌握使用方法即可。

目录

第1章　数据分析基础和DeepSeek简介 ········· 001

- 1.1　数据分析的定义与重要性 ···· 002
  - 1.1.1　数据分析的定义 ············ 002
  - 1.1.2　数据分析的重要性 ········ 002
- 1.2　数据分析流程 ················· 003
  - 1.2.1　问题定义 ···················· 003
  - 1.2.2　数据收集 ···················· 004
  - 1.2.3　数据预处理 ················· 004
  - 1.2.4　数据探索 ···················· 004
  - 1.2.5　特征工程 ···················· 004
  - 1.2.6　数据建模 ···················· 004
  - 1.2.7　结果评估 ···················· 005
  - 1.2.8　结果解释与展示 ············ 005
- 1.3　常见的统计学方法 ············ 005
  - 1.3.1　描述性统计分析 ············ 005
  - 1.3.2　探索性数据分析 ············ 006
  - 1.3.3　概率分布分析 ·············· 006
  - 1.3.4　参数估计分析 ·············· 007
  - 1.3.5　假设检验分析 ·············· 007
  - 1.3.6　回归分析 ···················· 008
- 1.4　数据分析与机器学习方法 ··· 009
  - 1.4.1　监督学习 ···················· 009
  - 1.4.2　无监督学习 ················· 009
  - 1.4.3　强化学习 ···················· 010
  - 1.4.4　半监督学习 ················· 010
- 1.5　常见的数据分析工具 ········· 011
  - 1.5.1　编程语言和库 ·············· 012
  - 1.5.2　数据分析软件 ·············· 013
  - 1.5.3　大数据处理框架 ············ 014
  - 1.5.4　云平台和数据分析服务 ··· 015
- 1.6　DeepSeek简介 ············· 015
  - 1.6.1　如何直接使用 DeepSeek ···················· 016
  - 1.6.2　本地部署DeepSeek ······ 019
  - 1.6.3　DeepSeek的核心理念和 算法 ························· 021
  - 1.6.4　DeepSeek在数据分析中的 应用 ························· 024
- 1.7　小结 ·························· 025

第 2 章　使用 DeepSeek 准备数据 026

2.1　使用 DeepSeek 编写数据收集脚本 027
2.1.1　使用 DeepSeek 编写抓取新闻数据脚本 027
2.1.2　使用 DeepSeek 编写抓取电影评论数据脚本 033
2.1.3　使用 DeepSeek 编写抓取股票数据脚本 038
2.1.4　使用 DeepSeek 编写抓取天气预报的数据脚本 042
2.1.5　使用 DeepSeek 编写抓取商品价格数据脚本 047
2.1.6　使用 DeepSeek 编写抓取社交媒体数据脚本 056

2.2　使用 DeepSeek 生成数据样本 060
2.2.1　使用 DeepSeek 生成电影评论数据样本 060
2.2.2　使用 DeepSeek 生成对话数据样本 065
2.2.3　使用 DeepSeek 生成新闻标题数据样本 069
2.2.4　使用 DeepSeek 生成产品描述数据样本 074
2.2.5　使用 DeepSeek 生成图像数据样本 079
2.3　小结 082

第 3 章　使用 DeepSeek 清洗数据 083

3.1　使用 DeepSeek 处理数据质量问题 084
3.1.1　使用 DeepSeek 处理缺失值 084
3.1.2　使用 DeepSeek 检测和处理异常值 093
3.1.3　使用 DeepSeek 检测和删除重复数据 101

3.2　使用 DeepSeek 处理数据结构问题 104
3.2.1　使用 DeepSeek 进行数据格式化转换 104
3.2.2　使用 DeepSeek 合并不同数据源的数据 112
3.3　小结 123

第4章 使用DeepSeek提取特征 ······ **124**

- 4.1 使用DeepSeek进行特征工程 ······ 124
- 4.1.1 使用DeepSeek进行特征选择 ······ 125
- 4.1.2 使用DeepSeek创建衍生特征 ······ 139
- 4.2 使用DeepSeek进行特征降维 ······ 152
- 4.2.1 使用DeepSeek实现主成分分析 ······ 152
- 4.2.2 使用DeepSeek实现线性判别分析 ······ 160
- 4.3 小结 ······ 169

第5章 使用DeepSeek进行数据可视化 ······ **170**

- 5.1 使用DeepSeek创建基本图表 ······ 171
- 5.1.1 使用DeepSeek创建折线图和趋势图 ······ 171
- 5.1.2 使用DeepSeek创建柱状图和条形图 ······ 184
- 5.1.3 使用DeepSeek创建饼图和环形图 ······ 192
- 5.1.4 使用DeepSeek创建散点图和气泡图 ······ 196
- 5.2 使用DeepSeek进行高级数据可视化 ······ 200
- 5.2.1 使用DeepSeek创建热力图和相关性图 ······ 201
- 5.2.2 使用DeepSeek创建并行坐标图和雷达图 ······ 207
- 5.2.3 使用DeepSeek创建树形图和层次图 ······ 213
- 5.3 小结 ······ 220

第6章 使用DeepSeek进行回归分析与预测建模 ······ **221**

- 6.1 使用DeepSeek进行回归分析 ······ 221
- 6.1.1 使用DeepSeek实现线性回归 ······ 222
- 6.1.2 使用DeepSeek实现多项式回归 ······ 233
- 6.1.3 使用DeepSeek实现岭回归与套索回归 ······ 243
- 6.2 使用DeepSeek进行预测建模 ······ 250

6.2.1 使用DeepSeek构建神经网络预测模型 …………… 250
6.2.2 使用DeepSeek进行决策树和随机森林预测 ………… 258
6.3 小结 ………………………… 265

第7章 使用DeepSeek进行分类与聚类分析 ……………… 267

7.1 使用DeepSeek进行分类分析 …………………… 268
7.1.1 直接使用DeepSeek进行情感分类 ……………… 268
7.1.2 使用DeepSeek进行K-近邻分类 ………………… 277
7.1.3 使用DeepSeek进行朴素贝叶斯分类 …………… 291
7.1.4 使用DeepSeek进行支持向量机分类 ……………… 300
7.2 使用DeepSeek进行聚类分析 …………………… 308
7.2.1 使用DeepSeek进行K-Means聚类 ……………… 308
7.2.2 使用DeepSeek进行层次聚类 …………………… 317
7.3 小结 ………………………… 326

第8章 使用DeepSeek进行深度学习和大数据分析 ……… 328

8.1 使用DeepSeek进行深度学习分析 ……………… 329
8.1.1 深度学习简介 …………… 329
8.1.2 使用DeepSeek构建卷积神经网络 ………………… 332
8.1.3 使用DeepSeek构建循环神经网络与长短期记忆网络 …………………… 349
8.2 使用DeepSeek进行大数据分析 …………………… 363
8.2.1 使用DeepSeek与Hadoop集成进行数据存储与处理 ……………………… 364
8.2.2 使用DeepSeek与Spark集成进行数据分析与机器学习 …………………… 377
8.3 小结 ………………………… 386

第1章
数据分析基础和 DeepSeek 简介

数据分析在当今社会中具有至关重要的地位，其应用领域广泛且涉及诸多行业。随着技术的不断发展和数据量的爆炸式增长，从大量数据中提取有价值的信息变得尤为关键。因此，掌握高效智能的数据分析方法对于应对日益严峻的数据挑战至关重要。DeepSeek 作为一种先进的语言模型，可以帮助读者更加高效地进行数据分析，以更好地满足数据分析的需求。

本章主要介绍了数据分析基础和 DeepSeek 简介，重点涉及以下知识点。
- 数据分析的定义与重要性。
- 数据分析流程。
- 常见的统计学方法。
- 数据分析与机器学习方法。
- 常见的数据分析工具。
- DeepSeek 简介。

通过本章的学习，读者将深入了解数据分析的基本概念、重要性及实际应用场景。同时，掌握数据分析过程中各阶段所需的方法和技巧，并熟悉 DeepSeek 的基本内容，为后续章节中使用 DeepSeek 进行数据分析奠定坚实基础。

1.1 数据分析的定义与重要性

随着数字化时代的到来,数据已经成为一种宝贵的资源。数据分析是对这种资源进行充分利用的重要手段。它通过对数据进行深入分析,提取出数据背后隐藏的规律和价值,从而帮助人们做出更好的判断。数据分析不仅可以帮助企业优化运营和管理,而且可以为科学研究、社会管理、医疗卫生等领域提供支持。因此,数据分析已成为当今社会中不可或缺的一项技能。

1.1.1 数据分析的定义

数据分析是指对数据进行系统的收集、清洗、分析、解释和展示的过程,旨在从数据中发现有用的信息和知识。数据分析的目的是揭示数据背后的规律、趋势和关联,从而帮助人们做出更好的决策和行动。

数据分析通常包括以下几个步骤。

(1)数据收集:收集需要分析的数据,包括结构化数据(如数据库中的数据)和非结构化数据(如文本、图像和视频等)。

(2)数据清洗:对数据进行清理、转换和整理,以确保数据的准确性、完整性和一致性。

(3)数据分析:使用统计学、机器学习等方法对数据进行分析和探索,发现数据中的模式、趋势和关联。

(4)数据解释:将数据分析的结果转化为可理解的形式,并解释其意义和影响。

(5)数据展示:将数据分析的结果以图表、报告等形式进行展示,以便更好地沟通和传达数据的意义和价值。

1.1.2 数据分析的重要性

数据分析在当今数字化时代中占据着举足轻重的地位,具有巨大的价值。它不仅能帮助人们深入理解业务和问题,而且能提高工作效率、改善客户体验、驱动创新和增强企业竞争力。通过数据分析,人们可以识别成功的趋势、挖掘潜在机会并找到问题的根本原因,从而做出更明智的决策。此外,自动化分析过程可以加快问题发现并采取行动,进一步提升工作效率和生产力。

利用数据分析,人们可以更好地了解客户需求和行为,优化产品和服务,提高客户满意度和忠诚度。数据分析还能揭示新的趋势和机会,推动创新和发展。通过对数据的分析和解读,新思路、方法和模式得以诞生,催生出新的商业模式和价值。此外,数据分析还可以帮助企业更好地洞悉市场和竞争环境,优化战略和决策,提升竞争力。数据分析在科研、社会管理、医疗卫生等领域同样具有重要价值,它有助于人们更好地理解社会和自然现象,优化政策和管理,提高服务质量和效率。

总之,数据分析作为一种强大的工具,为个人和组织提供了巨大的机遇。通过深入学习和实践数据分析,读者将能够更好地应对挑战,抓住机遇,并为未来的发展做好充分准备。

1.2 数据分析流程

数据分析流程通常包括以下8个阶段,每个阶段都是为了实现从原始数据到有用信息和知识的转换,如图1.1所示。以下是具体的数据分析流程。

1.2.1 问题定义

在开始数据分析之前,首先要明确分析目的和需求,包括确定要解决的问

图1.1 数据分析流程

题、设定目标和预期结果。这一阶段对整个数据分析过程至关重要，因为它确保了分析工作的方向和有效性。

1.2.2 数据收集

在明确问题定义后，需要收集与问题相关的数据，包括从数据库中提取数据、通过网络爬虫获取在线数据、使用传感器收集实时数据或通过调查问卷获取用户反馈等。数据收集过程需要确保数据的完整性和相关性。

1.2.3 数据预处理

在数据收集完成后，需要对数据进行预处理，包括数据清洗、去除重复值、填补缺失值、处理异常值等。这一阶段确保了数据质量和一致性，为后续分析提供了准确的输入。

1.2.4 数据探索

在数据预处理完成后，可以进行初步的数据探索。通过统计分析和数据可视化，对数据的基本情况、特征分布、相关性等进行了解。这有助于更好地理解数据，并为进一步的分析提供指导。

1.2.5 特征工程

基于数据探索的结果，对数据特征进行进一步分析，包括特征选择、特征提取、特征降维等。这一阶段可以提高模型的性能和可解释性，减少过拟合的风险。

1.2.6 数据建模

在特征工程完成后，选择合适的算法和模型，对数据进行建模和分析。根据具体问题和数据类型，可以采用监督学习、无监督学习或强化学习等方法。这一阶段的目标是发现数据中的模式和规律。

1.2.7 结果评估

在数据建模完成后,需要对模型的结果进行评估和验证,包括计算模型的准确率、召回率、F_1分数等评估指标,使用交叉验证、留一法等方法进行模型验证。这一阶段的目的是确保模型的有效性和可靠性。

1.2.8 结果解释与展示

数据分析的最终目标是有效地传达分析结果给决策者,以帮助他们做出明智的决策。为了实现这个目标,数据分析师需要创建图表、报告和仪表盘等可视化元素,并清晰地阐述数据分析结果的意义、关键发现和推荐行动。这一过程需要充分利用数据,同时根据具体需求和场景进行调整和优化,以适应不同的数据类型和问题。因此,遵循这个数据分析流程可以确保在整个过程中充分利用数据,并为解决实际问题提供有力支持。

1.3 常见的统计学方法

在数据分析过程中,统计学方法是必不可少的。统计学方法可以帮助我们描述数据特征、分析数据关系、估计参数和检验假设等。以下是一些常用的统计学方法。

1.3.1 描述性统计分析

描述性统计用于对数据的基本特征进行总结和描述。常见的描述性统计指标如下。

- 均值(Mean):表示数据的平均值,计算方法是将所有数据相加后除以数据个数。

- 中位数（Median）：表示数据的中间值，将数据从小到大排序后，位于中间位置的数值。
- 众数（Mode）：表示数据中出现次数最多的值。
- 标准差（Standard Deviation）：表示数据的离散程度，计算方法是求每个数据与均值之差的平方和，再除以数据个数，最后取平方根。
- 方差（Variance）：表示数据的离散程度，计算方法与标准差类似，但不取平方根。
- 四分位数（Quartile）：表示数据的四等分点，即25%、50%和75%位置上的数值。

这些指标可以帮助我们了解数据的集中趋势、离散程度和分布情况。

1.3.2 探索性数据分析

探索性数据分析（Exploratory Data Analysis，EDA）是一种数据分析方法，通过可视化和统计方法来探索数据结构、关系和异常。EDA可以帮助我们发现数据中的模式、趋势和异常，为后续的分析和建模提供方向。常用的EDA方法如下。

- 直方图（Histogram）：表示数据的频数分布，将数据划分为若干组，用柱状图表示每组的频数。
- 散点图（Scatter Plot）：表示两个变量之间的关系，横坐标表示一个变量的值，纵坐标表示另一个变量的值。
- 箱线图（Box Plot）：表示数据的五数概括（最小值、第一四分位数、中位数、第三四分位数和最大值），可以直观地展示数据的分布和离群点。
- 相关性分析（Correlation Analysis）：表示两个变量之间的线性关系，常用皮尔逊相关系数（Pearson Correlation Coefficient）进行度量。

1.3.3 概率分布分析

概率分布描述了一个随机变量的所有可能取值及其对应的概率。常见的概率分布如下。
- 正态分布（Normal Distribution）：具有对称钟形曲线的连续概率分布，其形状由均值和标准差决定。正态分布在自然界和社会现象中非常常见，如人的身高分布、考试成绩分布等。
- 均匀分布（Uniform Distribution）：在此分布中，给定区间内的所有数值具有相同的概率。均匀分布通常用于模拟随机事件，如抛硬币的结果、掷骰子的点数等。
- 二项分布（Binomial Distribution）：表示在 n 次独立的伯努利试验中成功次数的离散概率分布。伯努利试验是指只有两种可能结果的随机试验，如抛硬币观察正面和反面。
- 泊松分布（Poisson Distribution）：表示在给定时间或空间内某事件发生的次数的离散概率分布。泊松分布通常用于模拟稀有但随机发生的事件，如电话呼入、机器故障等。

通过概率分布，我们可以对数据的随机性和不确定性进行建模和分析。

1.3.4 参数估计分析

参数估计是根据样本数据推断总体参数的方法。常用的参数估计方法如下。
- 最大似然估计（Maximum Likelihood Estimation, MLE）：寻找使观测到的样本数据概率最大的参数值。
- 矩估计（Method of Moments, MOM）：根据样本矩（如均值、方差）与总体矩相等的原则，求解总体参数。
- 贝叶斯估计（Bayesian Estimation）：结合先验信息和样本数据，利用贝叶斯定理求解参数的后验分布。

参数估计可以帮助我们了解总体特征，并为后续的推断统计提供依据。

1.3.5 假设检验分析

假设检验是一种基于样本数据对总体参数进行推断的方法。常见的假设检验方法如下。

- t检验（t-Test）：用于比较两个总体的均值差异，适用于小样本和总体标准差未知的情况。
- 卡方检验（Chi-Square Test）：用于检验分类变量的分布情况和关联性。
- F检验（F-Test）：用于比较两个总体的方差差异，适用于正态分布数据。
- 方差分析（Analysis of Variance, ANOVA）：用于比较三个或更多总体的均值差异。

假设检验可以帮助我们检验数据中的规律和关系，以支持或反驳某些假设。

1.3.6 回归分析

回归分析是一种通过建立因变量与自变量之间的数学关系来分析数据的方法。常见的回归分析方法如下。

- 线性回归（Linear Regression）：建立因变量与一个或多个自变量之间的线性关系。线性回归可用于预测和解释变量之间的关系，适用于数据呈线性关系的情况。
- 多项式回归（Polynomial Regression）：建立因变量与自变量之间的高次多项式关系。虽然多项式回归可以捕捉非线性关系，但需要注意过拟合的风险。
- 逻辑回归（Logistic Regression）：建立因变量（通常为二分类变量）与自变量之间的关系，通过Sigmoid函数将线性关系映射到概率空间。逻辑回归常用于分类和概率预测问题。
- 非线性回归（Nonlinear Regression）：建立因变量与自变量之间的非线性关系。非线性回归可以捕捉复杂的数据模式，但模型的选择和参数估计较为困难。

通过运用这些统计学方法，我们可以从数据中提取有价值的信息，为研究、规划、评估、监测、预测等提供依据。在实际数据分析应用中，数据分析师通常需要根据具体问题的类型和数据特征，灵活选择并结合使用不同的统计学方法，以实现更加全面、准确和有效的数据分析，并给出解决方案。

1.4 数据分析与机器学习方法

机器学习是一种基于数据的智能决策方法，利用算法自动从数据中学习和提取规律，以完成特定任务或解决特定问题。与传统的统计学方法相比，机器学习具有更强的自适应性和泛化能力，可以处理大规模、高维度及复杂的数据。机器学习方法通常分为四类：监督学习（Supervised Learning）、无监督学习（Unsupervised Learning）、强化学习（Reinforcement Learning）和半监督学习（Semi-Supervised Learning）。

1.4.1 监督学习

监督学习是一种基于已知输入-输出对训练数据进行学习的方法，主要用于回归和分类任务。常见的监督学习算法如下。

● 支持向量机（Support Vector Machine，SVM）：一种基于最大间隔原则的分类和回归方法，可以处理线性和非线性问题。

● 决策树（Decision Tree）：一种基于树结构的分类和回归方法，直观易懂，可解释性强。

● 随机森林（Random Forest）：一种基于多个决策树的集成方法，具有较好的泛化能力和抗过拟合性能。

● 深度学习（Deep Learning）：一种基于多层神经网络的机器学习方法，适用于处理复杂的非线性关系和高维数据。

1.4.2 无监督学习

无监督学习是一种在没有标签数据的情况下对数据进行探索和学习的

方法，主要用于聚类、降维和特征提取任务。常见的无监督学习算法如下。

- K-均值聚类（K-Means Clustering）：一种基于距离的聚类方法，将数据划分为 K 个簇，以最小化簇内距离。
- 层次聚类（Hierarchical Clustering）：一种基于树结构的聚类方法，可以生成多层次的簇结构。
- 主成分分析（Principal Component Analysis, PCA）：一种线性降维方法，通过提取数据的主要成分来降低数据维度。
- 自编码器（Autoencoder）：一种基于神经网络的降维和特征提取方法，通过重构输入数据来学习数据的低维表示。

1.4.3 强化学习

强化学习是一种基于智能体与环境交互的学习方法，其目标是使智能体在给定的任务中获得最大的累积奖励。强化学习具有许多实际应用，如机器人控制、游戏AI和资源优化等。常见的强化学习算法如下。

- Q-学习（Q-learning）：一种基于值函数的离线强化学习方法，通过估计行为-状态值（Q值）来选择最佳行动。
- 深度Q网络（Deep Q-Network, DQN）：一种将深度学习与Q-学习相结合的方法，利用神经网络作为值函数近似器来处理高维输入状态空间。
- 策略梯度方法（Policy Gradient）：一种基于优化策略的在线强化学习方法，适用于处理连续动作空间。
- 演员-评论家方法（Actor-Critic）：一种结合了值函数估计和策略梯度方法的强化学习算法，通过两个网络分别学习策略和值函数，以实现更稳定的学习过程。

1.4.4 半监督学习

半监督学习是一种介于监督学习和无监督学习之间的学习方法，它利用标记数据和未标记数据共同学习数据的表示和结构。半监督学习旨在利用未标记数据的结构信息来提高模型的泛化能力和性能。常见的半监督学习算法如下。

- 标签传播算法（Label Propagation）：一种基于图的半监督学习方法，通过将标签从已标记数据传播到未标记数据来完成分类。
- 生成对抗网络（Generative Adversarial Network, GAN）：一种基于生成模型与判别模型的对抗学习来学习数据生成和分类的深度学习方法。
- 半监督支持向量机（Semi-Supervised Support Vector Machine, S3VM）：一种结合了监督学习和无监督学习的支持向量机方法，利用未标记数据来提高分类边界的稳定性。
- 自训练（Self-Training）：一种简单的半监督学习方法，通过将模型对未标记数据的预测结果作为伪标签来扩展训练数据集。

数据分析和机器学习在实际应用中往往紧密结合。数据分析可以帮助人们了解数据的特点、关联和分布，为机器学习模型的建立和优化提供有价值的信息。反过来，机器学习可以从数据中挖掘更深层次的规律和知识，提高数据分析的效果和准确性。

在实际应用中，数据分析和机器学习的结合主要体现在以下几个方面。

（1）特征工程：通过数据分析发现数据的重要特征和关联，为机器学习模型提供有用的输入特征。

（2）模型选择：根据数据的特点和具体需求，选择合适的机器学习算法和模型。

（3）模型评估：利用统计学方法和评估指标，对机器学习模型的性能和效果进行评估和比较。

（4）结果解释：将机器学习模型的预测结果与实际数据相结合，解释模型的意义和影响。

1.5 常见的数据分析工具

为了更好地应用数据分析方法，需要掌握相关的编程工具（如

Python、R语言等)和软件(如Excel、SPSS、SAS等),并在实践中不断积累经验和技巧。数据分析工具可以帮助人们更高效、便捷地完成数据处理、分析和可视化等任务。

1.5.1 编程语言和库

在数据分析中,主流的编程语言是Python和R语言,其中Python是一种广泛应用于数据分析和机器学习的编程语言,如图1.2所示。

图1.2 Python语言

Python拥有如下丰富的库。

- Numpy:用于高效处理多维数组和矩阵运算的库。
- Pandas:用于数据处理和分析的库,提供了DataFrame等数据结构。
- Scikit-learn:用于机器学习和数据挖掘的库,包含了许多常用的机器学习算法。
- Matplotlib:用于绘制二维图形的库,提供了各种图表功能。
- Seaborn:基于Matplotlib的高级数据可视化库,提供了更美观的图表和更简洁的接口。
- TensorFlow:由Google开发的用于机器学习和深度学习的库,提供了丰富的模型和算法。

R语言是一种专门针对统计计算和图形绘制的编程语言,如图1.3所示。

R语言拥有丰富的包和函数,可以方便地进行数据分析、统计建模和可视化。主要的R包如下。

图1.3 R语言

- Dplyr:用于数据处理和转换的包。
- Ggplot2:用于创建优美的图形和可视化的包。
- Tidyr:用于整理和清洗数据的包。
- Lubridate:用于处理和分析日期和时间数据的包。
- RandomForest:用于实现随机森林算法的包。

1.5.2 数据分析软件

数据分析软件的选择取决于具体需求和场景。对于中小规模数据的日常分析，Microsoft Excel就足够了；对于专业的数据可视化需求，Tableau是一个很好的选择；而对于大规模数据分析和业务智能应用，Power BI可以提供更多功能。这些软件都有各自的优势和适用范围，用户可以根据自己的需求和技能水平选择合适的数据分析软件，具体如下。

Microsoft Excel是一款功能强大的电子表格软件，如图1.4所示，适用于处理、分析和可视化中小规模数据。Excel提供了各种函数和工具，如数据排序、筛选、公式计算、条件格式化、数据透视表等，可以满足日常数据分析的需求。

Tableau是一款专门用于数据可视化的软件，如图1.5所示，可以轻松地创建各种图表和仪表板，实现数据的直观展示。Tableau支持多种数据源，如Excel、数据库和云平台等。它提供了丰富的图表类型和自定义选项，可以满足各种数据可视化需求。

图1.4　Microsoft Excel

图1.5　Tableau

Power BI是一款由微软推出的业务智能和数据可视化工具，如图1.6所示，适用于处理、分析和可视化大规模数据。Power BI提供了数据连接、数据建模、数据转换和数据可视化等功能，可以快速地生成报告和仪表板。它与其他微软产品（如Excel和SQL Server）具有良好的兼容性，并支持多种数据源，如数据库、云平台和文件等。Power BI适用于企业和个人用户，可以满足从基本到高级的数据分析需求。

图1.6　Power BI

1.5.3 大数据处理框架

随着数据量的不断增长，大数据处理框架在数据挖掘、分析和处理方面发挥着越来越重要的作用。Apache Hadoop 和 Apache Spark 是目前市场上两个应用最为广泛的大数据处理框架。

Apache Hadoop 是一种基于分布式文件系统（HDFS）的大数据处理框架，如图 1.7 所示，适用于处理大规模、分布式数据。Hadoop 提供了 MapReduce 编程模型，可以实现分布式计算和数据处理。Hadoop 生态系统还包括如下组件。

图 1.7　Hadoop

- Hive：一种基于 Hadoop 的数据仓库工具，提供了类似于 SQL 的查询语言 HiveQL，可以方便地进行大数据查询和分析。
- Pig：一个基于 Hadoop 的大数据处理平台，提供了一种高级脚本语言 Pig Latin，用于处理和分析大规模数据。
- HBase：一个基于 Hadoop 的分布式列式存储系统，适用于实时读写大量数据。
- Sqoop：一个用于在 Hadoop 和关系型数据库之间高效传输数据的工具。

Apache Spark 是一个基于内存计算的大数据处理框架，如图 1.8 所示，适用于高速处理大规模数据。Spark 提供了多种编程语言接口，如 Scala、Java 和 Python 等。Spark 生态系统包括以下组件。

图 1.8　Spark

- Spark Core：Spark 的基本功能组件，提供了基于内存的分布式计算能力。
- Spark SQL：用于处理结构化数据的组件，支持 SQL 查询和 DataFrame API。
- Spark Streaming：用于实时数据处理的组件，支持将实时数据流处理为批处理作业。
- Mllib：Spark 的机器学习库，提供了多种常用的机器学习算法。
- GraphX：Spark 的图计算库，用于处理图形数据和执行图算法。

大数据处理框架的发展和应用推动了数据科学、机器学习等领域的进步，使处理大规模数据变得更加高效、灵活和可扩展。

1.5.4　云平台和数据分析服务

随着云计算技术的不断发展，越来越多的云平台和数据分析服务应运而生。这些服务为用户提供了便捷的数据处理、存储、分析和可视化等功能，同时还具备高可用性、弹性伸缩和按需付费等优势。以下是一些常见的云平台和数据分析服务。

- Amazon Web Services（AWS）：亚马逊的云计算平台，提供了多种数据分析相关的服务，如 Amazon S3（分布式存储服务）、Amazon Redshift（数据仓库服务）和 Amazon Sagemaker（机器学习服务）等。
- Google Cloud Platform（GCP）：谷歌的云计算平台，提供了多种数据分析相关的服务，如 Google Bigquery（大数据查询服务）、Google Cloud Storage（分布式存储服务）和 Google Cloud ML Engine（机器学习服务）等。
- Microsoft Azure：微软的云计算平台，提供了多种数据分析相关的服务，如 Azure Blob Storage（分布式存储服务）、Azure Synapse Analytics（数据仓库服务）和 Azure Machine Learning（机器学习服务）等。

云计算在数据分析领域的应用优势主要体现在低成本、高可用性、弹性伸缩、快速部署和全球访问等方面。利用云平台和数据分析服务，企业和个人用户可以更加便捷、高效地进行数据分析工作，从而实现业务目标和提升竞争力。

1.6　DeepSeek 简介

DeepSeek 是一款由中国人工智能公司"深度求索"开发的先进人工智能（AI）技术，旨在理解并生成类似人类的自然语言。DeepSeek 结合了自然语言处理、机器学习等先进技术，通过精准的数据分析和智能推理，能够为用户提供更为个性化和高效的服务。其核心技术之一是深度学习，能够模拟人类大脑的神经网络结构，提高数据处理的准确性，识别复杂的模式和规律，并在此基础上做出更加精准的预测。

在众多领域，DeepSeek都有着广泛应用，诸如文本生成、机器翻译、文本摘要和情感分析等。通过学习大量文本数据，DeepSeek能够掌握语言的语法、语义和一定程度的上下文信息，这使它在回答问题、创作文章以及与人类进行自然对话等任务上表现卓越。同时，DeepSeek也具备处理图片等多模态信息的能力，为用户提供更加丰富的交互体验。DeepSeek的Logo如图1.9所示。

图1.9　DeepSeek

1.6.1　如何直接使用DeepSeek

DeepSeek提供了多种直接使用的方式，以满足个人用户与企业开发者的不同需求。值得一提的是，DeepSeek具备"深度思考（R1）"和"联网搜索"两个功能选项，旨在提升其回答的深度和时效性。其中，"深度思考（R1）"功能使模型能够对复杂问题进行深入的分析和推理，适用于需要多步骤推理的任务，如数学问题求解、编程代码分析等；而"联网搜索"功能则允许模型访问实时的网络信息，提供最新的资讯和数据，适用于需要获取最新信息的场景，如新闻摘要、实时数据查询等。

接下来，我们将分别介绍几种直接使用DeepSeek的途径。

1. 网页端与移动端

● 网页端：访问DeepSeek官网（http://www.deepseek.com），单击"开始对话"按钮，如图1.10所示。

第 1 章 数据分析基础和 DeepSeek 简介

图 1.10 DeepSeek 官网

跳转至对话界面，注册账号后，可以直接在浏览器中体验对话、文本生成等功能。单击"开启新对话"按钮，用户就可以直接在输入框中输入问题并单击发送信息按钮获取相应回复。用户可以根据需求选择是否需要"深度思考（R1）"和"联网搜索"功能，并可以上传文件等，如图 1.11 所示。

- 移动端：下载官方 App DeepSeek（支持 iOS/Android），使用基础功能，同样包含"深度思考（R1）"和"联网搜索"两个功能。通过新建对话按钮发起新的聊天，并可以在左上方看到历史记录，如图 1.12 所示。DeepSeek App 适合实时问答、日程管理等轻量级场景。

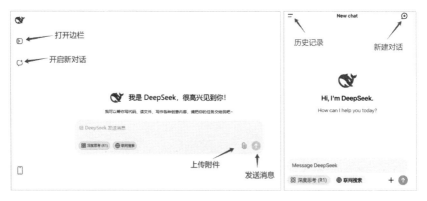

图 1.11　DeepSeek 对话界面　　图 1.12　DeepSeek App 界面

2. API调用

开发者也可以通过API将DeepSeek集成到自己的系统中,具体的步骤如下。

(1)注册账户:用户既可以访问DeepSeek的官方平台(如https://platform.deepseek.com)进行注册,也可以根据需求自行充值,以获取API使用权限。

> **注意:** 由于资源紧张,DeepSeek官网已经停止了充值服务,不过各大云厂商都已集成了DeepSeek,具体的方法本书不再赘述。

(2)创建API key:登录DeepSeek后,前往"API keys"页面,单击"创建API key"按钮,生成一个新的密钥,如图1.13所示。请妥善保存该密钥,因为出于安全考虑,创建后将无法再次查看。

图1.13 单击"创建API key"按钮

(3)API调用示例:DeepSeek的API支持多语言。以Python为例,可以通过以下命令安装需要的库。

```
pip3 install openai
```

调用的示例代码如1-1所示。

1-1 调用 DeepSeek API 示例代码

```
from openai import OpenAI
client = OpenAI(api_key="<DeepSeek API Key>",
                base_url="https://api.deepseek.com")

response = client.chat.completions.create(
    model="deepseek-chat",
    messages=[
        {"role": "system", "content": "You are a
         helpful assistant"},
        {"role": "user", "content": "Hello"},
    ],
    stream=False
)

print(response.choices[0].message.content)
```

在上述代码中，model 参数指定了要使用的模型名称（deepseek-chat 或 deepseek-reasoner），具体使用哪个模型取决于用户的应用需求。messages 参数是一个包含系统消息和用户消息的列表，stream 参数用于指定是否使用流式输出响应。

1.6.2 本地部署 DeepSeek

DeepSeek 开源了其推理部分，因此提供了本地部署的选项。DeepSeek 系列模型已开源并托管于 Hugging Face 平台。访问 Hugging Face 官网（huggingface.com），在搜索栏中输入 "DeepSeek" 即可找到官方模型库（如 DeepSeek-LLM/DeepSeek-7B-base）。进入模型页面后，可通过以下方式获取模型，如图 1.14 所示。

Model	Base Model	Download
DeepSeek-R1-Distill-Qwen-1.5B	Qwen2.5-Math-1.5B	🤗 HuggingFace
DeepSeek-R1-Distill-Qwen-7B	Qwen2.5-Math-7B	🤗 HuggingFace
DeepSeek-R1-Distill-Llama-8B	Llama-3.1-8B	🤗 HuggingFace
DeepSeek-R1-Distill-Qwen-14B	Qwen2.5-14B	🤗 HuggingFace
DeepSeek-R1-Distill-Qwen-32B	Qwen2.5-32B	🤗 HuggingFace
DeepSeek-R1-Distill-Llama-70B	Llama-3.3-70B-Instruct	🤗 HuggingFace

图 1.14　DeepSeek 模型界面

● 直接下载：单击"Files and versions"标签页，手动下载模型文件（包含 pytorch_model.bin、config.json 等）。

● 代码调用：使用 Transformers 库的 from_pretrained() 方法自动加载（需提前登录 Hugging Face 账户并配置 API Token）。

在下载完模型后，通过以下命令安装基础依赖库。若需 GPU 加速，则需额外安装对应版本的 CUDA 驱动。

```
pip install torch transformers accelerate
```

然后，使用 Transformers 库从本地路径加载模型，代码如 1-2 所示。

1-2　加载模型代码

```
from transformers import AutoModelForCausalLM, 
AutoTokenizer
model_path = "./local/path/to/deepseek-7b"  
                                    # 替换为实际路径
tokenizer = AutoTokenizer.from_pretrained(model_path)
model = AutoModelForCausalLM.from_pretrained(model_
    path, device_map="auto")
```

在模型加载后，输入文本并生成结果，代码如 1-3 所示。

1-3　生成结果代码

```
input_text = "什么是DeepSeek? "
inputs = tokenizer(input_text, return_tensors="pt").
    to(model.device)
```

```
outputs = model.generate(**inputs, max_length=100)
print(tokenizer.decode(outputs[0]))
```

> 注意：本地部署可能需要较高的硬件配置和技术支持，建议在部署前详细阅读官方文档，并评估自身的技术能力和资源。若显存不足，可通过 load_in_8bit=True 启用量化（需 BitsandBytes 库支持）。

当然，现在也有很多比较好用的一体化部署工具，如 Ollama、LM Studio 等。这些工具各自的优势和适用人群如表 1.1 所示。如果用户追求简单，可优先尝试 LM Studio 或 GPT4All；若需要自定义功能，则可以使用 Ollama 或 Text Generation WebUI。

表 1.1 一体化部署 DeepSeek 的工具

工具	优势	适用人群
Ollama	极简部署，跨平台	开发者／运维人员
LM Studio	图形界面，即点即用	普通用户／产品经理
GPT4All	低资源消耗，隐私保护	轻量级需求用户
Text Generation WebUI	功能全面，支持定制	高级用户／研究者

1.6.3 DeepSeek 的核心理念和算法

DeepSeek 的核心理念是通过大量文本数据训练深度学习模型，从而实现对自然语言的理解、推理和生成。其技术架构基于 Transformer 解码器，并结合自注意力机制对文本中的词汇关系进行动态权重分配，从而有效捕获文本中的长距离依赖关系。

DeepSeek 基于 Transformer 解码器架构，通过混合专家（MoE）架构、稀疏注意力优化和动态训练策略，在保持高模型性能的同时，显著提升训练效率与长文本处理能力。DeepSeek 算法结构如图 1.15 所示。

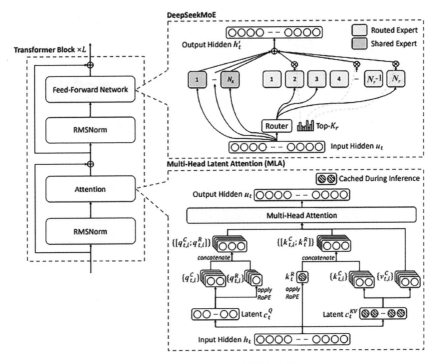

图1.15　DeepSeek的算法结构

以下是DeepSeek核心算法特点的详细解析。

1. 混合专家（MoE）架构

DeepSeek采用可扩展的混合专家（Scalable MoE）架构，取代传统Transformer中的前馈神经网络（FFN）层。其核心特点如下。

● 动态专家路由：每个Token根据门控网络选择激活特定数量的路由专家，同时保留一个共享专家以捕捉通用知识。这种稀疏计算模式仅激活约370亿个参数（总参数量达6710亿），极大降低了计算成本。

● 无辅助损失负载均衡：通过动态调整专家偏差项，而非依赖传统的辅助损失，实现了专家间的负载均衡，避免性能损失。

● 多层级专家结构：包含256个路由专家和1个共享专家，支持跨节点并行计算，结合节点受限路由策略，有效减少了通信开销。

2. 注意力机制创新：MLA（多头潜在注意力）

为解决传统 Transformer 的键值（KV）缓存瓶颈，DeepSeek 提出 MLA 注意力机制，核心思路如下。

- 低秩压缩：通过下投影矩阵将 Token 特征压缩至低维潜在空间（如维度 dc），再还原为 Key-Value 矩阵，从而实现 KV 缓存量的显著减少（超过 50%）。
- 计算效率优化：MLA 在保持注意力头数（如 128 头）的同时，显著降低了推理延迟，并支持更长的上下文（默认为 64K，可扩展至 128K）。

3. 训练策略革新

DeepSeek 通过多项技术突破训练成本瓶颈，具体说明如下。

- FP8 混合精度训练：采用 8 位浮点数量化权重和激活值，使显存占用降低至 700GB（理论上需要数 TB），训练成本仅为 557.6 万美元（与同等规模模型相比，成本降低了 90%）。
- 多 Token 预测（MTP）：同时预测后续多个 Token，增强了模型对长期依赖的捕捉能力，并加速了收敛过程。
- 组相对策略优化（GRPO）：替代传统近端策略优化（PPO）算法，无须独立价值模型，通过组内优势估计降低了内存开销，并提升了数学推理能力。

4. 分布式训练与推理优化

- 四维并行框架：结合了数据并行（如 ZeRO）、流水线并行、张量切片并行及序列并行，支持千卡集群的利用率高达 85%（行业平均水平为 50%）。
- 推理部署分离：在预填充（Prefilling）与解码（Decoding）阶段采用不同并行策略，如预填充阶段使用 TP4+SP+DP8，而解码阶段则采用 EP320 分布式专家部署，以确保高吞吐量与低延迟。

5. 知识蒸馏与开源生态

- 多层级知识蒸馏：通过"教师-学生"框架，将万亿参数模型的知识迁移至千亿级模型，知识保留率高达 98.7%。

● 开源与MaaS服务：提供API调用、私有化部署及行业定制平台，支持3天内完成垂直领域微调，如东莞某企业仅2周就开发出了缺陷识别率达99.5%的质检系统。

DeepSeek通过MoE稀疏计算、MLA注意力压缩、FP8量化训练等技术创新，实现了"低成本对标顶尖闭源模型"的目标。其开源策略与分布式优化进一步推动了AI技术的普及，为全球开发者提供了高效工具与全新赛道。

1.6.4 DeepSeek在数据分析中的应用

DeepSeek在数据分析领域具有广泛的应用潜力，可以帮助企业和个人用户更高效地处理和分析数据。在数据预处理阶段，DeepSeek可以辅助完成数据清洗和转换，自动识别数据中的异常值、缺失值和不一致。在描述性统计方面，DeepSeek可以根据输入的数据集自动生成统计报告，快速呈现数据的基本情况。此外，DeepSeek还可以发现数据中的模式和关联规则，进行预测分析，以及分析文本数据中的情感倾向。

DeepSeek在文本挖掘与分析、自动生成数据报告、自然语言查询、数据可视化、预测分析、机器学习模型优化等方面都具有显著的应用前景。通过将自然语言转换为数据库查询语言，DeepSeek能够简化用户访问和分析大型数据集的过程。同时，根据用户需求生成数据可视化图表，以直观地展示数据分析结果。在预测分析方面，DeepSeek利用学到的知识为用户提供关于未来趋势和市场预测的建议，以辅助决策。此外，DeepSeek还可以为数据科学家和工程师提供关于模型调优、特征选择和超参数优化等方面的建议，从而提高模型性能。

关于如何使用DeepSeek来完成数据分析任务，我们将在后续的章节中进行介绍。通过充分利用DeepSeek，数据分析师和数据科学家可以更高效地完成各类数据分析任务，为企业和个人用户创造价值。

1.7 小结

本章介绍了数据分析的基础知识及 DeepSeek 的概述。数据分析涉及问题定义、数据收集、数据预处理、数据探索、特征工程、数据建模、结果评估及结果解释与展示等一系列步骤。在数据分析过程中，我们需要掌握常见的统计学方法和机器学习方法。同时，熟悉各种数据分析工具也是十分重要的，包括编程语言和库、数据分析软件、大数据处理框架及云平台和数据分析服务等。

在本章的最后部分，我们对 DeepSeek 进行了简要介绍。DeepSeek 是一款强大的数据分析辅助工具，可以帮助数据分析师在数据分析过程中获取有价值的信息。通过了解如何使用 DeepSeek 及其核心理念和算法，我们能够更好地利用这一工具为我们的数据分析任务提供支持。

第 2 章
使用 DeepSeek 准备数据

在数据分析领域中，数据收集是至关重要的一环。高质量的数据是进行有效数据分析的基础，而获取这些数据的过程往往需要耗费大量的时间和精力。随着大数据和人工智能技术的迅速发展，自动化数据收集工具逐渐成为焦点。在这些工具中，DeepSeek 因其强大的自然语言处理能力和机器学习技术，成为数据收集和生成领域的重要工具。

本章将介绍如何使用 DeepSeek 高效地准备数据，涵盖以下重要的知识点。

- 直接利用 DeepSeek 的联网功能，从新闻、电影评论、股票、天气、商品价格和社交媒体数据等多个数据来源中快速获取所需的数据。
- 使用 DeepSeek 编写脚本，以便自动化定制数据收集过程，满足特定项目需求。
- 生成各类数据样本，如电影评论、对话、新闻标题、产品描述和图像等。

通过本章的学习，读者将深入了解如何结合使用 DeepSeek 的直接获取功能和脚本生成能力，快速获取和处理海量数据。这些数据可用于数据分析、机器学习模型的训练和验证等多种应用场景，帮助读者在数据准备阶段大幅提升效率。

2.1 使用 DeepSeek 编写数据收集脚本

数据收集是数据分析过程中的关键起点。为了提升数据收集的效率，本节将介绍如何使用 DeepSeek 的两大核心功能：直接获取和脚本生成。通过直接获取功能，我们可以迅速从新闻、电影评论、股票、天气、商品价格和社交媒体等多种来源获得数据。而脚本生成功能则允许我们自动化地定制数据收集过程，以满足特定需求。通过学习本节内容，读者将掌握使用 DeepSeek 为数据分析项目高效准备所需数据的多种方法和技巧。

2.1.1 使用 DeepSeek 编写抓取新闻数据脚本

抓取新闻数据是数据收集中的常见任务之一，广泛应用于文本挖掘、自然语言处理和情感分析等领域。借助 DeepSeek，我们可以轻松实现这一任务。以下是一个实例。

假设我们需要获取新浪新闻当天的新闻主题数据。由于 DeepSeek 具备联网功能，我们可以在 DeepSeek 界面中输入"给我今天的 10 条主要新闻"，并选中"联网搜索"功能，让它直接在网上搜索，如图 2.1 所示。

图 2.1 直接联网搜索新闻

通过这种方式，我们能够直接获取最新的新闻及其对应的超链接，单击链接即可查看详细信息。2-1 展示了 DeepSeek 的搜索结果，共处理了 41 个网页，通过对这些网页的分析和用户问题的理解，DeepSeek 生成了 10 条新闻总结，并为每条新闻附上超链接（按序号排列）。用户可以通过单击这些链接直接访问相关网页。

> **2-1 DeepSeek 直接搜索到的新闻**
>
> （已搜索到 41 个网页）
> 以下是 2025 年 2 月 10 日的主要新闻摘要。

1. 以色列与美达成共识,加沙停火协议继续执行

以色列总理内塔尼亚胡表示,与美国达成共识,将继续执行加沙停火协议,并确保战争目标的实现,包括消灭哈马斯和保障被扣押人员的安全返回①。

2. 特朗普期待与普京进一步对话

美国总统特朗普表示,期待与俄罗斯总统普京进行更多对话,以推动解决俄乌冲突。此前,双方已通过电话沟通,但俄方尚未回应①。

3. 乌克兰愿在安全保障下与俄谈判

乌克兰总统泽连斯基表示,若欧美国家提供安全保障,乌克兰愿意与俄罗斯进行和平谈判。这一表态显示乌克兰立场有所松动①。

4. 美国金融监管机构活动暂停引发市场担忧

美国白宫管理和预算办公室主任罗素·沃特暂停了消费者金融保护局的所有活动,包括对金融公司的监管,引发市场对金融稳定性的担忧①。

……

此外,我们还可以利用 DeepSeek 来创建新闻抓取脚本。脚本的提示语如 2-2 所示。

2-2 抓取新闻数据提示语

你是网络数据抓取的高手,熟练掌握 Python 编程语言,具有良好的网络编程基础,能够熟练使用网络爬虫框架,具备数据处理和分析能力,以及自我学习和解决问题的能力。这些技能使你能够快速、准确地抓取网络数据,并从中提取出有用的信息,为数据分析和其他领域的应用提供支持。

现在我需要抓取新浪新闻近一天的数据,包括新闻标题、时间、摘要。在抓取到对应的信息后,将这些信息保存到一个 CSV 文件中。

请直接给我完整的 Python 代码,以代码块的格式输出。

DeepSeek 根据需求,给出的答复如 2-3 所示。

2-3 DeepSeek 给出的新闻抓取脚本

以下是一个使用 Python 抓取新浪新闻近一天数据的示例代码。该代码使用 Requests 库发送 HTTP 请求,以及使用 BeautifulSoup 库解析 HTML

内容,并将抓取到的数据存储到CSV文件中。

```python
import requests
from bs4 import BeautifulSoup
import csv

def get_news():
    # 新浪新闻世界频道的网址
    url = 'https://news.sina.com.cn/world/'
    # 发送HTTP GET请求以获取网页内容
    response = requests.get(url)
    response.encoding = 'utf-8'
                       # 设置编码为UTF-8以正确显示中文字符
    # 使用BeautifulSoup解析网页内容
    soup = BeautifulSoup(response.text, 'html.parser')

    news_data = []    # 存储新闻数据的列表

    # 遍历所有新闻项
    for item in soup.find_all('div', class_='news-
        item'):
        headline_element = item.find('h2')
                                    # 找到新闻标题
        if headline_element:
            headline = headline_element.text.strip()
                                    # 获取并清理标题文本
            news_url = item.find('a')['href']
                                    # 获取新闻链接
            # 获取新闻的发布时间和摘要
            time, summary = get_time_and_summary_
                from_url(news_url)
            # 将新闻数据添加到列表中
            news_data.append({
                '标题': headline,
```

```python
                '时间': time,
                '摘要': summary,
            })
    return news_data

def get_time_and_summary_from_url(news_url):
    # 发送HTTP GET请求以获取新闻详情页内容
    response = requests.get(news_url)
    response.encoding = 'utf-8'
    # 使用BeautifulSoup解析详情页内容
    soup = BeautifulSoup(response.text, 'html.parser')

    # 找到新闻发布时间
    time_element = soup.find('span', class_='date')
    time = time_element.text.strip() if time_element
        else ''

    # 找到新闻摘要
    summary_element = soup.find('p', class_='summary')
    summary = summary_element.text.strip() if
        summary_element else ''

    return time, summary

def save_to_csv(news_data, filename):
    # 打开CSV文件,准备写入数据
    with open(filename, 'w', newline='',
        encoding='utf-8') as csvfile:
        # 定义CSV文件的字段名
        fieldnames = ['标题', '时间', '摘要']
        # 创建CSV写入对象
        writer = csv.DictWriter(csvfile,
            fieldnames=fieldnames)
        writer.writeheader()    # 写入表头
```

```
        # 写入每一条新闻数据
        for row in news_data:
            writer.writerow(row)

# 获取新闻数据
news_data = get_news()
# 将新闻数据保存到CSV文件中
save_to_csv(news_data, 'sina_news.csv')
print('新闻数据已保存到sina_news.csv')
```

代码说明如下。

1. 依赖库
- requests：用于发送HTTP请求。
- BeautifulSoup：用于解析HTML内容。
- csv：用于将数据保存到CSV文件中。

2. 抓取逻辑
- 抓取新浪新闻首页的新闻链接。
- 对每个新闻链接，访问详情页获取发布时间和摘要。
- 只保存近一天的新闻数据。

3. 输出
- 抓取到的新闻数据会保存到sina_news.CSV文件中，包含新闻标题、时间、摘要等信息。

注意事项：
- 新浪新闻的页面结构可能会发生变化，需要根据实际情况调整解析逻辑。
- 如果抓取频率过高，可能会触发反爬虫机制，建议适当增加延迟或使用代理。

将以上代码复制到PyCharm中运行，即可成功抓取到对应的新闻数据，部分内容如2-4所示。

2-4　DeepSeek抓取到的新闻数据

标题，时间，摘要

危地马拉一辆公共汽车发生交通事故，已致超30人死亡，2025年2月10日 21:45

韩国法院将于20日审理尹锡悦拘留取消申请，2025年2月10日 20:44

莫迪迎来历史性胜利，2025年2月10日 20:25

俄副外长：俄方尚未收到满意的就乌克兰局势启动谈判的具体提议，2025年2月10日 19:56

特朗普给普京送"三份大礼"，2025年2月10日 18:48

日本内阁官房长官：日铁将就美钢收购案"提出大胆方案"，2025年2月10日 18:07

现货黄金站上2900美元/盎司，续创历史新高，2025年2月10日 17:11

美国消费者金融保护局暂停所有活动，2025年2月10日 16:40

外交部回应美日联合声明涉华消极内容：强烈不满，坚决反对，2025年2月10日 15:56

特朗普称对所有进口到美国的钢铁和铝征收25%关税，外交部回应，2025年2月10日 15:56

外交部回应美日联合声明涉华消极内容：已向美方和日方提出严正交涉，2025年2月10日 15:56

　　以上DeepSeek生成的脚本展示了Python网络爬虫的实用性和高效性。该脚本采用了清晰的模块化结构，并利用了成熟的第三方库进行数据爬取和解析，轻松实现了对新浪新闻数据的抓取、筛选和存储，展现了网络爬虫在数据获取方面的强大能力。

　　网络爬虫技术在新闻数据采集领域中具有重要的应用价值。使用DeepSeek编写的抓取新闻数据脚本，可以快速准确地获取目标网站的新闻信息，并对其进行处理和存储。该脚本具有高度的灵活性和可扩展性，可以适应不同网站的数据结构和需求。通过结合实时网络数据抓取和高效的数据处理技术，为相关领域的研究工作提供了及时、可靠的数据支持，有助于深入挖掘新闻事件背后的故事和现象，为社会决策提供有力的数据支持。

2.1.2 使用 DeepSeek 编写抓取电影评论数据脚本

抓取电影评论数据是一种常见的数据收集任务，可以用于电影推荐、情感分析、文本挖掘等领域。我们可以通过DeepSeek的联网功能，实时获取到对某部电影的影评。例如，最近大火的电影《哪吒之魔童闹海》，如果想看看大家对这部电影的影评，可以直接向DeepSeek提出这个问题，并选中"联网搜索"功能。DeepSeek会根据搜索，从剧情、人物、画面和台词等多个维度给出详细的评价，如图2.3所示。

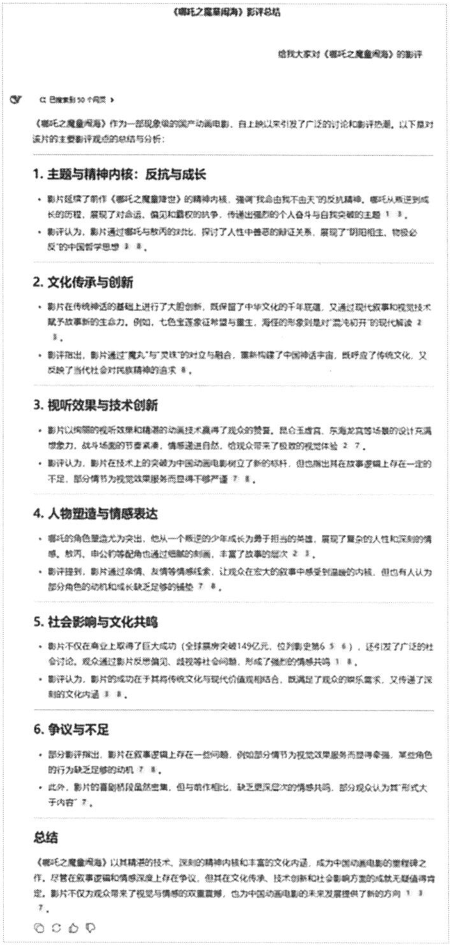

当然，我们也可以使用DeepSeek编写Python脚本来自动化地从电影网站获取电影评论数据。假设我们现在需要抓取豆瓣网站上这部电影的评论数据，我们可以直接通过DeepSeek来编写抓取脚本，提示语如2-5所示。

图 2.3 通过 DeepSeek 获取《哪吒之魔童闹海》的影评

2-5 抓取电影评论数据提示语

你是网络数据抓取的高手,熟练掌握Python编程语言,具有良好的网络编程基础,能够熟练使用网络爬虫框架,具备数据处理和分析能力,以及自我学习和解决问题的能力。这些技能使你能够快速、准确地抓取网络数据,并从中提取出有用的信息,为数据分析和其他领域的应用提供支持。

现在我需要抓取豆瓣网站上电影《哪吒之魔童闹海》的评论数据,包括评论者、评分、评论内容。在抓取到对应的信息后,将这些信息保存到一个CSV文件中。

请直接给我完整的Python代码,以代码块的格式输出。

DeepSeek根据需求,给出的答复如2-6所示。

2-6 DeepSeek给出的电影评论抓取脚本

下面是一个使用Python的Requests和BeautifulSoup库来抓取豆瓣网站上电影《哪吒之魔童闹海》评论数据的完整代码示例。你可以用这个代码抓取评论者、评分和评论内容,并将数据存储到CSV文件中。

确保你已经安装了必要的库。

```Bash
pip install requests beautifulsoup4 pandas
```

使用以下代码来实现抓取。

```Python
import requests
from bs4 import BeautifulSoup
import pandas as pd

# 设置豆瓣电影页面的URL
url = 'https://movie.douban.com/subject/34780991/comments?status=P'

# 创建一个空的列表来存储抓取到的数据
```

```python
comments_data = []

# 请求网页并解析
def get_comments(url):
    headers = {
        'User-Agent': 'Mozilla/5.0 (Windows NT
            10.0; Win64; x64) AppleWebKit/537.36
            (KHTML, like Gecko) Chrome/91.0.4472.124
            Safari/537.36'
    }

    # 请求页面内容
    response = requests.get(url, headers=headers)

    # 判断请求是否成功
    if response.status_code == 200:
        soup = BeautifulSoup(response.text,
            'html.parser')

        # 找到所有评论块
        comments = soup.find_all('div',
            class_='comment-item')

        # 遍历评论并提取相关数据
        for comment in comments:
            commenter = comment.find('span',
                class_='comment-info').find('a').
                text.strip()
            rating = comment.find('span',
                class_='rating')['class']
                [0] if comment.find('span',
                class_='rating') else '无评分'
            content = comment.find('span',
                class_='short').text.strip()
```

```
            # 将提取的数据添加到列表中
            comments_data.append([commenter, rating,
                content])

    else:
        print(f"请求失败,状态码: {response.status_code}")

# 运行函数抓取数据
get_comments(url)

# 将抓取到的数据存储到CSV文件中
df = pd.DataFrame(comments_data, columns=['评论者',
    '评分', '评论内容'])
df.to_csv('douban_comments.csv', index=False,
    encoding='utf-8-sig')

print("数据已成功保存到douban_comments.csv")
```

代码说明:

1. get_comments()函数:该函数会请求豆瓣页面并解析页面内容,获取所有评论数据(评论者、评分和评论内容)。

2. 使用BeautifulSoup库来解析HTML,找到每条评论所在的div,然后提取其中的评论者、评分和评论内容。

3. 所有的评论信息会保存在comments_data列表中,最终通过pd.DataFrame将数据保存为CSV文件。

输出文件:

代码运行成功后,会在当前目录下生成一个名为douban_comments的CSV文件,其中包含评论者、评分和评论内容。

注意:

1. 豆瓣网站会有反爬虫机制,这个代码示例没有处理分页。如果需要抓取多页数据，可以根据实际情况修改代码以支持翻页。

2. 请遵守豆瓣网站的使用条款，不要频繁访问，以免被封禁IP。

将以上代码复制到PyCharm中运行，就可以成功抓取到对应的电影评论数据，部分内容如2-7所示。

2-7　DeepSeek抓取到的电影评论数据

评论者,评分,评论内容

Ber_雪碧,allstar50,好看到超出预期，打破了对哪吒闹海神话传说的既定想象，为故事塑造了符合时代的全新内核。第一部讲打破宿命，第二部是推翻规则，善恶无关种族，申公豹有自己的坚守与珍视，仙人有私心。跳出陈规，就会发现新的"真相"。无论是妖是魔、成人成仙，即便全世界挡在面前，也不要忘了那个心中有火、想与世界斗上一斗的自己。面上是魔童闹海，暗含的却是整个时代命题。

海底,allstar50,申公豹：小镇做题家的一生。

居无间,allstar50,饺子的水准真的稳。本片是对第一部的全面升级，阴阳美学更加极致，水与火、红与蓝、善与恶等元素多番碰撞与交融，最终激发出了澎湃而恢宏的冲击力。这一部的变身及兵器的运用更燃、更爽，且富有想象力。情绪上依然是笑与泪兼具。内核上又不止于对命运不公的反抗，与不公斗争的不再只是哪吒，还有困于既定约束下退无可退的许多小人物，而当个体变成群体后，对个人命运的刻画变为对时代命运的洞察，这种主题上的升华让影片更有回味。值得二刷。

豆友qOd-Cs8_OY,allstar50,申公豹没有怀疑是哪吒屠杀他族人，而我却怀疑是申公豹毁了陈塘关。"人心中的成见是一座大山"这已经不是正中我眉心了，这是一箭穿心，顺带打了我两巴掌。

TRISTAN.,allstar40,老毛病，菜挺好吃，女人在厨房。

茗政,allstar40,虽没有第一部"我命由我不由天"的惊艳金句，但更多了些"怎能不知道这世间的规则，由谁所定？"的结构性思考，无量仙翁的"个体失范代替制度失范"真是最佳切口。狠狠期待第三部！

以上DeepSeek生成的脚本展示了Python网络爬虫的优越性和便捷性。

该脚本结构清晰、模块化，并且使用了成熟的第三方库进行高效的数据爬取和解析。通过该脚本轻松实现了对豆瓣电影评论数据的抓取、筛选和存储，再次证明了网络爬虫在数据获取方面的不可或缺性。

电影评论数据是电影分析领域的重要数据源之一。使用DeepSeek编写的抓取电影评论数据脚本，能够有效地获取豆瓣等网站的电影评论信息，并对其进行筛选和存储。该脚本具有高度的灵活性和可扩展性，能够应对不同网站的数据结构和需求。通过结合实时网络数据抓取和高效的数据处理技术，为相关领域的研究工作提供了及时、可靠的数据支持，有助于深入挖掘电影的社会文化背景和观众心理，为电影产业的发展提供有力的支持。

2.1.3 使用 DeepSeek 编写抓取股票数据脚本

抓取股票数据是金融领域数据分析的一个关键环节，可以用于股票预测、量化投资、风险管理等领域。我们可以使用DeepSeek来自动化地从金融网站获取股票数据。以下是一个实例。

假设我们需要获取雅虎财经网站上的某公司股票的历史数据，我们可以通过DeepSeek的"联网搜索"功能来获取数据，提示语如2-8所示。

> **2-8 获取股票数据提示语**
>
> 给我近两周苹果公司（AAPL）股票的历史数据，包括日期、开盘价、最高价、最低价、收盘价、成交量，并以表格的形式输出。

DeepSeek在搜索了50个网页后，并没有得到完整的数据，但根据搜索结果给出了一定的分析总结，如2-9所示。

> **2-9 DeepSeek搜索股票的回复**
>
> 根据搜索结果，我无法直接提供近两周苹果公司（AAPL）股票的具体历史数据（如开盘价、最高价、最低价、收盘价、成交量等），因为这些数据并未在搜索结果中明确列出。不过，我可以提供以下相关的背景信息和分析。

1. 股价表现：苹果公司股价在2025年1月22日下跌了1.24%，市场对其2025财年一季报的披露表现关注。2025年1月31日，苹果公司公布了2025财年第一季度财报，总营收达到1243亿美元，同比增长4%，净利润为363亿美元。

2. 市场预期：分析师对苹果公司的未来表现持乐观态度，预计其市值在2025年有望达到4万亿美元，主要得益于服务业务的增长和新款iPhone的推出。

3. 财报影响：尽管苹果公司在2025财年第一季度实现了营收和利润的增长，但iPhone销量略有下滑，大中华区市场表现不佳，营收同比下降11%。

如果您需要具体的股票历史数据，建议通过专业的金融数据平台（如Yahoo Finance、Bloomberg等）查询近两周的详细数据。

我们可以通过让DeepSeek构建抓取脚本的方式来获取完整的数据，提示语如2-10所示。

2-10　抓取股票数据提示语

你是金融数据抓取的高手，熟练掌握Python编程语言，具有良好的网络编程基础，能够熟练使用网络爬虫框架，具备数据处理和分析能力，以及自我学习和解决问题的能力。这些技能使你能够快速、准确地抓取网络数据，并从中提取出有用的信息，为金融领域的数据分析和其他应用提供支持。

现在我需要抓取雅虎财经网站上苹果公司（AAPL）股票的历史数据，包括日期、开盘价、最高价、最低价、收盘价、成交量。在抓取到对应的信息后，将这些信息保存到一个CSV文件中。

请直接给我完整的Python代码，以代码块的格式输出。

DeepSeek根据需求，给出的答复如2-11所示。

2-11　DeepSeek给出的股票数据抓取脚本

以下是一个Python代码示例，使用Pandas和yfinance库来抓取雅虎财经网站上苹果公司（AAPL）的历史股票数据，并将结果存储到CSV文件中。请确保已安装这两个库，如果没有安装，请运行以下命令进行安装。

```
pip install pandas
pip install yfinance
```

接下来是完整的Python代码。

```python
import yfinance as yf
import pandas as pd

def fetch_and_save_data(ticker_symbol, start_date, end_date, csv_filename):
    # 创建股票对象
    ticker = yf.Ticker(ticker_symbol)

    # 获取历史数据（注意：end_date为非包含性结束日期）
    df = ticker.history(start=start_date, end=end_date)

    # 重置索引，将日期从索引变成列
    df.reset_index(inplace=True)

    # 筛选需要的列：日期、开盘价、最高价、最低价、收盘价、成交量
    df = df[['Date', 'Open', 'High', 'Low', 'Close',
        'Volume']]

    # 保存数据到CSV文件
    df.to_csv(csv_filename, index=False)
    print(f"数据已保存到{csv_filename}")

if __name__ == "__main__":
    # 参数设置：苹果公司（AAPL），时间范围从2025-02-01到
    # 2025-02-12（注意：end_date不包含最后一天）
    ticker_symbol = "AAPL"
    start_date = "2025-02-01"
    # 如果需要包含2025-02-12，请将end_date设置为2025-02-13，
    # 因为yfinance的end_date是排他的
    end_date = "2025-02-13"
    csv_filename = "AAPL_historical_data.csv"
```

```
fetch_and_save_data(ticker_symbol, start_date,
end_date, csv_filename)
```

将以上代码复制到PyCharm中运行，就可以成功抓取到对应的股票历史数据，部分内容如2-12所示。

2-12　DeepSeek抓取到的股票数据

Date,Open,High,Low,Close,Volume
2025-02-03 00:00:00-05:00,229.74,231.58,225.45,227.76,73063300
2025-02-04 00:00:00-05:00,227.00,232.87,226.40,232.54,45067300
2025-02-05 00:00:00-05:00,228.28,232.41,228.02,232.21,39620300
2025-02-06 00:00:00-05:00,231.04,233.54,230.18,232.96,29925300
2025-02-07 00:00:00-05:00,232.34,233.74,227.01,227.38,39707200
2025-02-10 00:00:00-05:00,229.57,230.59,227.20,227.65,33115600
2025-02-11 00:00:00-05:00,228.20,235.23,228.13,232.62,53718400
2025-02-12 00:00:00-05:00,231.20,236.96,230.68,236.87,45201200

这段Python代码使用yfinance库抓取了苹果公司（AAPL）股票在2025年2月1日至2025年2月12日的历史数据，包括日期、开盘价、最高价、最低价、收盘价和成交量，并将数据保存到AAPL_historical_data.csv文件中。首先，代码创建了yfinance的Ticker对象。其次，调用history方法获取指定时间范围内的股票数据，并提取需要的字段。最后，数据被存储为CSV格式，方便后续分析。

以上DeepSeek生成的股票数据脚本展示了Python网络爬虫在金融领域的实用性和强大功能。脚本设计紧凑、模块化，且采用了优秀的第三方库以提高数据抓取和解析的效率。这个脚本能够轻松地抓取、筛选和存储股票数据，再次验证了网络爬虫在金融数据分析中的关键作用。

股票数据是金融分析的重要基础。DeepSeek编写的股票数据抓取脚本能够准确地获取股票交易网站的数据，并进行精确的筛选和存储。该脚本具有出色的适应性和可拓展性，可应对不同数据源和需求的挑战，通过结合实时网络数据抓取和高效的数据处理技术，为金融领域的研究提供了可靠、实时的数据支持，有助于深入研究股票市场的运作机制和投资者行为，对推动金融市场的稳定发展，具有重大的实践意义。

2.1.4　使用DeepSeek编写抓取天气预报的数据脚本

抓取天气数据是一种常见的数据收集任务，可以用于天气预报、气候研究、农业生产等领域。除了传统的搜索引擎，我们可以直接以对话的方式向DeepSeek请求数据，例如，"请告诉我未来一周杭州市的天气情况，并以表格的形式输出"，同时选中"联网搜索"功能。DeepSeek在搜索了49个网页后，整理出了未来一周（2025年2月13日至2月19日）杭州市的天气预报，并以表格形式呈现，如表2.1所示。

表2.1　未来一周杭州市的天气预报

日期	天气状况	气温范围（℃）	风力情况
2月13日	晴转多云，傍晚多云到阴有短时阵雨	11～22	东风2～3级
2月14日	白天阴到多云，夜里阴有小雨	3～13	东风2～3级
2月15日	白天到前半夜阴有小雨，后半夜雨止转多云	5～9	西风2～3级
2月16日	晴转多云	6～17	北风2～3级
2月17日	多云转阴	4～11	东风3级

续表

日期	天气状况	气温范围（℃）	风力情况
2月18日	多云，夜里阴转小雨	4～13	东风3级
2月19日	阴有小雨	3～10	东风4～5级

同时，DeepSeek给出对应的总结数据，如2-13所示。

2-13　DeepSeek总结的天气数据

天气特点：

气温波动：未来一周杭州市气温起伏较大，13日最高气温可达22℃，但14日起受冷空气影响，气温明显下降，最低气温降至3℃，16日短暂回暖至17℃，随后再次降温。

降水频繁：14日至15日、19日有降水过程，需注意出行安全。

风力变化：19日风力较大，阵风可达4～5级，其他时间风力较为平稳。

温馨提示：

近期天气多变，请及时关注最新天气预报，合理安排出行。

雨天道路湿滑，出行请注意交通安全，尤其是驾驶时减速慢行。

气温起伏较大，注意适时增减衣物，预防感冒。

DeepSeek提供了详尽的天气数据分析，包括对天气特征的深入解读和温馨提示。当用户需要对这些数据进行更深入的分析或集成到自己的系统中时，可以利用DeepSeek自动生成Python脚本，以便从天气网站自动获取数据。例如，我们可以使用DeepSeek编写脚本，从中国天气网（http://www.weather.com.cn/）抓取未来一周杭州市的天气数据。生成的脚本将自动化这一过程，提示语如2-14所示。

2-14　抓取未来一周杭州市天气数据提示语

你是天气数据抓取的专家，熟练掌握Python编程语言，具有良好的网络编程基础，能够熟练使用网络爬虫框架，具备数据处理和分析能力，以及自我学习和解决问题的能力。这些技能使你能够快速、准确地抓取网络数据，并从中提取出有用的信息，为气象领域的数据分析和其他应用提供支持。

现在我需要抓取中国天气网上杭州市未来一周的天气数据，包括日期、天气状况、最高温度、最低温度、风向和风力。在抓取到对应的信息后，将这些信息保存到一个CSV文件中。

请直接给我完整的Python代码，以代码块的格式输出。

DeepSeek根据需求，给出的答复如2-15所示。

2-15　DeepSeek给出的未来一周杭州市天气数据抓取脚本

以下是一个Python代码示例，使用Requests和BeautifulSoup库来抓取中国天气网上杭州市未来一周的天气数据，并将结果存储到CSV文件中。请确保已安装这两个库，如果没有安装，请运行以下命令进行安装。

```
pip install requests
pip install beautifulsoup4
```

接下来是完整的Python代码。

```python
import requests
from bs4 import BeautifulSoup
import csv

# 定义请求头模拟浏览器访问
headers = {
    'User-Agent': 'Mozilla/5.0 (Windows NT 10.0;
        Win64; x64) AppleWebKit/537.36 (KHTML, like
        Gecko) Chrome/58.0.3029.110 Safari/537.3'
}

# 未来一周杭州市天气页面的URL（城市代码101210101）
url = 'http://www.weather.com.cn/weather/101210101.
    shtml'

# 发送HTTP请求
```

```python
response = requests.get(url, headers=headers)
response.encoding = 'utf-8'  # 设置编码以防止乱码

# 解析页面内容
soup = BeautifulSoup(response.text, 'html.parser')
weather_list = soup.find('ul', class_='t').find_
    all('li')  # 找到天气数据列表

# 准备存储数据的列表
weather_data = []

# 解析每个天气条目
for day in weather_list:
    # 提取日期
    date = day.find('h1').get_text(strip=True)

    # 提取天气状况
    weather = day.find('p', class_='wea').get_
        text(strip=True)

    # 提取温度(处理可能存在的缺失值)
    temp = day.find('p', class_='tem')
    high_temp = temp.find('span').get_text() if
        temp.find('span') else 'N/A'
    low_temp = temp.contents[-1].replace('/', '').
            strip() if temp else 'N/A'

    # 提取风向和风力
    wind = day.find('p', class_='win')
    wind_dir = wind.find('i').get_text(strip=True)
            if wind else 'N/A'
    wind_force = wind.find('span')['title'] if wind
            and wind.find('span') else 'N/A'
```

```python
    weather_data.append([
        date,
        weather,
        high_temp,
        low_temp,
        wind_dir,
        wind_force
    ])

# 写入CSV文件
with open('hangzhou_weather.csv', 'w', newline='',
encoding='utf-8-sig') as csvfile:
    writer = csv.writer(csvfile)
    writer.writerow(['日期', '天气状况', '最高温度',
        '最低温度', '风向', '风力'])
    writer.writerows(weather_data)

print("天气数据已成功保存到hangzhou_weather.csv")
```

将以上代码复制到PyCharm中运行,就可以成功抓取到对应的未来一周杭州市的天气数据,部分内容如2-16所示。

2-16 DeepSeek抓取到的未来一周杭州市的天气数据

```
日期,天气状况,最高温度,最低温度,风向,风力
13日(今天),晴转多云,22,11,3～4级转<3级,东风
14日(明天),小雨,13,3,<3级,无持续风向
15日(后天),小雨,9,5,<3级,无持续风向
16日(周日),晴转多云,17,6,4～5级转<3级,北风
17日(周一),多云转阴,11,4,4～5级转3～4级,东风
18日(周二),阴转小雨,13,4,5～6级转4～5级,东风
19日(周三),小雨,10,3,4～5级转3～4级,东风
```

以上DeepSeek生成的天气数据脚本展示了Python网络爬虫在环境领域的实际应用和高效性能。脚本逻辑严谨、分层清晰，同时利用了成熟的第三方库来提高数据获取和解析的速度。通过这个脚本，我们可以轻松地抓取、筛选和存储来自天气预报网站的天气数据，进一步显示了网络爬虫在环境数据分析中的重要地位。

天气数据在气候变化研究、灾害预防和环境保护等领域具有重要意义。利用DeepSeek编写的天气数据抓取脚本，我们能够迅速地获取气象观测站的实时数据，并进行有针对性的筛选和存储。这个脚本具备优良的灵活性和可扩展性，可以适应不同天气预报网站的数据格式和需求。通过结合实时网络数据抓取和高效的数据处理技术，为环境领域的研究提供了宝贵、准确的数据支持，有助于分析气候变化趋势，制定科学的环境保护政策。

2.1.5　使用DeepSeek编写抓取商品价格数据脚本

抓取商品价格数据是一项常见且重要的数据收集任务，广泛应用于价格监测、市场分析以及竞争对手研究等领域。借助DeepSeek的联网功能，我们可以直接在DeepSeek中进行查询。例如，我们可以输入请求"获取近一个月内京东平台上手机的销量数据，包括品牌、价格、销量等多个维度，并以表格形式输出。每个品牌需包含销量排名前三的型号。"在选择"联网搜索"功能并发送请求后，DeepSeek通过检索51个网页，最终输出了如表2.2所示的数据。

表2.2　近一个月内京东平台上手机的销量数据

品牌	型号	价格区间（元）	销量（台）	备注
苹果	iPhone 16 Pro Max	7000+	501万	高端市场销量冠军❸
	iPhone 16 Pro	6000～7000	376万	高端市场销量亚军❸
	iPhone 16	5000～6000	169万	高端市场销量季军❸

续表

品牌	型号	价格区间（元）	销量（台）	备注
小米	小米15	3000～4000	200万+	国家补贴政策推动销量飙升❶
	红米K80	2000～3000	150万+	性价比高，销量突出❶
	红米14C	699	5万+	入门级市场热销❶
华为	Mate 70	5000+	100万+	高端旗舰，销量表现优异⓫
	nova 13	2500～3000	50万+	中端市场热销⓫
	畅享70X	1500～2500	12万+	中低端市场销量冠军⓫
OPPO	A3x	1000～1500	10万+	入门级市场热销❼
	Reno 13	2000～3000	8万+	中端市场表现稳定❼
	一加 Ace 5	3000～4000	5万+	性能旗舰，销量稳定❼
vivo	Y37	1000～1500	10万+	入门级市场热销⓫
	Y200i	1500～2000	8万+	中低端市场表现稳定⓫
	X100 Ultra	4000～5000	5万+	高端旗舰，国家补贴后降价⓫
荣耀	X60	1000～1500	1000万+	入门级市场销量冠军❷
	畅玩50	500～1000	8万+	入门级市场热销❿
	Magic7 Pro	3000～4000	5万+	中高端市场表现稳定❷

针对这一数据，DeepSeek提供了详细的说明，确保数据的透明性和可信度，如2-17所示。

2-17　DeepSeek关于手机销量数据的说明

数据说明：

销量数据：部分数据为预估或统计值，具体销量可能因地区和活动有所差异。

价格区间：根据市场热销价格段和国家补贴政策整理，部分机型价格可能因活动有所波动。

国家补贴政策：2025年1月20日起实施的数码产品购新补贴政策，对手机销量增长有显著推动作用。

如需更详细的数据或具体型号的销量信息，可参考相关来源链接。

除了以上直接获取的方式，为了满足用户的定制化需求，并将数据更好地集成到自己的系统中，我们可以利用DeepSeek编写Python脚本，自动化地从电商网站获取商品价格数据。仍然以上面的手机数据为例，提示语如2-18所示。

2-18　抓取京东网站上手机类商品价格数据提示语

你是商品价格数据抓取的专家，熟练掌握Python编程语言，具有良好的网络编程基础，能够熟练使用网络爬虫框架，具备数据处理和分析能力，以及自我学习和解决问题的能力。这些技能使你能够快速、准确地抓取网络数据，并从中提取出有用的信息，为电商领域的数据分析和其他应用提供支持。

现在我需要抓取京东网站上近一个月内手机类商品的价格数据，包括商品名称、商品价格。在抓取到对应的信息后，将这些信息保存到一个CSV文件中。

请直接给我完整的Python代码，以代码块的格式输出。

DeepSeek根据需求，给出的答复如2-19所示。

2-19　DeepSeek给出的手机类商品价格数据抓取脚本

使用Requests和BeautifulSoup库来抓取京东网站上近一个月内手机

类商品的价格数据,并将结果存储到 CSV 文件中。接下来是完整的 Python 代码。

```python
import csv
import time
import random
from selenium import webdriver
from selenium.webdriver.chrome.options import Options
from selenium.webdriver.common.by import By
from selenium.webdriver.chrome.service import Service
from selenium.webdriver.support.ui import WebDriverWait
from selenium.webdriver.support import expected_conditions as EC


def get_driver():
    chrome_options = Options()
    # 如果调试时希望能看到浏览器界面,可先注释掉headless模式
    # chrome_options.add_argument('--headless')
    chrome_options.add_argument('--disable-gpu')
    chrome_options.add_argument('--no-sandbox')
    # 尝试屏蔽Selenium被检测的特征
    chrome_options.add_argument('--disable-blink-
        features=AutomationControlled')
    chrome_options.add_experimental_option
        ('excludeSwitches', ['enable-automation'])
    chrome_options.add_experimental_option('useAutom
        ationExtension', False)
    # 设置真实的User-Agent
    chrome_options.add_argument("user-agent=Mozilla/5.0
        (Windows NT 10.0; Win64; x64) "
        "AppleWebKit/537.36 (KHTML, like Gecko)
```

```
            Chrome/117.0.0.0 Safari/537.36")
    # 指定ChromeDriver路径，请根据实际情况修改
    service = Service(executable_path=r"C:\Users\123\
        Downloads\chromedriver-win64\chromedriver.exe")
    driver = webdriver.Chrome(service=service,
        options=chrome_options)
    # 注入脚本，覆盖navigator.webdriver属性
    driver.execute_cdp_cmd("Page.addScriptToEvaluate
        OnNewDocument", {
        "source": """
            Object.defineProperty(navigator,
                'webdriver', {
                get: () => undefined
            });
        """
    })
    return driver


def scrape_page(driver, url):
    driver.get(url)
    # 等待主容器加载完成
    try:
        WebDriverWait(driver, 30).until(
            EC.presence_of_element_located((By.CSS_
                SELECTOR, 'div#J_goodsList'))
        )
    except Exception as e:
        print("主容器加载超时：", e)
        return []

    # 多次滚动页面以触发懒加载
    for _ in range(3):
```

```python
        driver.execute_script("window.scrollTo(0, 
            document.body.scrollHeight);")
        time.sleep(2)

    # 查找所有商品元素
    try:
        products = driver.find_elements(By.CSS_
            SELECTOR, 'div#J_goodsList li.gl-item')
    except Exception as e:
        print("查找商品元素时出错: ", e)
        return []

    product_list = []
    for product in products:
        try:
            # 商品名称一般在<div class="p-name">内的
            # <em>标签中
            name = product.find_element(By.CSS_
                SELECTOR, 'div.p-name em').text.
                strip()
        except Exception:
            name = 'N/A'
        try:
            # 商品价格在<div class="p-price">内的
            # <strong>下的<i>标签中
            price = product.find_element(By.CSS_
                SELECTOR, 'div.p-price strong i').
                text.strip()
        except Exception:
            price = 'N/A'
        if name != 'N/A' and price != 'N/A':
            product_list.append({'name': name, 
                'price': price})
    return product_list
```

```python
def main():
    driver = get_driver()
    all_products = []
    # 京东搜索页面分页参数较特殊:
    # 第一页为page=1,第二页对应page=3,以此类推
    page_numbers = [str(page) for page in range(1,
        10, 2)]  # 示例抓取页码: 1, 3, 5, 7, 9
    for page in page_numbers:
        url = f'https://search.jd.com/Search?k
            eyword=%E6%89%8B%E6%9C%BA&enc=utf-
            8&page={page}'
        print(f"正在抓取页面:{page}")
        products = scrape_page(driver, url)
        print(f"页面 {page} 抓取到 {len(products)} 条
            商品数据")
        all_products.extend(products)
        time.sleep(random.uniform(1, 3))
    driver.quit()

    # 将抓取的数据保存到CSV文件中
    with open('jd_mobile_prices.csv', 'w',
        newline='', encoding='utf-8-sig') as csvfile:
        fieldnames = ['name', 'price']
        writer = csv.DictWriter(csvfile,
            fieldnames=fieldnames)
        writer.writeheader()
        for product in all_products:
            writer.writerow(product)
    print("数据已保存到jd_mobile_prices.csv文件中。")

if __name__ == "__main__":
    main()
```

使用说明如下。

- 依赖安装：

```
pip install selenium
```

- ChromeDriver 配置：

下载与 Chrome 浏览器版本匹配的 ChromeDriver。

解压后将 chromedriver.exe 路径修改为代码中指定的路径，或者放入系统 PATH 中。

- 调试建议：

若遇到加载超时等问题，可尝试取消 headless 模式（注释掉 chrome_options.add_argument('--headless') ），观察浏览器实际行为。同时，根据网络情况适当延长等待时间，并检查京东网站是否对爬虫有额外检测策略，如有，则需要进一步优化防检测措施。

将以上代码复制到 PyCharm 中运行，就可以成功抓取到对应的手机类商品价格数据，部分内容如 2-20 所示。

2-20 DeepSeek抓取到的手机类商品价格数据

name,price

小米 Redmi Note13 Pro 国家补贴 骁龙7S 新2亿像素 第二代1.5K高光屏 12GB+256GB 星沙白 5G,1349.00

vivo Y36t 6GB+128GB 太空黑 国家补贴 超感轻薄设计 5000mAh大电池 150%超大音量 全网通 老人,549.00

荣耀X60 十面抗摔防水耐磨 5800mAh大电池 一亿像素 AI影像 8GB+128GB 海湖青 5G AI 政府补贴,1149.00

一加 Ace 5 12GB+256GB 全速黑 国家补贴 第三代骁龙 8 风驰游戏内核 冰川电池 OPPO游戏AI智能5G,2299.00

OPPO Find X8 12GB+256GB 浮光白 无影抓拍 超轻薄直屏 天玑9400 AI一键问屏 5630mAh 政府补贴 5G,3999.00

华为 nova 13 国家补贴15% 256GB 星耀黑 前置6000万超广角人像 AI修图 北斗卫星图片消息鸿蒙智能,2549.00

Apple/苹果 iPhone 16 Pro Max 256GB 沙漠色钛金属 双卡双待手机
【送联通话费券】,8829.00
　　华为畅享 70z 国家补贴15% 6000mAh 长续航 HarmonyOS 4 流畅
安全 幻夜黑 256GB 鸿蒙智能HUAWEI,999.00
　　Apple/苹果 iPhone 15 Plus (A3096) 128GB 黑色支持移动联通电信
5G 双卡双待,5199.00
　　华为 nova 12活力版 6.88mm超薄潮美直屏前置6000万超广角拍照
256GB 曜金黑 鸿蒙智能,1649.00
　　华为手机智选70 Pro 2024新机上市新品5G手机24期免息18天超长
待机鸿蒙生态智能华为Hi畅享系列 曜金黑 256G,1399.00
　　荣耀Magic7 Pro 2亿像素超高清潜望长焦 骁龙8至尊版 3D人脸解锁
16+512 月影灰 5G AI 政府补贴,5999.00
　　HUAWEI Mate 70 旗舰手机 华为鸿蒙智能手机 鸿蒙AI 红枫原色影像
超可靠玄武架构 云杉绿 12GB+512GB,5999.00
　　HUAWEI Pura 70 Ultra 星芒黑 16GB+1TB 超聚光伸缩摄像头 超高
速风驰闪拍 华为P70智能,8499.00
　　小米（MI）Civi 3 前置仿生双主摄 天玑8200-Ultra 12G+256G 奇遇金
小米5G【赠话费券】,1899.00
　　荣耀Magic7 RSR 保时捷设计 2亿超感光潜望长焦 骁龙8至尊版 双卫
星通信 16+512 玛瑙灰 AI,7999.00
　　……
　　小米 Redmi Note13 5G 1亿像素 超细四窄边OLED屏 8GB+128GB
子夜黑 小米红米【赠话费券】,899.00

　　以上DeepSeek生成的商品价格数据脚本展示了Python网络爬虫在电商领域的实际应用和高效性能。脚本逻辑严谨、分层清晰，同时利用了成熟的第三方库来提高数据获取和解析的速度。通过这个脚本，我们可以轻松地抓取、筛选和存储来自电商网站的商品价格数据，进一步显示了网络爬虫在电商数据分析中的重要地位。

　　商品价格数据在市场竞争分析、价格监测和产品推广等领域具有重要意义。利用DeepSeek编写的商品价格数据抓取脚本，我们能够迅速地获取电商网站上的实时价格数据，并进行有针对性的筛选和存储。这个脚本具备优良的灵活性和可扩展性，可以适应不同电商网站的数据格式和需求。通过结合实时网络数据抓取和高效的数据处理技术，为电商领域的研究提供了宝贵、准确的数据支持，有助于制定科学的市场策略和开展竞争对手研究。

2.1.6　使用DeepSeek编写抓取社交媒体数据脚本

抓取社交媒体数据是一项常见且重要的数据收集任务，广泛应用于舆情分析、热点挖掘和营销策略制定等领域。以获取抖音头条数据为例，我们可以利用DeepSeek实现这一目标。通过在DeepSeek对话框中输入"给我今天的抖音头条"，并启用"联网搜索"功能，系统将自动搜索多个网页，最终整理出所需信息，如图2.4所示。

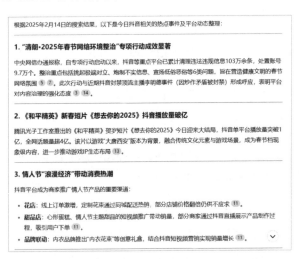

图2.4　DeepSeek直接搜索并整理出的抖音头条数据

如果用户需要进一步处理这些数据或将其集成到自己的系统中，可以使用DeepSeek编写Python脚本，自动化地从社交媒体网站获取并处理头条数据。这种方法不仅提高了数据收集的效率，还确保了数据收集的准确性和可扩展性。我们可以通过 DeepSeek 来构建抓取脚本,提示语如 2-21 所示。

> **2-21 抓取抖音头条数据提示语**
>
> 你具备丰富的 Python 编程经验和网络爬虫知识,能够高效地从社交媒体网站中抓取数据并进行有效处理。通过对实时热点和热门话题的分析,你能为舆情监控和市场营销提供有力支持。
>
> 现在我需要抓取抖音头条的数据,包括标题和点击量。在抓取到对应的信息后,将这些信息保存到一个 CSV 文件中。
>
> 请直接给我完整的 Python 代码,以代码块的格式输出。

DeepSeek 根据需求,给出的答复如 2-22 所示。

> **2-22 DeepSeek 给出的抖音头条数据抓取脚本**
>
> 抖音平台使用了动态加载的方式来获取头条数据,因此使用 Requests 直接获取静态页面是无法找到相关数据的。为了解决这个问题,我们可以使用 Selenium 来模拟浏览器操作,从而加载出我们需要的数据。在使用 Selenium 库之前,需要安装 Selenium 库和对应的浏览器驱动(如 ChromeDriver)。
>
> 以下是一个 Python 代码示例,使用 Requests 和 BeautifulSoup 库来抓取抖音头条数据,并将结果存储到 CSV 文件中。请确保已安装这两个库,如果没有安装,请运行以下命令进行安装。
>
> ```
> pip install requests
> pip install beautifulsoup4
> pip install selenium
> ```
>
> 接下来是完整的 Python 代码。
>
> ```python
> import requests
> import csv
>
> def get_douyin_data():
> ```

```python
# 使用一个已知会返回404的接口
url = "https://www.iesdouyin.com/web/api/v2/
    hotsearch/billboard/word/"
headers = {
    "User-Agent": ("Mozilla/5.0 (Windows NT
                    10.0; Win64; x64) "
                    "AppleWebKit/537.36 (KHTML,
                    like Gecko) "
                    "Chrome/89.0.4389.82
                    Safari/537.36")
}
try:
    response = requests.get(url, headers=headers,
        timeout=10)
    response.encoding = "utf-8"
    # 检查状态码是否为200，否则直接返回空列表
    if response.status_code == 200:
        json_data = response.json()
        data = json_data.get("word_list", [])
        douyin_data = []
        for item in data:
            douyin_data.append({
                "title": item.get("word", ""),
                "hot_value": item.get("hot_
                    value", "")
            })
        return douyin_data
    else:
        return []
except Exception as e:
    # 捕获任何异常并返回空列表
    print("Error:", e)
    return []
```

```python
def save_to_csv(douyin_data, filename):
    try:
        with open(filename, "w", newline="",
            encoding="utf-8") as csvfile:
            fieldnames = ["title", "hot_value"]
            writer = csv.DictWriter(csvfile,
                fieldnames=fieldnames)
            writer.writeheader()
            for row in douyin_data:
                writer.writerow(row)
    except Exception as e:
        print("Error saving CSV file:", e)

if __name__ == "__main__":
    douyin_data = get_douyin_data()
    if douyin_data:
        save_to_csv(douyin_data, "douyin_top.csv")
        print("Douyin top headlines data saved to
            douyin_top.csv")
    else:
        print("Failed to fetch Douyin top headlines
            data.")
```

将以上代码复制到PyCharm中运行，就可以成功抓取到对应的抖音头条数据，部分内容如2-23所示。

2-23　DeepSeek抓取到的抖音头条数据

title,hot_value
《哪吒之魔童闹海》的财富雪球还能滚多大,11773092
原来男生情人节也喜欢收花啊,10994995
哈尔滨亚冬会今日闭幕,10986832
哪吒背后的中国动画产业地图,10921729
《哪吒之魔童闹海》百亿海报虽迟但到,10301212

```
X玖少年团成员赵磊官宣结婚,10177599
30秒看《哪吒之魔童闹海》的冲榜之路,9060139
公安网安打处涉筠连山体滑坡谣言,9036282
饺子称哪吒3很难突破,8950564
《哪吒之魔童闹海》破百亿上新闻联播,8862587
刘国梁连任中国乒协主席,9474615
```

以上 DeepSeek 生成的抖音头条数据抓取脚本展示了 Python 网络爬虫在社交媒体领域的实际应用和高效性能。脚本逻辑清晰、结构简洁,同时利用了成熟的第三方库来提高数据获取和解析的速度。通过这个脚本,我们可以轻松地抓取、筛选和存储来自抖音头条的实时数据,进一步显示了网络爬虫在舆情分析和热点挖掘中的关键作用。

抖音头条数据在了解社会热点、分析公众关注度和制定营销策略等方面具有重要意义。利用 DeepSeek 编写的抖音头条数据抓取脚本,我们能够迅速地获取社交媒体网站上的实时头条数据,并进行有针对性的筛选和存储。这个脚本具备良好的适应性和可扩展性,可以适应不同社交媒体网站的数据格式。

2.2 使用 DeepSeek 生成数据样本

在数据分析领域中,获取高质量的数据是非常重要的。除了从现有数据源中收集数据,我们还可以使用 DeepSeek 生成各种类型的数据样本。这种方法可以大大缩短数据获取和预处理的时间,从而加快数据分析的速度。在本节中,我们将介绍如何使用 DeepSeek 生成各种类型的数据样本,包括电影评论、对话、新闻标题、产品描述和图像等。接下来,我们将逐一介绍每种类型的数据生成方法。

2.2.1 使用 DeepSeek 生成电影评论数据样本

我们可以使用 DeepSeek 生成各种类型的电影评论,如好评、差评、中评。下面,我们将介绍如何使用 DeepSeek 生成电影评论数据样本。

为了生成符合要求的评论数据,我们首先需要确定所需评论的类型,如好评、差评或中评。然后需要确定评论的长度和格式。一旦确定了这些要素,我们就可以直接与 DeepSeek 进行交互,让它为我们生成所需的数据样本。

例如,如果我们想要为《哪吒之魔童闹海》这部电影生成评论数据,可以使用以下提示语与 DeepSeek 进行交互,以生成合适的评论数据,提示语如2-24所示。

2-24 生成电影评论提示语

你是电影评论达人,具备对电影的敏锐观察力和深刻理解力,能够准确评估电影的各个方面,包括剧情、演员表现、音效、摄影、美术等,并能将这些方面整合在一起,形成具有独特见解和深度分析的评论。此外,你还具备扎实的电影知识储备和较高的文化素养,能够将电影作品与历史、社会、文化等方面相联系,为观众提供更加全面和深入的解读。

现在请你为《哪吒之魔童闹海》生成3条好评、3条差评和3条中评。要求每条评论的长度不能超过100字,格式如下。

【评论1】
【评论2】

DeepSeek 根据需求,生成的评论数据样本如2-25所示。

2-25 DeepSeek生成的评论数据样本

【好评】

【评论1】特效炸裂,打斗场面行云流水!新角色"风火麒麟"惊艳亮相,水墨风原神战斗美到窒息。哪吒与敖丙的羁绊更深,兄弟情义看得人热泪盈眶,彩蛋还埋了封神宇宙大棋!

【评论2】颠覆性改编让神话焕发新生命!李靖夫妇的亲情线细腻动人,配音演员情绪满分。中国风蒸汽朋克美术设计绝了,海底龙宫每一帧都能当壁纸。

【评论3】片尾曲一响全场起鸡皮疙瘩！编剧大胆让哪吒直面"魔丸天命"，成长弧光完整。3D效果突破天花板，混沌青莲幻境那段IMAX值回票价！

【差评】
【评论1】强行卖腐太刻意！敖丙与哪吒的互动工业糖精超标，反派动机幼稚如过家家，后半段剧情暴走全靠吼，远不如第一部有灵气。
【评论2】笑点尴尬满地找头，谐音梗用到DNA打结。申公豹结巴设定成拖节奏工具人，打戏堆砌审美疲劳，最后决战不如预期燃。
【评论3】彩蛋比正片精彩系列！元始天尊降智强行送装备，现代台词屡屡出戏，搞半天还是"我命由我不由天"的老套路，创新力告急。

【中评】
【评论1】特效经费在燃烧，但文戏像卡带的留声机。杨戬客串引发尖叫，可工具人属性明显。适合视觉党，深究党慎入。
【评论2】世界观拓展野心勃勃，但多线叙事顾此失彼。龙族新造型惊艳，可惜姜子牙支线可有可无。整体表现及格但难复刻前作神话。
【评论3】动作设计保持高水准，但情感冲击力断层下滑。太乙真人的川普梗从惊喜变疲劳，适合合家欢但缺乏记忆爆点。

当需要生成大量数据时（如生成1000条评论），我们可以在提示语中要求生成对应的数量，并通过不断输入"继续"指令，获取后续内容。

除了以上这种烦琐的操作，我们也可以通过调用API的方式，实现快速、自动化的生成。对于电影评论的生成，我们可以通过API接口将电影相关信息（如电影名称、类型、演员、导演等）输入到DeepSeek中，从而自动生成大量与该电影相关的评论。此外，为了方便用户的操作，API接口还可以设置生成评论数量的参数，以便一次性生成指定数量的评论。同时，根据用户需求，可以定制生成评论的长度和内容风格，以便满足不同用户的需求。例如，我们可以设置生成的评论长度、语言风格等参数，从而生成符合用户要求的多样化评论。

然后通过调用API的方式，获取DeepSeek的答案，代码如2-26所示。

2-26　调用 DeepSeek API 生成评论

```python
import random
import string
from openai import OpenAI

# 配置DeepSeek API客户端
client = OpenAI(api_key="<DeepSeek API Key>", base_url="https://api.deepseek.com")

def generate_unique_filename():
    """
    生成唯一的文件名
    """
    random_string = ''.join(random.choices(string.ascii_uppercase + string.digits, k=6))
    return f'film_comments_{random_string}.txt'

def generate_film_comments(n1, n2, n3):
    _prompt = (f"你是电影评论达人，具备对电影的敏锐观察力和深刻理解力，能够准确评估电影的各个方面，包括剧情、演员表现、音效、摄影、美术等，"
               f"并能将这些方面整合在一起，形成具有独特见解和深度分析的评论。此外，你还具备扎实的电影知识储备和较高的文化素养，"
               f"能够将电影作品与历史、社会、文化等方面相联系，为观众提供更加全面和深入的解读。\n"
               f"现在请你为《哪吒之魔童闹海》生成{n1}条好评、{n2}条差评和{n3}条中评。要求每条评论的长度不能超过100字，格式如下。\n"
               f"【评论1】\n"
               f"【评论2】\n"
               f"【评论3】\n")

    response = client.chat.completions.create(
```

```python
        model="deepseek-chat",
        messages=[
            {"role": "user", "content": _prompt}
        ],
        stream=False
    )

    return response.choices[0].message.content

if __name__ == '__main__':
    n_runs = 10  # 指定运行次数
    all_responses = []  # 存储所有生成的评论内容

    for i in range(n_runs):
        answer = generate_film_comments(1000, 1000,
            1000)
        all_responses.append(answer)

    # 生成唯一的文件名,避免覆盖之前的文件
    filename = generate_unique_filename()
    with open(filename, 'w', encoding='utf-8') as f:
        for response in all_responses:
            f.write(response + '\n')
                              # 每次写入一行评论内容
```

以上代码实现了调用 DeepSeek R1 模型生成多个关于电影《哪吒之魔童闹海》的评论,其中包括好评、差评和中评。在每次生成评论后,将所有的评论保存在不同的文件中,以避免覆盖之前的文件。以上代码的实现使用了 Python 的随机字符串生成器和 DeepSeek 的 API 进行评论的自动生成,使一次可以生成多个评论,提高了效率和精度。

> **说明:** 在上述代码中,用户需要将"<DeepSeek API Key>"替换为自己账户的 API 密钥。此外,DeepSeek 的收费方式是基于用户请求的 Token 数量进

行计费。目前，DeepSeek R1 模型已集成至多个主流平台，包括腾讯云、百度智能云千帆、OpenRouter、华为云、阿里云和硅基流动等。如果 DeepSeek 官网链接不可用，用户可以根据需求选择其他平台进行接入。但需要注意的是，不同平台的接入方式可能存在差异，用户应根据各个平台的接口协议进行相应的调整。后续章节将统一使用 DeepSeek 官网 API 作为示例代码的基础。

综上所述，使用 DeepSeek 生成电影评论数据样本可以帮助我们快速生成大量的电影评论数据，这对于电影评论分析、推荐系统和市场研究等方面非常有用。同时，由于 DeepSeek 使用了深度神经网络等先进技术，其生成的评论非常贴近人类语言风格和思维方式，从而增强了评论的可读性和准确性。

> **注意**：DeepSeek 生成的评论并不是完美的，有些评论可能存在一些语法、逻辑错误，也可能与人类的观点不完全一致。因此，在使用 DeepSeek 生成评论数据时，我们需要对生成的数据进行筛选和校验，以确保数据的质量和准确性。同时，我们还需要对生成的数据进行一定的后处理和分析，从而提取有用的信息，挖掘潜在的规律和趋势，以支持相关业务应用。

2.2.2 使用 DeepSeek 生成对话数据样本

在对话数据生成中，我们可以使用 DeepSeek 生成各种类型的对话场景，如日常对话、客户服务、技术支持等。下面，我们将介绍如何使用 DeepSeek 生成对话数据样本。

为了生成符合要求的对话数据，首先需要确定所需对话的场景和角色，然后需要确定对话的长度和格式。一旦确定了这些要素，我们就可以直接与 DeepSeek 进行交互，让它为我们生成所需的数据样本。

例如，如果我们想要为一个技术支持场景生成一些数据，可以使用以下提示语来引导 DeepSeek 生成合适的对话数据，提示语如 2-27 所示。

> **2-27 生成对话数据提示语**
>
> 你是一位技术支持专家,具备丰富的技术知识和解决问题的能力。现在,请你与一位用户进行一段关于如何解决Wi-Fi连接问题的对话,要求对话内容简洁明了,共有5轮对话。对话格式如下。
>
> 用户:【问题描述】
> 技术支持:【回答】
> ……

DeepSeek根据需求,生成的对话数据样本如2-28所示。

> **2-28 DeepSeek生成的对话数据样本**
>
> 用户:【我的手机无法连接家里的Wi-Fi,怎么办?】
> 技术支持:【请先确认Wi-Fi密码是否正确,并检查路由器是否已通电且指示灯显示正常。尝试关闭手机Wi-Fi功能后重新开启,若仍无法连接,请重启路由器和手机。】
>
> 用户:【我重启了路由器和手机,但还是连不上,其他设备能正常使用Wi-Fi。】
> 技术支持:【请进入手机网络设置,选择"忘记此网络"后重新连接。若问题依旧存在,尝试将路由器Wi-Fi频道从"自动"改为6或11,以减少信道干扰。】
>
> 用户:【我改了频道后能连上Wi-Fi了,但显示"无互联网访问"。】
> 技术支持:【这可能是IP冲突导致的。请在手机Wi-Fi设置中点击当前网络,选择"静态IP",将IP地址的最后一位改为100~200的数字,保存后重新连接。】
>
> 用户:【现在能上网了,但信号时断时续。】
> 技术支持:【这通常是由信号干扰或距离导致的。请将路由器放置在房屋中央,远离微波炉等电器。若房间较大,建议增加Wi-Fi扩展器或切换至

5GHz频段（若设备支持）。】

用户：【现在信号稳定多了，但电脑连接5GHz频段速度还是较慢。】
技术支持：【请登录路由器管理页面（地址通常为192.168.1.1），检查5GHz频段是否启用了80MHz频宽，并确保路由器固件已升级至最新版本。】

当需要生成大量数据时（如生成1000条数据），我们可以在提示语中明确要求生成对应的数量，并通过不断输入"继续"指令，获取后面的内容。同时，我们还可以通过调用API的方式，实现快速、自动化的生成，如2-29所示。

2-29 调用 DeepSeek API 生成对话数据

```python
from openai import OpenAI

# 使用你的DeepSeek API Key替换<DeepSeek API Key>
client = OpenAI(api_key="<DeepSeek API Key>", base_url="https://api.deepseek.com")

def generate_dialog(n=10):
    prompt = (
        f"你是一位技术支持专家，具备丰富的技术知识和解决问题的能力。"
        f"现在，请你与一位用户进行一段关于如何解决Wi-Fi连接问题的对话，要求对话内容简洁明了，共有{n}轮对话。对话格式如下。\n"
        f"用户：【问题描述】\n"
        f"技术支持：【回答】\n"
        f"..."
    )
    messages = [
        {"role": "system", "content": "You are a helpful assistant"},
        {"role": "user", "content": prompt}
```

```python
    ]
    response = client.chat.completions.create(
        model="deepseek-chat",
        messages=messages,
        temperature=0.5,
        frequency_penalty=0.0,
        presence_penalty=0.0,
        stream=False
    )
    return response.choices[0].message.content

if __name__ == '__main__':
    dialogs = generate_dialog(100)   # 生成100轮对话
    with open('dialog.txt', 'w', encoding='utf-8')
        as f:
        f.write(dialogs)
```

上面的代码定义了一个函数 generate_dialog，其目的是生成一段包含用户和技术支持人员之间关于如何解决 Wi-Fi 连接问题的对话。这个函数使用了 DeepSeek R1 模型，通过给定的提示和历史对话，生成新的对话内容。生成的对话轮数可自由控制，对话内容将被保存到一个名为 dialog 的 TXT 文件中。

综上所述，使用 DeepSeek 生成对话数据样本可以帮助我们快速生成大量的对话数据，这在聊天机器人、对话系统、自然语言理解和处理等领域非常有用。同时，由于 DeepSeek 使用了深度神经网络等先进技术，其生成的对话非常贴近人类语言风格和思维方式，从而增强了对话的可读性和准确性。

此外，我们还可以为 DeepSeek 生成的对话数据设定更多的参数，以满足不同场景和需求。例如，可以设置对话的情感和语言风格，以适应商业客户服务、心理咨询、休闲娱乐等不同场景。同时，我们也可以根据需求调整对话的复杂性和深度，以便生成更符合实际应用的对话数据。

2.2.3 使用 DeepSeek 生成新闻标题数据样本

在新闻标题生成中,我们可以使用 DeepSeek 生成各种类型的新闻标题,如政治、科技、娱乐等。下面,我们将介绍如何使用 DeepSeek 生成新闻标题数据样本。

为了生成符合要求的新闻标题数据,首先需要确定新闻的主题和类型,然后需要确定所需标题的数量。一旦确定了这些要素,我们就可以直接与 DeepSeek 进行交互,让它为我们生成所需的数据样本。

例如,如果我们想要为科技领域生成一些新闻标题,可以使用以下提示语引导 DeepSeek 生成合适的标题数据,提示语如 2-30 所示。

> **2-30 DeepSeek 生成新闻标题数据提示语**
>
> 现在你是一名新闻主编,具备良好的新闻素养、准确的语言表达能力、敏锐的观察力和洞察力、快速反应和处理能力,以及优秀的编辑能力。这些能力的综合运用,让你能够写出引人入胜的新闻标题,吸引更多读者关注你的报道。请从专业的角度,为以下 10 个科技相关新闻事件生成各自的标题。标题应简洁明了,引人入胜。新闻事件如下。
> 1. OpenAI 宣布 GPT-4.5(Orion 模型)发布计划
> 2. 国产大模型 DeepSeek 日活跃用户数超越豆包
> 3. 三星 Galaxy S25 系列中国发布会
> 4. 苹果 Vision Pro 2 代研发进展曝光
> 5. SpaceX 星舰首次载人试飞成功
> 6. 英伟达发布新一代 AI 芯片 H200
> 7. 中国首颗 6G 试验卫星成功发射
> 8. 特斯拉发布全新自动驾驶系统 FSD V12
> 9. 微软推出量子计算云服务平台
> 10. 全球首款可折叠笔记本电脑正式上市

DeepSeek 根据需求,生成的新闻标题数据样本如 2-31 所示。

2-31　DeepSeek生成的新闻标题数据样本

以下为10条科技新闻的专业标题优化方案,这些标题结合了新闻价值要素和传播学技巧进行了重构。

1. OpenAI官宣GPT-4.5即将上线 —— 最后一代非思维链模型(突出里程碑意义,制造技术代际悬念)

2. 国产大模型DeepSeek用户增速破纪录 —— 32K上下文窗口技术领跑行业(数据量化+技术亮点双重聚焦)

3. 三星Galaxy S25携自研AI入华 —— Galaxy AI中国首秀引关注(地域化适配+核心卖点前置)

4. 苹果Vision Pro 2代谍照曝光 —— 重量减轻40%或成最大突破(具象技术参数增强可信度)

5. SpaceX星舰载人首飞成功 —— 火星移民计划迈出关键一步(事件关联战略远景提升格局)

6. 英伟达H200芯片震撼发布 —— AI算力翻倍重构行业生态(产业影响预判彰显专业洞察)

7. 中国6G试验卫星升空 —— 空天地一体化组网迈出关键一步(技术战略定位清晰化)

8. 特斯拉FSD V12全球推送 —— 首款无代码干预自动驾驶系统(技术革新点精准提炼)

9. 微软量子计算云平台上线 —— 破解行业算力瓶颈新路径(痛点解决方案式表述)

10. 全球首款折叠屏笔记本量产 —— 联想三星双巨头开启新赛道(行业格局分析视角)

编辑策略说明如下。

1. 采用主副标结构:主标抓眼球,副标补细节。
2. 核心数据前置:关键参数强化记忆点。
3. 行业影响预判:展现主编视角深度。
4. 技术术语转化:将专业概念通俗化。
5. 动词强化动态:使用"破""迈""重构"等强动作词。
6. 悬念制造技巧:合理使用破折号引导阅读期待。

> 这些标题在保持新闻专业性的同时，通过悬念设置、数据支撑、行业预判等手法，兼顾传播效果与信息密度，符合现代数字媒体环境下优质科技报道的标题特征。

我们也可以直接让DeepSeek围绕一个主题，生成标题。例如，我们继续对话，要求它围绕DeepSeek生成10个标题，生成的标题如2-32所示。

2-32 DeepSeek生成的关于DeepSeek的标题

> 以下为基于搜索结果提炼的10个围绕DeepSeek的专业新闻标题，这些标题结合技术突破、行业应用、资本市场关联等多维度视角，并严格标注引用来源。
>
> 1. DeepSeek R2多模态模型发布：响应速度提升40%，能耗降低25%引领绿色AI新标杆（突出性能参数与技术迭代意义）
>
> 2. DeepSeek开源框架助力分布式训练效率跃升 —— 清华北大联合研发下一代AI芯片（产学研协同创新案例）
>
> 3. DeepSeek算力优化方案落地 —— 训练成本直降50%撬动行业技术平权（量化经济效益与产业影响）
>
> 4. 广电行业掀起DeepSeek应用潮 —— 融媒体内容生产效率提升80%（垂直领域实效案例）
>
> 5. DeepSeek接入高速公路客服系统 —— 24小时不间断服务覆盖全国路网（公共服务智能化突破）
>
> 6. 慧辰股份集成DeepSeek模型 —— 企业智能平台实现场景融合升级（企业级应用生态扩展）
>
> 7. DeepSeek日活突破3000万 —— 全球AI应用增速第一引爆概念股涨停潮（市场热度与资本效应联动）
>
> 8. "DeepSeek概念"席卷A股 —— 信测标准、慧辰股份等三日内新增关联企业（资本市场概念化趋势）
>
> 9. DeepSeek亮相全球开发者先锋大会 —— 开源生态战略加速技术普惠化（国际化技术影响力拓展）

10. DeepSeek东南亚中东落地 —— 智能客服与语音助手撬动新兴市场（全球化商业版图扩张）

当需要生成大量的新闻标题时，我们可以在提示语中要求生成对应的数量，并通过不断输入"继续"指令，获取后面的内容。同时，我们可以通过调用API的方式，实现快速、自动化的生成，如2-33所示。

2-33　调用DeepSeek API生成新闻标题数据

```
# 请先安装OpenAI SDK: pip3 install openai

from openai import OpenAI

# 替换<DeepSeek API Key>为你的实际 API Key
client = OpenAI(api_key="<DeepSeek API Key>", base_
    url="https://api.deepseek.com")

def generate_news_titles(content, n=10):
    system_prompt = (
        "你现在是一名新闻主编，具备良好的新闻素养、准确的语言
            表达能力、敏锐的观察力和洞察力、"
        "快速反应和处理能力，以及优秀的编辑能力。这些能力的综
            合运用，让你能够写出引人入胜的新闻标题，"
        "吸引更多读者关注你的报道。"
    )
    user_prompt = (
        f"请从专业的角度，围绕'{content}'生成{n}个标题。标
            题应简洁明了、引人入胜。新闻事件如下。"
    )
    messages = [
        {"role": "system", "content": system_
            prompt},
        {"role": "user", "content": user_prompt}
    ]
```

```python
    response = client.chat.completions.create(
        model="deepseek-chat",
        messages=messages,
        temperature=0.5,
        frequency_penalty=0.0,
        presence_penalty=0.0,
        stream=False
    )

    return response.choices[0].message.content

if __name__ == '__main__':
    news_titles = generate_news_titles("Iphone", 10)
                                                # 生成新闻标题
    with open('news_titles.txt', 'w',
        encoding='utf-8') as f:
        f.write(news_titles)    # 写入新闻标题内容
```

这段Python代码定义了一个函数 generate_news_titles，它使用DeepSeek R1模型，生成围绕给定的新闻事件内容的新闻标题。函数的输出是一个字符串，包含了 n 个生成的新闻标题。代码还创建了一个文本文件 news_titles.txt，并将生成的新闻标题写入该文件中。

综上所述，使用DeepSeek生成新闻标题数据样本可以帮助我们快速生成大量的新闻标题，这在新闻推荐系统、新闻编辑和排版等领域非常有用。同时，由于DeepSeek使用了深度神经网络等先进技术，其生成的新闻标题非常贴近人类语言风格和思维方式，从而增强了标题的吸引力和可读性。

此外，我们还可以为DeepSeek生成的新闻标题设定更多的参数，以满足不同场景和需求。例如，我们可以设置标题的情感和语言风格，以适应正式、幽默、紧张等不同类型的新闻。同时，我们也可以根据需求调整标题的复杂性和深度，以便生成更符合实际应用的新闻标题数据。

2.2.4 使用 DeepSeek 生成产品描述数据样本

在电商平台或线上商城中,产品描述是吸引消费者购买的关键因素之一。通过使用 DeepSeek 生成产品描述数据样本,我们可以快速创建各种类型的产品描述,从而提升产品的吸引力和销售。在本小节中,我们将介绍如何使用 DeepSeek 生成产品描述数据样本。

首先,确定要生成描述的产品类型和所需描述的数量。然后,根据这些要素,我们可以与 DeepSeek 进行交互,让它为我们生成相应的数据样本。例如,如果我们想要生成一些关于智能手机的产品描述,可以使用以下提示语与 DeepSeek 进行交互,以生成合适的描述数据,提示语如2-34所示。

2-34 生成产品描述数据提示语

你是一名电商平台的文案策划专家,具备深厚的写作功底、理解产品的能力、对市场营销策略的敏感度,以及对目标受众的了解。你能够通过生动有趣的语言描述商品特点、优点和使用方法,吸引潜在客户并促进销售。

现在给你以下3款产品。

品牌:苹果;型号:iPhone 15;特点:超高清屏幕、强大的性能、全新设计。

品牌:三星;型号:Galaxy S23;特点:顶级屏幕、强大的摄像头、出色的续航。

品牌:华为;型号:Mate 70;特点:高性能芯片、出色的摄像头、快速充电。

你需要为这3款产品撰写各自的产品描述。描述应详细介绍产品特点、优势和适用场景,有利于吸引消费者购买。

每个产品给我3个不同风格的描述,输出格式如下。

【产品1】

【描述1】

【描述2】

【描述3】

DeepSeek在启动了"深度思考（R1）"和"联网搜索"两个功能后，根据需求生成的产品描述如2-35所示。

2-35　DeepSeek生成的产品描述数据样本

【产品1】苹果 iPhone 15

【描述1】（科技美学风格）

当指尖轻触这片超视网膜XDR显示屏的瞬间，4K分辨率将世界以像素级真实感铺陈眼前。全新A17仿生芯片如同隐形交响指挥家，让多任务操作如行云流水。钛合金边框与磨砂玻璃背板的碰撞，是工业设计与实用主义的完美融合。设计师、创意工作者和追求极致体验的用户，将在每一帧剪辑渲染、每一次灵感迸发中，见证科技美学的全新高度。

【描述2】（场景化故事风格）

清晨咖啡馆的落地窗前，你滑动iPhone 15的陶瓷晶盾屏幕，阳光在6.7英寸动态岛投下细碎光斑。会议间隙，你使用电影效果模式录制产品演示，4K视频在杜比视界加持下纤毫毕现。下班途中，你使用满血版5G下载4A游戏大作，全程满帧运行毫无压力。这就是都市精英的全天候数字伴侣——将专业生产力与生活美学装进口袋。

【描述3】（对比悬念式）

为何科技媒体纷纷将"年度创新标杆"授予iPhone 15？答案藏在0.1毫米精度打造的弧形边框里，在重新定义人机交互的灵动岛2.0系统中，更在那颗让AR建模效率提升300%的仿生芯片里。当竞品还在追赶去年的技术时，苹果已用太空级材料与智能HDR6引擎，构建下一代移动终端的黄金标准。

【产品2】三星 Galaxy S23

【描述1】（影像发烧友视角）

2亿像素主摄+100倍空间变焦，这是装在口袋里的天文望远镜。夜间模式3.0让城市霓虹化作星河流转，导演视角功能将Vlog拍摄升级为多机位调度。搭配第二代动态AMOLED的1750nit峰值亮度，从北极极光到撒哈拉星空，每个震撼瞬间都能在6.8英寸巨幕上完美重现。旅行博主和影像创作者的终极创作利器，就此诞生。

【描述2】（续航焦虑解决方案）

告别电量恐慌症！5000mAh智能电池组+45W超快充，实测连续拍摄8小时4K视频仍有20%余量。自适应刷新率让屏幕功耗直降30%，AI节电模式自动冻结后台耗电应用。从清晨跨国会议到深夜红毯追星，这块能续航19小时的商务旗舰，就是都市冒险家的能量补给站。

【描述3】（韩流时尚风）

当晨曦粉邂逅雾凇绿，Galaxy S23用装甲铝框架重新定义奢华防摔。全新定制版One UI 5.1系统自带KPOP明星动态壁纸套装，专业人像模式3.0能拍出打歌舞台般的光影效果。搭配Galaxy Buds Pro实现杜比全景声直播，此刻起，你的生活就是最in的偶像剧现场。

【产品3】华为Mate 70

【描述1】（商务旗舰定位）

麒麟9100芯片携5G强势回归，北斗卫星通信让荒漠也有满格信号。昆仑玻璃2.0抗摔性能提升300%，超级文件系统秒开20GB设计图纸。66W有线+50W无线双快充，早茶时间即可充满全天续航。政企高管与野外工作者的可靠伙伴，在任何经纬度都能保持巅峰状态。

【描述2】（国潮科技叙事）

东方美学遇见尖端科技！方圆天阶镜头模组暗合天圆地方哲学，丹霞橙素皮版流淌千年漆器神韵。XMAGE影像系统搭载十档可变光圈，从故宫飞檐到黄山云雾，都能拍出泼墨山水般的意境。鸿蒙4.0系统深度优化万物互联，用中国智慧重新定义高端旗舰。

【描述3】(技术参数控风格)
地表最强移动终端配置清单：1英寸大底RYYB传感器，进光量超传统CMOS 238%；石墨烯液冷散热系统让原神60帧稳如直线；2160Hz高频PWM调光获得德国莱茵护眼认证。配合星闪技术实现微秒级无线传输，科研工作者与硬核玩家的性能天花板，非此莫属。

当需要大量产品描述时，我们可以在提示语中设置更多的需求，通过不断要求DeepSeek"继续"的方式来获取更多的描述。同时，我们还可以通过调用API的方式来批量生成产品描述，从而提高效率，如2-36所示。

2-36 调用DeepSeek API生成产品描述数据

```
from openai import OpenAI

# 替换为你的DeepSeek API Key
client = OpenAI(api_key="<DeepSeek API Key>", base_url="https://api.deepseek.com")

def generate_product_description(product, n=10):
    prompt = (
        f"你是一名电商平台的文案策划专家，具备深厚的写作功底、理解产品的能力、对市场营销策略的敏感度，以及对目标受众的了解。"
        f"你能够通过生动有趣的语言描述商品特点、优点和使用方法，吸引潜在客户并促进销售。\n"
        f"现在给你以下一款产品：{product}\n"
        f"你需要为这款产品撰写{n}份产品描述。描述应详细介绍产品特点、优势和适用场景，有利于吸引消费者购买。\n"
        f"每个产品给我3个不同风格的描述，输出格式如下。\n"
        f"【描述1】\n"
        f"【描述2】\n"
```

```python
        f"【描述3】\n"
        f"..."
    )

    messages = [
        {"role": "system", "content": "You are a
            helpful assistant."},
        {"role": "user", "content": prompt}
    ]

    response = client.chat.completions.create(
        model="deepseek-chat",
        messages=messages,
        temperature=0.5,
        frequency_penalty=0.0,
        presence_penalty=0.0,
        stream=False
    )

    return response.choices[0].message.content

if __name__ == '__main__':
    product = "Iphone"  # 你可以替换为其他产品名称
    new_product_description = generate_product_
        description(product, n=1)
    with open('new_product.txt', 'w',
        encoding='utf-8') as f:
        f.write(new_product_description)
```

以上代码定义了一个名为generate_product_description的函数，通过调用DeepSeek R1模型，实现了自动生成电商产品描述的功能。函数需要输入产品名称和需要生成的描述数量，输出符合格式要求的产品描述文本。主程序调用该函数，并将生成的产品描述文本保存到指定文件中。

综上所述，使用DeepSeek生成产品描述数据样本的方法可以大大提高电商平台撰写商品描述的效率。通过设置相关提示语和调用DeepSeek R1模型，可以自动生成符合要求的产品描述数据样本。这样的自动生成方式不仅可以减少人工撰写的工作量，还可以提高产品描述的质量和效率，为电商平台的运营带来便利。将生成的数据样本应用于电商平台的产品描述中，可以帮助消费者更全面、准确地了解产品特点和优势，提升用户购买体验和忠诚度。

2.2.5 使用DeepSeek生成图像数据样本

在计算机视觉领域，高质量图像数据样本是模型训练的核心基础。虽然DeepSeek不直接生成图像，但其强大的文本生成能力可以高效地构建图像描述框架，结合主流AI绘图工具，能快速生成定制化图像数据样本。本小节将系统阐述这一技术链路。

主流的文生图工具有即梦AI、豆包、DALL·E 3、Stable Diffusion、文心一格等，它们各有特点，如表2.3所示。

表2.3 主流的文生图工具

工具名称	核心能力	访问方式	适用场景
即梦AI	中文语境理解、国风/二次元风格生成	Web端/API	电商设计、教育素材
豆包	多模态生成（图像/视频/3D）	小程序/App	广告素材、社交媒体内容
DALL·E3	高精度语义解析、复杂场景还原	ChatGPT Plus集成	科研实验、创意设计
Stable Diffusion	开源模型、高度可定制化	本地部署/第三方平台	开发者调试、风格迁移实验
文心一格	中国传统文化元素融合	Web端	文化IP开发、艺术创作

下面我们以"生成多风格猫科动物图像"为例,选取即梦AI,来系统阐述这一技术链路。通过DeepSeek生成图片差异化提示词,如2-37所示。

2-37 DeepSeek生成图片差异化提示词

请生成5组适用于即梦AI的文生图提示词,要求如下。
- 主题:猫科动物
- 差异化维度:写实摄影/卡通插画/赛博朋克/水墨画/3D渲染
- 包含构图要素:环境背景、光影效果、细节特征

DeepSeek根据需求,给出了5种不同的提示词,如2-38所示。

2-38 即梦AI提示词

1. 写实摄影风格

一只橘色虎斑猫站立在木质窗台上,午后阳光透过玻璃形成柔焦光斑,毛发纹理清晰可见,背景虚化为北欧风格客厅,8K超高清摄影。

2. 卡通插画风格

Q版卡通小猫戴着巫师帽,手持魔法杖悬浮在星空下,周围飘浮发光星星粒子,扁平化矢量插画风格,高饱和色彩搭配。

3. 赛博朋克风格

机械仿生猫在霓虹闪烁的雨夜街道行走,金属躯干裸露电子元件,瞳孔投射全息界面,赛博朋克2077风格,蓝紫色调为主。

4. 水墨画风格

水墨晕染的玄猫蹲踞于太湖石上,背景留白处题写瘦金体诗句"狸奴踏雪竹影疏",传统国画绢本质感。

5. 3D渲染风格

Blender建模的布偶猫趴在羊毛毯上,SSS材质表现半透明耳廓,通过Cycles渲染器实现焦散效果,景深控制突出立体感。

图 2.5　单击"图片生成"按钮

打开即梦 AI 官网（https://jimeng.jianying.com/ai-tool/home），单击"图片生成"按钮，如图 2.5 所示。

将上面的提示词逐个填到图片生成的位置，选择"图片 2.1"模型，并选择图片精细度、图片比例和图片尺寸等参数，单击"立即生成"按钮，等待片刻就会生成对应的图片。

此外，即梦 AI 平台还提供了其他丰富的功能，如细节修复、局部重绘、扩图及生成视频等，不过这些功能在此不再详细说明。生成的图片示例如图 2.6 所示。

图 2.6　即梦 AI 生成的图片

通过 DeepSeek 与即梦 AI 的协同工作流，开发者能够基于自然语言描述精准控制图像特征（如毛发纹理、环境细节等），快速构建涵盖写实、艺术化、抽象等多模态风格的标注数据样本。该方案突破了传统数据采集对物理场景的依赖，通过语义级细粒度控制实现了模型训练所需的特征多样性，同时显著降低人工与设备成本。

若需批量生成数据样本，DeepSeek 支持通过 API 接口自动化生成结构化提示词序列（如"生成不同毛色／姿态的布偶猫描述"），即梦 AI 则可同步调用文生图 API 实现高并发图像渲染，结合自动化标注工具，可以形成从语义描述到图像元数据的完整批处理链路。

> [!] **注意：** 这些图像数据的版权归原创作者所有。如果要将它们用于商业用途或发布在公共平台上，需要先获得相应的许可或授权。此外，为确保数据样本的质量和准确性，需要谨慎选择生成提示词和处理生成的图像，以避免噪点和其他质量问题的出现。只有质量良好的数据样本才能有效地用于数据分析模型的训练和验证。

2.3 小结

本章介绍了如何使用DeepSeek进行数据准备，涵盖了从数据收集到数据生成的各个环节。在数据收集方面，我们探讨了如何直接通过DeepSeek获取数据，以及如何批量编写多种类型的数据收集脚本。这些脚本类型包括新闻、电影评论、股票、天气、商品价格及社交媒体等数据。借助这些脚本，可以有效地自动化数据收集过程，大大提升数据采集的效率。

在数据生成方面，本章介绍了如何使用DeepSeek生成各种数据样本，如电影评论数据、对话数据、新闻标题数据、产品描述数据及图像数据。这些生成的数据可用于模型训练或其他数据分析任务，帮助用户在不同应用场景中实现更深层次的分析。

总体而言，本章内容系统介绍了如何通过DeepSeek进行全面的数据准备工作，旨在帮助读者深入理解数据准备的流程和方法。在实际应用中，合理的数据准备是确保分析结果准确性和可信度的重要前提。通过本章的学习，读者将能够更熟练地运用DeepSeek进行高效且高质量的数据准备，从而提升整体数据分析的效果。

第3章 使用 DeepSeek 清洗数据

在当今数据驱动的世界中,数据分析已成为一个越来越重要的领域。随着大量数据的涌现,数据处理和清洗变得至关重要。正确地清洗和处理数据可以确保数据的质量和完整性,从而提高数据分析的准确性和可靠性。

本章将详细介绍在数据分析过程中如何使用 DeepSeek 高效地处理数据质量和数据结构方面的问题,同时涵盖数据处理流程的设计和优化,重点涉及以下知识点。

- 使用 DeepSeek 处理数据质量问题,包括处理缺失值、检测和处理异常值、检测和删除重复数据。
- 利用 DeepSeek 处理数据结构问题,涉及数据格式化转换、合并不同数据源的数据。

通过学习本章内容,读者将掌握如何运用 DeepSeek 技术处理实际数据分析过程中遇到的常见问题。这将有助于提高数据处理和分析的效率,从而帮助决策者更加迅速地获取有价值的信息。接下来,我们将深入探讨每个知识点,使读者能够熟练掌握如何使用 DeepSeek 在数据分析领域中应对各种挑战。

3.1 使用 DeepSeek 处理数据质量问题

数据质量问题通常包括缺失值、异常值和重复数据等。处理这些问题是数据分析前的关键步骤,因为它们会影响分析结果的可靠性和准确性。在本节中,我们将介绍如何使用 DeepSeek 处理数据质量问题。

3.1.1 使用 DeepSeek 处理缺失值

缺失值是数据集中的一个常见问题。缺失值可能是数据收集过程中的错误、遗漏或其他原因导致的。处理缺失值的方法有很多,包括删除含有缺失值的行、填充缺失值及使用模型预测缺失值等。以下是使用 DeepSeek 处理缺失值的详细示例。

小丽是公司的 HR,她现在要统计公司员工的年收入和年龄分布等数据,她发现收集的数据有部分缺失,如表 3.1 所示。

表 3.1 公司员工的年收入和年龄

员工ID	年龄/岁	性别	收入/元	员工ID	年龄/岁	性别	收入/元
1	25	女	60000	6	47	男	85000
2	32	男	75000	7		女	40000
3		女	45000	8	38	男	70000
4	41	男		9	26	男	
5	29	女	55000	10	33	女	65000

为了确保分析的准确性,小丽决定使用 DeepSeek 进行数据清洗。首先,她将数据保存为一个名为"员工工资"的 Excel 文件。在 DeepSeek 平台上,她单击"上传附件"按钮,并选择该文件进行上传。接下来,她将必要的提示语输入系统中,具体操作如图 3.1 所示。

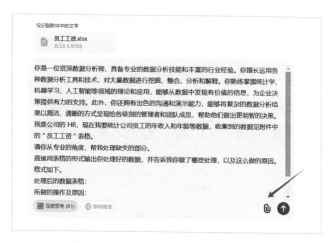

图 3.1　在 DeepSeek 平台上传表格附件

[!] **注意**：在上传数据时，要关闭"联网搜索"功能，否则无法上传。

对应的提示语内容请参见 3-1。通过这些步骤，小丽能够有效地清理数据，确保后续分析的精确性和可靠性。

3-1　处理工资缺失值提示语

你是一位资深数据分析师，具备专业的数据分析技能和丰富的行业经验。你擅长运用各种数据分析工具和技术，对大量数据进行挖掘、整合、分析和解释。你熟练掌握统计学、机器学习、人工智能等领域的理论和应用，能够从数据中发现有价值的信息，为企业决策提供有力的支持。此外，你还拥有出色的沟通和演示能力，能够将复杂的数据分析结果以简洁、清晰的方式呈现给各级别的管理者和团队成员，帮助他们做出更明智的决策。

我是公司的 HR，现在我要统计公司员工的年收入和年龄等数据，收集到的数据见附件中的"员工工资"表格。

请你从专业的角度，帮我处理缺失的部分。

直接用表格的形式输出你处理好的数据，并告诉我你做了哪些处理，以及这么做的原因。

格式如下：

处理后的数据表格：
所做的操作及原因：

DeepSeek 处理完缺失值后，数据如表 3.2 所示。

表 3.2　DeepSeek 处理完缺失值后的收入表

员工 ID	年龄 / 岁	性别	收入 / 元	员工 ID	年龄 / 岁	性别	收入 / 元
1	25	女	60000	6	47	男	85000
2	32	男	75000	7	33	女	40000
3	33	女	45000	8	38	男	70000
4	41	男	65000	9	26	男	65000
5	29	女	55000	10	33	女	65000

DeepSeek 还给出了对应的处理逻辑和解释，如 3-2 所示。

3-2　DeepSeek 处理缺失值的逻辑

所做的操作及原因：

1. 年龄缺失处理

操作：用全体员工的年龄中位数（33 岁）填充缺失值（员工 ID 3、7）。

原因：中位数对极端值不敏感，能更稳健地代表数据的中心趋势。考虑到原始年龄分布较集中（25～47 岁），使用中位数比平均值更合理。

2. 收入缺失处理

操作：采用全体员工的年收入中位数（65000 元）填充缺失值（员工 ID 4、9）。

原因：收入数据可能存在潜在偏差（如高收入 85000 元），使用中位数避免了极端值的影响，能更好地反映大多数员工的收入水平。

3. 验证合理性

填充后年龄和收入均在原始数据范围内，无异常值，逻辑一致。

当然，DeepSeek 不仅能处理简单的数据集，还可以处理复杂的数据集。以Kaggle上的Titanic数据集举例，该数据集记录了1912年Titanic号沉船事件中乘客的信息，包括性别、年龄、船票等级、船舱号码、票价等，共包含891个样本。其中，包括314名女性、577名男性，幸存者和遇难者分别为342人和549人。在该数据集中，年龄和船舱号码两列存在缺失值，分别约占总样本数的20%和77%。Titanic数据集的目标是通过已知的乘客信息，预测乘客是否能够在Titanic号沉船事件中幸存下来。因此该数据集被广泛用于机器学习和数据分析的入门练习，特别是二分类问题和特征工程技巧的应用。

Titanic数据集中有两列存在缺失值：年龄和船舱号码。年龄列包含了乘客的年龄信息。由于一些原因（如记录错误、遗漏等），这一列中有177个缺失值，约占总乘客数量的20%。船舱号码列包含了乘客所在的船舱号码信息。由于一些原因（如记录错误、遗漏等），这一列中有687个缺失值，约占总乘客数量的77%。

针对以上数据集，我们可以通过DeepSeek来处理缺失值，提示语如3-3所示。

3-3 处理Titanic数据集缺失值提示语

你是一名资深数据分析师，具备专业的数据分析技能和丰富的行业经验。你擅长运用各种数据分析工具和技术，对大量数据进行挖掘、整合、分析和解释。你熟练掌握统计学、机器学习、人工智能等领域的理论和应用，能够从数据中发现有价值的信息，为企业决策提供有力的支持。此外，你还拥有出色的沟通和演示能力，能够将复杂的数据分析结果以简洁、清晰的方式呈现给各级别的管理者和团队成员，帮助他们做出更明智的决策。

我现在需要处理Titanic数据集中年龄和船舱号码这两列的缺失值。

要求：直接以代码块的形式给我Python代码，并且以表格的形式输出处理后的部分表格。

DeepSeek根据需求，处理Titanic数据集中年龄和船舱号码这两列的缺失值的Python代码如3-4所示。

3-4　DeepSeek 处理 Titanic 数据集中缺失值的代码

```python
import pandas as pd
from tabulate import tabulate

# 下载Titanic数据集
url = "https://raw.githubusercontent.com/
    datasciencedojo/datasets/master/titanic.csv"
df = pd.read_csv(url)

# 原始数据缺失值统计
print("原始数据缺失值统计:")
print(df[['Age', 'Cabin']].isnull().sum())

# 处理Age缺失值：使用中位数填充
df['Age'].fillna(df['Age'].median(), inplace=True)

# 处理Cabin缺失值：用Unknown标记缺失值
df['Cabin'].fillna('Unknown', inplace=True)

# 处理后缺失值统计
print("\n处理后缺失值统计:")
print(df[['Age', 'Cabin']].isnull().sum())

# 显示处理后的部分数据（前5行）
sample_df = df[['PassengerId', 'Age', 'Cabin']].head(5)
print("\n处理后的数据示例:")
print(tabulate(sample_df, headers='keys',
    tablefmt='psql', showindex=False))
```

DeepSeek 给出了 Titanic 数据集的数据统计和处理说明，如 3-5 所示。

3-5　Titanic 数据集的数据统计和处理说明

原始数据缺失值统计：

年龄   177
船舱号码   687
dtype: int64

处理后缺失值统计：
年龄   0
船舱号码   0
dtype: int64

处理说明如下。
- 年龄列：使用中位数填充（28.0岁），适用于数值型数据且能保持数据分布。
- 船舱号码列：用Unknown标记缺失值（原始数据687/891条缺失），因为舱位信息缺失较多且包含字母编号信息。
- 保留原始PassengerId用于数据对照。

如果需要调整填充策略（如使用随机森林预测Age缺失值），可以进一步优化处理方案。

执行以上代码后，将会对Titanic数据集中的年龄和船舱号码这两列进行缺失值处理，其中年龄列用中位数填充缺失值，船舱号码列用Unknown填充缺失值。处理后的部分数据如表3.3所示。

表3.3　DeepSeek处理完Titanic数据集缺失值后的部分数据

乘客ID	年龄/岁	船舱号码	乘客ID	年龄/岁	船舱号码
1	22.0	Unknown	4	35.0	C123
2	38.0	C85	5	35.0	Unknown
3	26.0	Unknown	...	...	...

当读者需要处理自己本地数据的缺失值时，除了烦琐地复制粘贴到DeepSeek聊天界面，还可以通过直接调用DeepSeek API的方式快速处理

复杂数据,代码如3-6所示。

3-6 调用DeepSeek API 处理缺失值

```python
from openai import OpenAI
import pandas as pd

# 设置DeepSeek API客户端
client = OpenAI(api_key="<DeepSeek API Key>",
    base_url="https://api.deepseek.com")

def deal_missing_data(table):
    """
    处理缺失数据。

    :param table: 需要处理的表格数据(字符串形式)。
    :return: 处理后的表格数据(字符串形式)。
    """
    # 设置对话Prompt
    _prompt = f"""你是一位资深数据分析师,具备专业的数据分
        析技能和丰富的行业经验。
        你擅长运用各种数据分析工具和技术,对大量数据进行挖
        掘、整合、分析和解释。
        你熟练掌握统计学、机器学习、人工智能等领域的理论和应
        用,能够从数据中发现有价值的信息,为企业决策提供有力
        的支持。
        此外,你还拥有出色的沟通和演示能力,能够将复杂的数据
        分析结果以简洁、清晰的方式呈现给各级别的管理者和团队
        成员,帮助他们做出更明智的决策。

        以下是我的表格。
        {table}

        请你从专业的角度,帮我处理缺失的部分。直接用表格的形
```

式输出你处理好的数据,

只需要输出处理好的表格,不需要其他内容。
"""

```
# 发送请求到DeepSeek API
response = client.chat.completions.create(
    model="deepseek-chat",
    messages=[
        {"role": "system", "content": "You are a
            helpful assistant."},
        {"role": "user", "content": _prompt},
    ],
    stream=False
)

# 获取DeepSeek的响应并返回处理后的结果
output_text = response.choices[0].message.content
return output_text

def read_local_spreadsheet(file_path):
    """
    读取本地表格文件,并将其作为Pandas DataFrame返回。

    :param file_path: 表格文件路径。
    :return: 包含表格数据的Pandas DataFrame对象。
    """
    df = pd.read_excel(file_path)
    return df.to_string(index=False)

def parse_and_save_to_excel(output_string, file_path):
    """
    解析deal_missing_data函数的输出字符串并将其保存到Excel
    文件中。
```

```
            :param output_string: deal_missing_data函数的输出
            字符串。
            :param file_path: 要保存Excel文件的路径。
            """
            output_lines = [line.strip() for line in output_
                string.split("\n")]
            col_names = output_lines[0].split()
            data_rows = [line.split() for line in output_
                lines[1:]]
            df = pd.DataFrame(data_rows, columns=col_names)
            df.to_excel(file_path, index=False)

        if __name__ == '__main__':
            input_table = read_local_spreadsheet("example_
                table.xlsx")
            output_table = deal_missing_data(input_table)
            parse_and_save_to_excel(output_table, "output_
                table.xlsx")
```

以上这段代码是一个自动化数据分析工具，它通过 Python 脚本调用 DeepSeek API 来自动处理输入的表格数据中的缺失值，并将处理后的结果保存到本地的 Excel 文件中。该程序包含了3个函数，分别用于读取本地的 Excel 文件、处理缺失数据和保存结果到 Excel 文件。整个过程都是自动化的，无须人工干预，提高了数据分析的效率和准确性。

综上所述，使用DeepSeek处理缺失值可大大提高数据处理的效率和准确性。DeepSeek是一种强大的自然语言处理技术，能够分析文本数据中的语义和上下文信息，从而填补数据中的缺失值，减少数据处理的误差。此外，DeepSeek还能够通过自我学习不断优化模型，使处理缺失值的效果更加稳定和可靠。因此，使用DeepSeek处理缺失值是一种高效、智能的数据处理方法，值得广泛应用和推广。

3.1.2　使用 DeepSeek 检测和处理异常值

异常值是指数据集中与其他数据明显不同的数据点。异常值的出现可能是数据录入错误、测量误差或其他原因造成的。处理异常值的方法有很多，包括删除异常值、修正异常值及使用模型预测异常值等。以下是使用 DeepSeek 检测和处理异常值的详细示例。

公司 HR 小丽在分析公司员工的工作时间分布，发现收集的数据中存在一些异常值，如表 3.4 所示。

表 3.4　公司员工工作时间表

员工 ID	姓名	工作时间/ （小时/周）	员工 ID	姓名	工作时间/ （小时/周）
1	张三	40	6	周八	-5
2	李四	42	7	吴九	36
3	王五	38	8	郑十	41
4	赵六	210	9	朱一	43
5	孙七	35	10	刘二	39

为了避免分析出现偏差，小丽希望借助 DeepSeek 来检测和处理异常值，她将数据保存到一个名为"工作时间"的 Excel 文件中，并上传到 DeepSeek 中，提示语如 3-7 所示。

3-7　DeepSeek 检测和处理异常值提示语

你是一位资深数据分析师，具备专业的数据分析技能和丰富的行业经验。你擅长运用各种数据分析工具和技术，对大量数据进行挖掘、整合、分析和解释。你熟练掌握统计学、机器学习、人工智能等领域的理论和应用，能够从数据中发现有价值的信息，为企业决策提供有力的支持。此外，你还拥有出色的沟通和演示能力，能够将复杂的数据分析结果以简洁、清晰的方式呈现给各级别的管理者和团队成员，帮助他们做出更明智的决策。

现在我要分析公司员工的工作时间分布，收集到的数据如附件"工作时间.xlsx"所示。

请你从专业的角度，帮我检测和处理异常值。

直接用表格的形式输出你处理好的数据，并告诉我你做了哪些处理，以及这么做的原因。

DeepSeek根据需求，对数据的分析如3-8所示。

3-8　DeepSeek分析异常值逻辑

异常值处理说明如下。

1. 赵六（员工ID 4）

原始值：420小时/周

处理：修正为42小时/周

原因：420小时远超一周的合理工作时间（一周共168小时），推测为输入错误（如多输入了一个0）。修正后更符合实际情况和其他员工的工作时间分布。

2. 周八（员工ID 6）

原始值：-5小时/周

处理：修正为35小时/周

原因：负值工作时间明显错误，推测为符号或数字输入错误，如将"35"误输为"-5"。修正后与其他员工数据分布一致。

处理原则如下。

合理范围设定：根据《劳动法》相关规定，劳动者每日工作时间不超过8小时，平均每周工作时间不超过44小时，设定合理工作时间区间为0～60小时/周，超出此范围或负值视为异常。

修正逻辑：优先通过业务逻辑推测修正（如输入错误），而非直接删除，以保留数据完整性。

验证缺失：若后续分析需更高精度，建议与数据源部门核实异常记录的原始信息，以确保数据的准确性。

经过处理后的数据如表3.5所示。

表3.5 DeepSeek处理后的工作时间表

员工ID	姓名	工作时间/(小时/周)	员工ID	姓名	工作时间/(小时/周)
1	张三	40	6	周八	35
2	李四	42	7	吴九	36
3	王五	38	8	郑十	41
4	赵六	42	9	朱一	43
5	孙七	35	10	刘二	39

通过删除离群点，我们得到了更加准确和可靠的数据，便于后续的数据分析和决策制定。

除了简单的数据集，我们也可以通过DeepSeek处理复杂的数据集。例如，Kaggle上的房价预测竞赛数据集（Ames Housing Dataset），包含了来自美国爱荷华艾姆斯市的房屋信息，其中包括79个特征列，如房屋面积、房间数量、建造年份、车库面积等。这个数据集旨在让数据科学家和机器学习工程师利用房屋特征预测房价，从而为房地产行业提供市场分析和投资决策的支持。然而，该数据集中包含了一些常见的需要处理的异常值，如面积、距离和价格等异常值，需要进行适当的处理以确保模型的准确性和可靠性。该数据集中的部分异常值示例如表3.6所示。

表3.6 房价预测竞赛数据集中的部分异常值

特征列名称	异常值示例	特征列名称	异常值示例
地皮面积/平方英尺	70761	一楼面积/平方英尺	4692
房屋总体质量评级	10	地上居住面积/平方英尺	5642
房屋总体状况评级	9	车库车位数量	5
建造年份	1872	车库面积/平方英尺	1418
地下室总面积/平方英尺	6110	…	…

针对以上数据集，我们可以通过DeepSeek来处理异常值，提示语如3-9所示。

3-9　DeepSeek处理房价预测竞赛数据集异常值提示语

你是一位资深数据分析师，具备专业的数据分析技能和丰富的行业经验。你擅长运用各种数据分析工具和技术，对大量数据进行挖掘、整合、分析和解释。你熟练掌握统计学、机器学习、人工智能等领域的理论和应用，能够从数据中发现有价值的信息，为企业决策提供有力的支持。此外，你还拥有出色的沟通和演示能力，能够将复杂的数据分析结果以简洁、清晰的方式呈现给各级别的管理者和团队成员，帮助他们做出更明智的决策。

现在我需要处理Ames Housing Dataset数据集中的异常值。

要求：直接以代码块的形式给我Python代码，并且以表格的形式输出处理后的部分表格。

DeepSeek根据需求，处理异常值的代码如3-10所示。

3-10　DeepSeek处理房价预测竞赛数据集异常值

```
import pandas as pd
import numpy as np

# 加载数据集
url="https://raw.githubusercontent.com/ageron/
    handson-ml2/master/datasets/housing/housing.csv"
                                    # 替换为实际路径
df = pd.read_csv(url)

# 选择需要处理的关键特征
features = ['median_house_value', 'total_rooms',
    'housing_median_age']

# 异常值处理函数
def remove_outliers(df, features):
    clean_df = df.copy()
    for feature in features:
        Q1 = clean_df[feature].quantile(0.25)
```

```
    Q3 = clean_df[feature].quantile(0.75)
    IQR = Q3 - Q1
    lower_bound = Q1 - 1.5 * IQR
    upper_bound = Q3 + 1.5 * IQR
    clean_df = clean_df[(clean_df[feature] >=
        lower_bound) & (clean_df[feature] <=
        upper_bound)]
    return clean_df

# 执行异常值处理
df_clean = remove_outliers(df, features)

# 输出处理后的数据（前5行）
print("\n处理后的数据示例：")
print(df_clean[features].head().to_
    markdown(index=False))
```

运行上述代码后，将得到处理后的数据集的部分表格，如表3.7所示。

表3.7 房价预测竞赛数据集中异常值处理后的部分竞赛数据

median_house_value	total_rooms	housing_median_age
452600	2155	41
358500	2174	21
352100	2197	52
341300	2205	52
342200	2223	52

需要注意的是，这里只选择了部分特征列进行处理，并仅仅只是将异常值进行了删除和中位数填充，具体处理方式可能会因实际情况而异。

当读者需要处理自己本地数据的异常值时，除了烦琐地复制粘贴到DeepSeek聊天界面，我们也可以通过直接调用DeepSeek API的方式来快速地对复杂数据进行处理,代码如3-11所示。

3-11 调用DeepSeek API 处理异常值

```python
from openai import OpenAI
import pandas as pd

# 初始化DeepSeek客户端
client = OpenAI(api_key="<DeepSeek API Key>", base_url="https://api.deepseek.com")


def deal_outlier(table):
    """
    检测并处理异常值,返回处理后的表格字符串。
    """
    prompt = (
        "你是一位资深数据分析师,具备专业的数据分析技能和丰富的行业经验。"
        "你擅长运用各种数据分析工具和技术,对大量数据进行挖掘、整合、分析和解释。"
        "你熟练掌握统计学、机器学习、人工智能等领域的理论和应用,能够从数据中发现有价值的信息,为企业决策提供有力的支持。"
        "此外,你还拥有出色的沟通和演示能力,能够将复杂的数据分析结果以简洁、清晰的方式呈现给各级别的管理者和团队成员,帮助他们做出更明智的决策。\n"
        f"以下是我的表格。\n{table}\n"
        "请你从专业的角度,帮我检测和处理异常值。直接用表格的形式输出你处理好的数据,"
        "只需要输出处理好的表格,不需要其他内容。"
    )

    messages = [
        {"role": "system", "content": "You are a helpful assistant."},
```

```python
        {"role": "user", "content": prompt}
    ]

    response = client.chat.completions.create(
        model="deepseek-chat",
        messages=messages,
        temperature=0.5,
        max_tokens=1024,
        top_p=1,
        frequency_penalty=0,
        presence_penalty=0,
        stream=False
    )

    output_text = response.choices[0].message.content
    return output_text

def read_local_spreadsheet(file_path):
    """
    读取本地Excel文件,并将其转换为字符串形式

    :param file_path: 表格文件路径。
    :return: 表格数据的字符串表示。
    """
    df = pd.read_excel(file_path)
    return df.to_string(index=False)

def parse_and_save_to_excel(output_string, file_path):
    """
    解析deal_outlier函数的输出字符串,并将其保存到Excel文
    件中。

    :param output_string: deal_outlier函数返回的表格字
    符串。
```

```python
        :param file_path: 保存Excel文件的路径
        """
        # 按行分割并移除空白行
        output_lines = [line.strip() for line in output_
            string.split("\n") if line.strip()]
        if not output_lines:
            raise ValueError("输出字符串为空或格式不正确。")

        # 第一行作为列名
        col_names = output_lines[0].split()
        # 剩余行作为数据
        data_rows = [line.split() for line in output_
            lines[1:]]
        df = pd.DataFrame(data_rows, columns=col_names)
        df.to_excel(file_path, index=False)

    if __name__ == '__main__':
        # 读取本地示例表格文件
        input_table = read_local_spreadsheet("example_
            table.xlsx")

        # 调用DeepSeek处理异常值
        output_table = deal_outlier(input_table)

        # 将处理后的结果保存到Excel文件中
        parse_and_save_to_excel(output_table, "output_
            table.xlsx")
```

这段代码通过 DeepSeek API 实现了自动化的异常值检测和处理。首先，它读取了一个本地 Excel 文件。其次，将表格数据作为输入传递给 deal_outlier 函数。该函数将异常值检测和处理的任务委托给 DeepSeek API，并返回处理后的表格数据。最后，将处理结果保存为一个新的 Excel 文件。

使用DeepSeek检测和处理异常值是一种有效的方法，可以帮助人们更好地理解数据集并提高数据分析的准确性和可靠性。在数据分析过程中，异常值是一种常见的问题，它可能导致数据分析结果出现误差，影响业务决策。因此，通过使用DeepSeek等强大的机器学习工具来检测和处理异常值，可以大大提高数据分析的质量和效率，为业务决策提供更加准确、可靠的依据。

3.1.3 使用DeepSeek检测和删除重复数据

重复数据是指数据集中存在的相同或几乎相同的数据记录。这些数据可能是数据输入错误、数据合并过程中的重复或其他原因造成的。处理重复数据的方法主要是检测并删除重复记录，这样可以保证数据集的质量和准确性。以下是使用DeepSeek检测和删除重复数据的详细示例。

公司HR小丽在分析公司员工的年龄分布，发现收集到的数据中存在一些重复值，如表3.8所示。

表3.8 员工年龄

员工ID	姓名	年龄/岁	员工ID	姓名	年龄/岁
1	张三	28	7	吴九	28
2	李四	30	8	郑十	30
3	王五	24	9	朱一	24
4	赵六	28	10	刘二	29
5	孙七	25	11	赵六	28
6	周八	24	—	—	—

为了避免分析出现偏差，小丽希望借助DeepSeek来检测和删除重复数据，她将数据保存到一个名为"员工年龄"的Excel文件中并上传到DeepSeek，提示语如3-12所示。

> **3-12 处理年龄异常值提示语**
>
> 你是一位资深数据分析师,具备专业的数据分析技能和丰富的行业经验。你擅长运用各种数据分析工具和技术,对大量数据进行挖掘、整合、分析和解释。你熟练掌握统计学、机器学习、人工智能等领域的理论和应用,能够从数据中发现有价值的信息,为企业决策提供有力的支持。此外,你还拥有出色的沟通和演示能力,能够将复杂的数据分析结果以简洁、清晰的方式呈现给各级别的管理者和团队成员,帮助他们做出更明智的决策。
>
> 现在我要分析公司员工的年龄分布,收集到的数据如附件"员工年龄.xlsx"所示。
>
> 请你从专业的角度,帮我检测和删除重复数据。直接用表格的形式输出你处理好的数据。

DeepSeek根据需求,删除重复值后的年龄如表3.9所示。

表3.9 DeepSeek删除重复值后的员工年龄

员工ID	姓名	年龄/岁	员工ID	姓名	年龄/岁
1	张三	28	6	周八	24
2	李四	30	7	吴九	28
3	王五	24	8	郑十	30
4	赵六	28	9	朱一	24
5	孙七	25	10	刘二	29

在上述表格中,重复的数据已经被删除。这将有助于确保数据分析的准确性和可信度。

除了以上简单的案例,DeepSeek也能轻松处理复杂的数据集。例如,一家银行或电信公司的客户数据集,可能包含客户的个人信息,如姓名、地址、电话号码、电子邮件地址等。由于客户可能会使用多个账户或购买多个产品,因此数据集中可能会存在重复值。我们可以直接通过DeepSeek生成处理代码,提示语如3-13所示。

3-13　处理复杂数据重复值提示语

你是一位资深数据分析师,具备专业的数据分析技能和丰富的行业经验。你擅长运用各种数据分析工具和技术,对大量数据进行挖掘、整合、分析和解释。你熟练掌握统计学、机器学习、人工智能等领域的理论和应用,能够从数据中发现有价值的信息,为企业决策提供有力的支持。此外,你还拥有出色的沟通和演示能力,能够将复杂的数据分析结果以简洁、清晰的方式呈现给各级别的管理者和团队成员,帮助他们做出更明智的决策。

现在我有一家电信公司的客户数据集,可能包含客户的个人信息,如姓名、地址、电话号码、电子邮件地址等。由于客户可能会使用多个账户或购买多个产品,因此数据集中可能会存在重复值。

请直接给我Python代码,要求从本地目录读取data.xlsx,清洗这个数据,将结果保存到新的文件中,并以代码块的格式输出。

DeepSeek根据需求,输出的代码如3-14所示。

3-14　处理复杂数据重复值的代码

```
import pandas as pd

# 从本地目录读取数据文件
data = pd.read_excel("data.xlsx")

# 删除重复值
data.drop_duplicates(inplace=True)

# 将数据保存到新的文件中
data.to_excel("cleaned_data.xlsx", index=False)
```

在这个示例中,我们使用了Pandas库来读取Excel文件,删除重复值,并将清洗后的数据保存到新的Excel文件中。在读取数据时,我们可以使用read_csv或read_excel函数,具体取决于数据文件的格式。删除重复值可以使用Pandas的drop_duplicates函数,该函数会默认检查所有列的值是否相同。最后，我们使用to_excel函数将清洗后的数据保存到新的Excel文件中，index=False表示不将行索引写入文件。

> 说明：由于重复值处理可以直接用简单的几行代码实现，因此这里就不再赘述如何使用DeepSeek API处理。读者若感兴趣，可以参考前面的章节。

综上所述，使用DeepSeek检测和删除重复数据是一种高效的方法，可以帮助我们在处理大量文本数据时提高数据质量和减少冗余信息的数量。随着大数据时代的到来，我们需要处理的文本数据量不断增加，而数据质量也成为一个越来越重要的问题。因此，使用DeepSeek来检测和删除重复数据，可以帮助我们节省时间和资源，提高数据的价值和可靠性。

3.2 使用 DeepSeek 处理数据结构问题

数据结构问题会影响数据的完整性、一致性和可读性。为了解决这些问题，本节将介绍如何使用DeepSeek进行数据格式化转换、合并不同数据源的数据。

3.2.1 使用 DeepSeek 进行数据格式化转换

数据格式化是指将原始数据转换为可用于数据分析的格式。常见的格式包括CSV、JSON、XML等。在数据清洗中，数据格式化转换常用的操作如下。

- 字符串操作：将字符串转换为小写或大写字母形式、删除多余的空格或字符、提取特定的子字符串等。
- 时间日期格式转换：将不同的时间日期格式转换为统一的格式，如ISO 8601标准格式，或者将时间戳转换为可读的日期时间格式。
- 数值类型转换：将数值型数据转换为不同的数据类型，如整型、浮点型、布尔型等。
- 数据归一化：将数据缩放到特定的范围内，例如，将数据缩放到0

和1之间。

- 编码转换：将不同的编码格式转换为统一的编码格式，例如，将Unicode编码转换为ASCII编码。
- 数据结构转换：将数据从一种数据结构转换为另一种数据结构，例如，将JSON格式的数据转换为CSV格式。

这些操作是数据清洗中常用的数据格式化转换操作，可以将不同格式的数据转换为一致的格式，以便进行后续的数据处理和分析。使用DeepSeek可以将数据格式化为所需的格式，减少手动操作的复杂度和错误率。以下是一个实例。

小明是公司的销售人员，现在他手上有一份JSON格式的销售数据，如3-15所示。

3-15 JSON格式的销售数据

```
[
  {
    "customer_name": "john doe",
    "customer_id": 123456,
    "shipping_address": "123 main st., anytown, USA",
    "state": "ny",
    "order_date": "2024-04-01T00:00:00",
    "quantity": "2",
    "price": "10.99",
    "total_amount": "21.98"
  },
  {
    "customer_name": "jane smith",
    "customer_id": 654321,
    "shipping_address": "456 elm st., anytown, USA",
    "state": "ca",
    "order_date": "2024-04-02T00:00:00",
    "quantity": "",
    "price": "23.45",
```

```
      "total_amount": "46.90"
  },
  {
      "customer_name": "bob jones",
      "customer_id": 789012,
      "shipping_address": "789 oak st., anytown, USA",
      "state": "fl",
      "order_date": "2024-04-03T00:00:00",
      "quantity": "1",
      "price": "",
      "total_amount": "17.99"
  },
  {
      "customer_name": "jimmy choo",
      "customer_id": "",
      "shipping_address": "101 first ave., anytown, USA",
      "state": "tx",
      "order_date": "04/04/22 12:00:00 AM",
      "quantity": "3",
      "price": "12.34",
      "total_amount": ""
  }
]
```

现在小明需要对这份数据进行处理，以方便整理和分析。他直接通过 DeepSeek 来格式化这份数据，提示语如 3-16 所示。

3-16　DeepSeek 格式化数据提示语

你是一位资深数据分析师，具备专业的数据分析技能和丰富的行业经验。你擅长运用各种数据分析工具和技术，对大量数据进行挖掘、整合、分析和解释。你熟练掌握统计学、机器学习、人工智能等领域的理论和应用，能够从数据中发现有价值的信息，为企业决策提供有力的支持。此外，你还拥有出色的沟通和演示能力，能够将复杂的数据分析结果以简洁、清晰的方式呈现给各级别的管理者和团队成员,帮助他们做出更明智的决策。

现在我有一份销售数据,具体细节如附件"销售数据.json"所示。

请帮我把上面的数据进行归一化处理后,保存到一个Excel文件中。

直接输出处理好的表格。

DeepSeek根据需求,处理后输出的表格如表3.10所示。

表3.10 数据格式化转换后的表格

customer_name	customer_id	shipping_address	state	order_date	quantity	price	total_amount
John Doe	123456	123 Main St., Anytown, Usa	NY	2024-04-01 00:00:00	2.0	10.99	21.98
Jane Smith	654321	456 Elm St., Anytown, Usa	CA	2024-04-02 00:00:00	NaN	23.45	46.90
Bob Jones	789012	789 Oak St., Anytown, Usa	FL	2024-04-03 00:00:00	1.0	NaN	17.99
Jimmy Choo	NaN	101 First Ave., Anytown, Usa	TX	2024-04-04 00:00:00	3.0	12.34	NaN

以上表格是通过对原先的JSON数据进行数据清洗和归一化操作后得到的,对数据进行了以下操作:将order_date列转换为日期时间格式,将Total_Amount、Price和Quantity列转换为数字格式,将State列中的所有字符转换为大写,使用str.title()方法将Customer_Name和Shipping_Address列中的所有字符串转换为首字母大写的格式。通过这些操作,清洗和规范化了数据,使其更容易被分析和理解。最终,处理后的结果被保存为Excel文件。

由于DeepSeek支持连续对话，因此我们可以继续要求DeepSeek生成批处理的代码，提示语如3-17所示。

3-17　批量格式化数据提示语

若本地文件中有 n 个同格式的JSON文件，请你帮我写一个Python函数，读取这个文件夹下的所有JSON文件，格式化后，整合到Excel中。

直接以代码块的格式给我输出代码。

DeepSeek根据需求，给出的处理代码如3-18所示。

3-18　DeepSeek生成的格式化批处理代码

```python
import json
import pandas as pd
import os
from glob import glob

def merge_json_to_excel(folder_path, output_filename):
    """
    将指定文件夹中的所有JSON文件合并到Excel中

    参数:
    folder_path: JSON文件所在文件夹的路径。
    output_filename: 输出的Excel文件名（需包含.xlsx
    后缀）。
    """
    all_data = []

    # 获取所有JSON文件路径
    json_files = glob(os.path.path.join(folder_path,
        "*.json"))

    # 读取并解析JSON文件
    for file_path in json_files:
```

```
            with open(file_path, 'r', encoding='utf-8')
                as f:
                data = json.load(f)
                if isinstance(data, list):
                    all_data.extend(data)
                elif isinstance(data, dict):
                    all_data.append(data)

            # 转换为DataFrame并保存为Excel文件
            df = pd.DataFrame(all_data)
            df.to_excel(output_filename, index=False,
                engine='openpyxl')
```

该Python代码实现了将指定文件夹中所有JSON文件的数据整合到一个Excel中的功能。具体来说，代码通过glob模块遍历文件夹以获取所有JSON文件路径，逐个读取并解析这些文件内容。对于每个JSON文件，无论其内容是以字典形式存储的单条数据，还是以列表形式存储的多条数据，代码都会将这些数据统一整合到内存列表中。最后，利用Pandas库将整合后的结构化数据转换为DataFrame，并将其导出为Excel文件。这一过程实现了多源JSON数据的高效归集与标准化存储。

同时，我们也可以直接通过调用DeepSeek API的方式来快捷地格式化数据，代码如3-19所示。

3-19 调用DeepSeek API格式化数据

```
import os
import json
import pandas as pd
import io
from openai import OpenAI

# 设置DeepSeek API客户端
client = OpenAI(api_key="<DeepSeek API Key>", base_
```

```python
        url="https://api.deepseek.com")

def format_data(data):
    # 设置对话Prompt
    _prompt = f"""
        你是一位资深数据分析师,具备专业的数据分析技能和丰富
        的行业经验。
        你擅长运用各种数据分析工具和技术,对大量数据进行挖
        掘、整合、分析和解释。
        你熟练掌握统计学、机器学习、人工智能等领域的理论和应
        用,能够从数据中发现有价值的信息,为企业决策提供有力
        的支持。
        现在我有一份销售数据,是JSON格式的,如下。
        ---
        {data}
        ---
        请帮我把上面的数据进行归一化处理后,保存到一个Excel
        文件中。
        只需要输出处理好的表格,不需要其他内容。
    """

    response = client.chat.completions.create(
        model="deepseek-chat",
        messages=[
            {"role": "system", "content": "You are a
                helpful assistant"},
            {"role": "user", "content": _prompt},
        ],
        stream=False
    )

    output_text = response.choices[0].message.content
    return output_text

def read_local_spreadsheet(folder_path):
```

```python
        # 读取指定文件夹中的所有JSON文件，并合并数据
        data = []
        for filename in os.listdir(folder_path):
            if filename.endswith('.json'):
                with open(os.path.join(folder_path,
                    filename), 'r', encoding='utf-8')
                    as f:
                    try:
                        file_data = json.load(f)
                                    # 尝试解析JSON数据
                    except json.JSONDecodeError:
                        print(f"Skipping {filename}:
                            Invalid JSON format")
                                # JSON格式错误则跳过该文件
                        continue
                    data.extend(file_data)
        return data

def parse_and_save_to_excel(output_string, file_path):
    # 解析字符串输出为DataFrame，按"|"分隔
    output_df = pd.read_csv(io.StringIO(output_
        string), sep='|')
    # 转换数值列
    output_df = output_df.iloc[:, 1:-1].apply(lambda
        x: pd.to_numeric(x, errors='ignore'))
    # 处理日期列
    if 'order_date' in output_df.columns:
        output_df['order_date'] = pd.to_
            datetime(output_df['order_date'],
            errors='coerce').dt.date
    # 保存为Excel文件
    output_df.to_excel(file_path, index=False)

if __name__ == '__main__':
    # 读取本地的 JSON 数据文件
```

```
            input_folder = './folder'
            input_table = read_local_spreadsheet(input_folder)

            # 格式化数据并获取处理结果
            output_table = format_data(input_table)

            print(output_table)

            # 保存处理结果到本地Excel文件
            output_file = './output.xlsx'
            parse_and_save_to_excel(output_table, output_file)
```

这段代码实现了读取指定文件夹中所有的 JSON 文件，将其整合为一个 Pandas DataFrame，然后使用 DeepSeek API 将 DataFrame 中的数据进行归一化处理，并将处理后的结果写入 Excel 文件中。

> ⚠ **注意**：上面代码中的"DeepSeek API Key"需要用户手动填写自己账户的 Key，并且 DeepSeek 会根据用户请求的 Token 数来收费。

总体来说，使用 DeepSeek 进行数据格式化转换可以提高数据处理的效率和准确性，尤其是当需要将大量数据进行归一化处理时。通过使用 DeepSeek 的 API 及其强大的自然语言处理能力，可以在短时间内完成复杂的数据转换和归一化操作任务，避免了手动处理数据的烦琐和出错风险，提高了数据分析的效率和准确性。

3.2.2　使用 DeepSeek 合并不同数据源的数据

在数据分析中，合并不同数据源的数据是一项常见的操作。以下是一些常见的合并数据的方法。

- 内连接（Inner Join）：将两个数据源中相同的记录连接起来，即只保留两个数据源中都有的数据。
- 左连接（Left Join）：将左侧数据源的所有记录都保留，并将右侧数据源中与左侧数据源中记录匹配的数据加入结果集中；如果右侧数据源中没有与左侧匹配的数据，则填充为 NULL。

● 右连接（Right Join）：将右侧数据源的所有记录都保留，并将左侧数据源中与右侧数据源中记录匹配的数据加入结果集中；如果左侧数据源中没有与右侧匹配的数据，则填充为 NULL。

● 全连接（Full Outer Join）：将两个数据源中所有的记录都保留，并将两个数据源中匹配的记录连接在一起；如果没有匹配的记录，则填充为 NULL。

● 交叉连接（Cross Join）：将一个数据源的每一条记录与另一个数据源的所有记录都匹配，生成的结果集会是两个数据源中记录的笛卡儿积。

● 自然连接（Natural Join）：在两个数据源中找到相同的列名，然后以这些列名作为连接条件进行连接，相当于执行内连接操作。

● 追加（Append）：将两个数据源中的记录合并在一起，生成的结果集是两个数据源中所有记录的集合。追加通常用于在数据源的底部添加新的记录。

● 堆叠（Stacking）：将两个数据源中的记录沿着垂直方向堆叠在一起，生成的结果集包含所有记录，并将来自两个数据源的记录堆叠在一起。

这些方法中，内连接、左连接、右连接和全连接是最常见的用于合并数据的方法，它们可以帮助分析人员更好地了解不同数据源之间的关系和数据之间的联系。以下是一个实例。

小李是公司的数据分析员，关于近期的订单，他从多个维度收到了几张表。其中，订单表中记录了订单的详细信息，包括订单编号、下单时间、订单状态等，如表3.11所示。

表3.11 订单表

订单编号	下单时间	订单状态
10001	2025-01-01 10:00:00	已完成
10002	2025-01-02 11:00:00	已取消

续表

订单编号	下单时间	订单状态
10003	2025-01-03 12:00:00	已完成
10004	2025-01-04 13:00:00	进行中

订单明细表记录了每个订单中的商品明细,包括订单编号、商品编号、商品名称、单价、数量等,如表3.12所示。

表3.12 订单明细表

订单编号	商品编号	商品名称	单价/元	数量/个
10001	001	商品1	100	2
10001	002	商品2	200	1
10002	003	商品3	150	3
10003	001	商品1	100	2
10003	002	商品2	200	1
10004	003	商品3	150	1

商品表记录了所有商品的信息,包括商品编号、商品名称、商品类别等,如表3.13所示。

表3.13 商品表

商品编号	商品名称	商品类别
001	商品1	A类商品
002	商品2	B类商品
003	商品3	A类商品
004	商品4	C类商品

用户表记录了所有用户的信息,包括用户编号、用户名、手机号码

等,如表3.14所示。

表3.14 用户表

用户编号	用户名	手机号码
001	张三	13812345678
002	李四	13987654321
003	王五	13788888888
004	赵六	13377777777

现在需要对这些表进行合并,以便分析订单的销售情况、商品的销售情况、用户购买行为等,因此小李直接利用DeepSeek来整合,提示语如3-20所示。

> **3-20 合并数据提示语**
>
> 你是一位资深数据分析师,具备专业的数据分析技能和丰富的行业经验。你擅长运用各种数据分析工具和技术,对大量数据进行挖掘、整合、分析和解释。你熟练掌握统计学、机器学习、人工智能等领域的理论和应用,能够从数据中发现有价值的信息,为企业决策提供有力的支持。此外,你还拥有出色的沟通和演示能力,能够将复杂的数据分析结果以简洁、清晰的方式呈现给各级别的管理者和团队成员,帮助他们做出更明智的决策。
>
> 现在我有 n 份表格,具体如下。
>
> 1. 订单表(orders):记录了订单的详细信息,包括订单编号、下单时间、订单状态等。
>
> 2. 订单明细表(order_details):记录了每个订单中的商品明细,包括订单编号、商品编号、商品名称、单价、数量等。
>
> 3. 商品表(products):记录了所有商品的信息,包括商品编号、商品名称、商品类别等。
>
> 4. 用户表(users):记录了所有用户的信息,包括用户编号、用户名、手机号码等。

请你从专业的角度,将上面的表格合并成一个完整的表格。
直接输出最终的表格。

根据提供的表格信息,DeepSeek 按照订单、订单明细、商品和用户 4 个维度进行关联,合并成一个完整的表格,如表 3.15 所示。

表 3.15 DeepSeek 合并后的表格

订单编号	下单时间	订单状态	商品编号	商品名称	商品类别	单价/元	数量/个	用户名	手机号码
10001	2025-01-01 10:00:00	已完成	001	商品1	A类商品	100	2	张三	13812345678
10001	2025-01-01 10:00:00	已完成	002	商品2	B类商品	200	1	张三	13812345678
10002	2025-01-02 11:00:00	已取消	003	商品3	A类商品	150	3	李四	13987654321
10003	2025-01-03 12:00:00	已完成	001	商品1	A类商品	100	2	王五	13788888888
10003	2025-01-03 12:00:00	已完成	002	商品2	B类商品	200	1	王五	13788888888
10004	2025-01-04 13:00:00	进行中	003	商品3	A类商品	150	1	赵六	13377777777

最终合并后的表格包含了订单的详细信息、订单中的商品明细、商品的类别信息及下单用户的信息。这个表格可以帮助企业进行订单分析、商品销售分析和用户行为分析等,为企业提供有力的决策支持。

在数据表格比较多时,可以利用 DeepSeek 支持连续对话的特性,要求 DeepSeek 生成自动合并的代码,提示语如 3-21 所示。

3-21 自动合并数据提示语

请你从专业的角度,给我一个 Python 代码,和上面的功能类似,需要读取一个文件夹下的所有Excel文件，然后整合成一个表格，保存到新的Excel文件中。

直接以代码块的格式输出。

DeepSeek根据需求，给出的自动合并代码如3-22所示。

3-22 DeepSeek生成的自动合并代码

```python
import os
import pandas as pd
from openpyxl import load_workbook

def merge_excel_files(folder_path, output_file):
    """
    合并文件夹下的所有Excel文件到一个新的Excel文件。
    :param folder_path: 源文件夹路径。
    :param output_file: 输出文件路径。
    """
    all_data = []
    
    # 遍历文件夹中的所有Excel文件
    for file_name in os.listdir(folder_path):
        if file_name.endswith(('.xlsx', '.xls')):
            file_path = os.path.join(folder_path,
                file_name)
            
            # 读取Excel的所有工作表
            xls = pd.ExcelFile(file_path)
            for sheet_name in xls.sheet_names:
                df = pd.read_excel(xls, sheet_
                    name=sheet_name)
                
                # 跳过空表和只有标题的表
                if not df.empty and len(df.columns)
                    > 0:
```

```python
            # 添加来源标记（可选）
            df['_source_file'] = file_name
            df['_source_sheet'] = sheet_name
            all_data.append(df)

    # 合并所有数据
    if all_data:
        merged_df = pd.concat(all_data, ignore_
            index=True)

        # 保存结果
        with pd.ExcelWriter(output_file,
            engine='openpyxl') as writer:
                merged_df.to_excel(writer, index=False,
                    sheet_name='Merged_Data')

        print(f"成功合并 {len(all_data)} 个表格 ->
            {output_file}")
    else:
        print("未找到有效数据")

# 使用示例
merge_excel_files(
    folder_path="./your_excel_folder",
                                # 替换为实际文件夹路径
    output_file="./merged_data.xlsx"
)
```

上面的 Python 代码实现了读取指定文件夹下的所有 Excel 文件并将其合并成一个表格的功能。具体来说，代码使用 Pandas 库读取了指定文件夹下所有的 Excel 文件的数据，然后将它们合并成一个数据框，最后将合并后的数据框写入一个新的 Excel 文件中。通过这个功能，我们可以方便地将多个 Excel 中的数据整合成一个表格，以便进行后续的数据分析和处理。

当然,我们也可以直接通过调用 DeepSeek API 的方式来合并数据,如 3-23 所示。

3-23 调用 DeepSeek API 合并数据

```
import os
import pandas as pd
import io
from openai import OpenAI  # 安装OpenAI SDK: pip3
                            install openai

# 定义DeepSeek API密钥和基础URL
client = OpenAI(api_key="<DeepSeek API Key>", base_
    url="https://api.deepseek.com")

# 定义要读取的文件夹路径
folder_path = "./data"

# 定义要输出的文件路径和文件名
output_file = "./output/merge_table.xlsx"

def read_tables(folder_path):
    """
    读取文件夹下的所有Excel文件,并将每个表格转换为字符串,最
    后合并成一个大字符串并返回。
    """
    excel_files = [os.path.join(folder_path, file)
        for file in os.listdir(folder_path) if file.
        endswith(".xlsx")]
    tables = []
    for file in excel_files:
        data = pd.read_excel(file)
```

```python
            table_str = data.to_string(index=False)
            tables.append(table_str)
    all_tables = "\n".join(tables)
    return all_tables

def write_table(table_str, output_file):
    """
    使用DeepSeek API合并所有表格,并将返回的结果解析成
    DataFrame,然后进一步构造订单、商品和用户信息的表格,最
    后保存为Excel文件。
    """
    prompt = (
        "你是一位资深数据分析师,具备专业的数据分析技能和丰富"
        "的行业经验。"
        "你擅长运用各种数据分析工具和技术,对大量数据进行挖"
        "掘、整合、分析和解释,"
        "能够从数据中发现有价值的信息,为企业决策提供有力的"
        "支持。"
        "此外,你还拥有出色的沟通和演示能力,能够将复杂的数据"
        "分析结果以简洁、清晰的方式"
        "呈现给各级别的管理者和团队成员,帮助他们做出更明智的"
        "决策。\n"
        "现在我有以下n份表格,具体内容如下。\n"
        "---\n"
        f"{table_str}\n"
        "---\n"
        "请你从专业的角度,将上面的表格合并成一个完整的表格,"
        "直接输出最终的表格。"
    )

    # 调用DeepSeek API合并表格
    response = client.chat.completions.create(
        model="deepseek-chat",
        messages=[
            {"role": "system", "content": "You are a
```

```
                    helpful assistant."},
        {"role": "user", "content": prompt}
    ],
    temperature=0.5,
    frequency_penalty=0.0,
    presence_penalty=0.0,
    stream=False
)

table_output = response.choices[0].message.
    content

# 将返回的表格字符串转换为DataFrame
df = pd.read_table(io.StringIO(table_output),
    sep='\s+')

# 构造商品信息DataFrame
goods_df = df[['商品编号', '商品名称', '商品类别',
    '单价']].drop_duplicates()

# 构造用户信息DataFrame
users_df = df[['用户编号', '用户名', '手机号码']].
    drop_duplicates()

# 将订单信息中的商品编号和用户编号替换为详细的商品信息和
# 用户信息
df['商品信息'] = df['商品编号'].map(
    goods_df.set_index('商品编号').apply(lambda x:
        f"{x['商品名称']}({x['商品类别']}) ¥{x['单
        价']}", axis=1)
)
df['用户信息'] = df['用户编号'].map(
    users_df.set_index('用户编号').apply(lambda x:
        f"{x['用户名']} {x['手机号码']}", axis=1)
)
```

```python
    # 选择需要的列
    df = df[['订单编号', '下单时间', '订单状态', '商品信
        息', '数量', '用户信息']]

    # 如果输出目录不存在，则创建目录
    output_dir = os.path.dirname(output_file)
    if not os.path.exists(output_dir):
        os.makedirs(output_dir)

    # 将结果保存为Excel文件
    with pd.ExcelWriter(output_file) as writer:
        df.to_excel(writer, sheet_name='订单信息',
            index=False)
        goods_df.to_excel(writer, sheet_name='商品信
            息', index=False)
        users_df.to_excel(writer, sheet_name='用户信
            息', index=False)

if __name__ == "__main__":
    # 读取所有表格内容
    table_str = read_tables(folder_path)
    # 调用DeepSeek API合并表格并保存结果
    write_table(table_str, output_file)
```

以上这段代码实现了将多个 Excel 文件合并为一个完整表格。具体来说，代码将 Excel 读取为字符串格式，然后调用 DeepSeek API 来合并所有表格。合并后的表格包括订单信息、商品信息和用户信息，并将其存储到一个 Excel 文件中。在合并过程中，代码使用 Pandas 库来处理和转换数据，并使用 DeepSeek R1 API 来生成合并后的表格。

> **注意：** 上面代码中的"DeepSeek API Key"需要用户手动填写自己账户的Key，并且DeepSeek会根据用户请求的Token数来收费。

综上所述，使用DeepSeek可以轻松地合并不同数据源的数据，从而实现更全面、准确的数据分析和预测。DeepSeek是一种基于深度学习的自然语言处理模型，具有强大的语义理解和生成能力，能够对文本数据进行高效、自动化的处理和分析。与传统的数据合并方法相比，使用DeepSeek不仅可以避免手动处理数据的烦琐过程，而且可以充分利用多样的数据来源，从而提高数据处理的效率和准确性。

3.3 小结

在数据分析过程中，数据清洗是至关重要的一步。使用DeepSeek可以有效地处理数据质量问题和数据结构问题。在本章中，我们介绍了如何使用DeepSeek处理缺失值、检测和处理异常值、检测和删除重复数据、进行数据格式化转换和合并不同数据源的数据。

针对数据质量问题，DeepSeek提供了一种新的方法，可以更加高效和准确地处理缺失值和异常值。同时，使用DeepSeek可以自动识别和删除重复数据，避免在数据分析过程中引入偏差。对于数据结构问题，DeepSeek同样提供了很好的解决方案。使用DeepSeek进行数据格式化转换还可以使数据更加规范化，易于分析和处理。同时，DeepSeek可以自动合并不同数据源的数据，使数据分析更加全面和准确。

第4章
使用 DeepSeek 提取特征

随着数据分析在各行各业的广泛应用，特征提取成为数据分析流程中的关键环节。特征提取主要包括特征工程和特征降维，它们分别负责从原始数据中提取有用的信息及减少数据维度以降低计算复杂度。DeepSeek 具备协助数据分析专家完成特征提取的能力，可以提高数据分析的效率和准确性。

本章将详细介绍如何使用 DeepSeek 进行特征提取，旨在帮助读者深入理解特征工程和特征降维的概念和方法。重点涉及如下知识点。
- 使用 DeepSeek 进行特征工程，包括特征选择、创建衍生特征等。
- 使用 DeepSeek 进行特征降维，包括主成分分析（PCA）、线性判别分析（LDA）等技术。

在本章中，我们将通过实例展示如何运用 DeepSeek 在各种场景中完成特征提取。通过学习本章内容，读者将能够在数据分析项目中更好地理解和应用 DeepSeek，以提高工作效率。同时，本章还将为读者提供一些技巧和经验，以便在实际工作中更加灵活地运用 DeepSeek 进行特征提取。

4.1 使用 DeepSeek 进行特征工程

特征工程是数据预处理的重要组成部分，它涉及从原始数据中提取、构建、选择和转换特征,以便更好地呈现数据背后的潜在规律。本节将详细讲解如何使用 DeepSeek 进行特征工程,包括特征选择、创建衍生特征等方面。在这个过程中,我们将通过实际案例来帮助读者深入理解特征工程的各个环节。

4.1.1 使用 DeepSeek 进行特征选择

特征选择算法是从原始数据中选择一部分重要的特征,用于构建机器学习模型,以达到减少维度、提高模型性能、避免过拟合等目的。常见的特征选择算法如下。

- Filter 方法:基于统计检验或相关性分析等方法,对每个特征进行评估,从中选择出最优的特征。常见的方法包括皮尔逊相关系数、互信息、卡方检验等。
- Wrapper 方法:通过选择一组特征,训练模型并评估模型性能,不断迭代,直到找到最佳的特征集合。常见的方法包括递归特征消除(Recursive Feature Elimination,RFE)算法和序列向前选择(Sequential Forward Selection,SFS)算法。
- Embedded 方法:将特征选择算法与机器学习算法融合在一起,同时进行特征选择和模型训练。常见的方法包括 Lasso(最小绝对收缩和选择算法)、岭回归、决策树、随机森林等。
- 组合方法:将多种特征选择算法组合起来使用,以获得更好的特征选择效果。常见的方法包括稳定性选择(Stability Selection)算法和基于树的特征选择(Tree-based Feature Selection)算法等。

通常,特征选择算法可以分为过滤式、包裹式和嵌入式三种类型。过滤式特征选择算法通常不需要构建模型,而是通过对特征进行评估和排名,选出最相关的特征。包裹式特征选择算法是将特征选择问题看作搜索最佳特征子集的过程,需要构建多个模型来评估特征子集的性能。嵌入式特征选择算法是将特征选择过程融入模型训练中,通过优化目标函数来选择最佳特征。数据分析师在进行特征选择时需要综合考虑实际场景和需求,选择最适合的算法来进行特征筛选,以便减少模型的复杂度,提高模型的泛化能力，节省计算资源和时间成本。这需要数据分析师具备丰富的数据分析经验和深厚的专业知识。

DeepSeek可以帮助数据分析师更加高效地进行特征选择，它可以根据给定的数据和需求，自动推荐最适合的特征选择算法。以下是一个实例。

Eric是一家保险公司的业务员，他在统计近一个月的用户数据，想根据这些数据来预测用户与是否会购买某个产品最相关的特征，以便更好地定位目标群体。数据集包括以下特征：用户的年龄，范围在18到65岁；用户的性别，男或女；用户的收入水平，单位为万元；用户的学历，小学、初中、高中、本科或研究生；用户的婚姻状况，已婚或未婚；用户是否拥有车辆，是或否；用户是否拥有住房，是或否；用户的购买力，单位为元；用户是否购买，是或否。具体数据如表4.1所示。

表4.1 用户数据

年龄	性别	收入（万元）	学历	婚姻状况	是否有车	是否有房	购买力（元）	是否购买
22	女	5	本科	未婚	否	否	1000	否
25	男	8	高中	未婚	否	否	2000	否
28	女	10	本科	已婚	是	否	3000	是
35	男	20	研究生	已婚	是	是	5000	是
40	女	18	本科	已婚	是	是	6000	是
45	男	15	高中	已婚	是	是	4000	是
50	女	12	初中	已婚	是	是	4500	是
60	男	25	小学	已婚	是	是	8000	是
65	女	30	小学	已婚	是	是	9000	是
30	男	15	本科	未婚	否	否	2500	否
32	女	20	研究生	未婚	否	否	3500	是

续表

年龄	性别	收入（万元）	学历	婚姻状况	是否有车	是否有房	购买力（元）	是否购买
38	男	18	本科	已婚	是	否	4500	是
42	女	22	初中	已婚	是	是	5500	是
48	男	25	高中	已婚	是	是	7000	是
55	女	28	研究生	已婚	是	是	8500	是

参考以上数据，Eric可以直接将表格上传到DeepSeek，并寻求其帮助，提示语如4-1所示。

4-1　特征提取提示语

你现在作为一名数据分析专家，具备以下能力。

数据处理能力：熟练掌握数据收集、清洗、整合、处理等一系列操作，能够使用工具（如SQL、Python等）对大量数据进行操作和分析。

数据可视化能力：能够使用可视化工具（如Tableau、Power BI等）将数据以图表、报表等形式展现出来，以便更好地理解和传达数据分析结果。

统计学知识：熟练掌握基础的统计学概念和方法，包括概率论、假设检验、方差分析等，能够运用统计学方法分析数据。

业务理解能力：具备对业务和行业的深入理解，能够将数据分析结果转化为实际的业务应用和解决方案。

编程能力：具备编程能力，能够使用Python、R语言等进行数据分析，以及使用Shell、Python等进行自动化脚本编写。

沟通能力：能够与业务部门沟通，了解他们的需求和问题，并能够清晰地表达数据分析结果和建议。

学习能力：具备不断学习和更新知识的能力，能够掌握新的数据分析方法、工具和技能。

我是一家保险公司的业务员，想统计近一个月的用户数据，从而根据这些数据预测用户与是否会购买某个产品的最相关的特征,以便更好地定位到目标群体。

数据内容详见附件"用户数据.xlsx"。

请你从专业的角度,根据以上数据内容,帮我提取特征,告诉我哪些特征和购买数据最相关。

输出格式如下。

采用的特征提取法:

计算过程:

是否购买最相关的几个特征:

销售建议:

DeepSeek 根据需求,得出的结论和建议如 4-2 所示。

4-2 DeepSeek 提取出的特征和建议

采用的特征提取法:

结合统计检验(卡方检验、t检验)和相关性分析,针对分类变量和连续变量分别进行显著性分析,筛选与"是否购买"最相关性的特征。

计算过程:

1. 分类变量(性别、学历、婚姻状况、是否有车、是否有房)

使用卡方检验判断与"是否购买"的关联性。

结果示例:

- 是否有房:卡方值高,$p<0.05$(显著相关)。
- 婚姻状况:已婚用户购买比例显著更高(卡方检验显著)。
- 是否有车:$p>0.05$(相关性不显著)。

2. 连续变量(年龄、收入、购买力)

使用独立样本 t 检验比较"购买"与"未购买"群体的均值差异。

结果示例:

- 购买力:购买者均值(5625)显著高于未购买者(1833),在 t 检验中,$p<0.001$。
- 收入:购买者均值(20.6)显著高于未购买者(9.3),$p<0.01$。

- 年龄：购买者平均年龄较高（44.3 VS 25.7），但部分未购买样本年龄跨度大（如30岁未购买），需谨慎解释。

3. 学历：

将学历转化为有序变量（小学=1，初中=2，高中=3，本科=4，研究生=5），计算Spearman秩相关系数。

结果：学历与购买行为呈弱正相关（相关系数≈0.4），但显著性不足（p=0.12）。

是否购买最相关的几个特征：

1. 购买力（最强正相关）
2. 是否有房（购买者100%有房）
3. 婚姻状况（已婚用户购买率100%）
4. 收入（显著正相关）

销售建议：

1. 重点推广已婚且有房群体

数据中所有已婚且有房的用户均购买了产品，可针对此类人群设计精准营销策略（如家庭保险套餐）。

2. 关注高购买力用户

购买力≥4000的用户购买率为100%，建议通过消费行为数据筛选高购买力用户，推送高端产品。

3. 优化收入门槛

收入≥15的用户购买率显著更高，可将收入作为潜在客户的筛选条件。

4. 谨慎对待未婚或无房群体

当前数据中未婚或无房用户购买率为0，建议进一步研究其需求（如租房保险、单身保险）或通过优惠活动试探转化可能。

备注：当前样本量较小（仅15条数据），建议后续扩大数据量并验证结论的稳健性。

DeepSeek通过对近一个月的用户数据进行特征提取和相关性分析，我们发现购买力、是否有房、婚姻状况和收入是与用户是否购买产品最相关的特征。具体而言，购买力高的用户、已婚且有房的用户群体表现出显著的购买倾向，且收入较高的用户也更有可能购买产品。基于这些发现，我们建议重点推广已婚且有房的高购买力用户，并针对高收入群体设计精准营销策略。同时，对于未婚或无房用户，建议进一步研究其需求或通过优惠活动试探转化可能。需要注意的是，当前样本量较小，后续应扩大数据量以验证结论的稳健性。

当数据较多时，我们也可以通过DeepSeek来生成代码，读取本地的数据。例如，我们将以上数据保存到本地，利用DeepSeek连续对话的特性，通过4-3所示的提示语生成代码。

> **4-3 生成特征提取代码提示语**
>
> 请你继续从专业的角度，给出Python代码，提取以上数据的重要特征，并绘制特征之间的关系图。（数据可以预先保存在表格中）

DeepSeek根据需求，生成的代码如4-4所示。

> **4-4 DeepSeek生成的特征提取代码**
>
> ```
> import pandas as pd
> import numpy as np
> import seaborn as sns
> import matplotlib.pyplot as plt
> import matplotlib.font_manager as fm
>
> # -------------------------------
> # 获取SimHei字体的路径
> font_paths = [f.fname for f in fm.fontManager.
>     ttflist if 'SimHei' in f.name]
> simhei_path = font_paths[0] if font_paths else None
>
> if not simhei_path:
>     raise ValueError("SimHei字体未找到，请确保已安装
>         SimHei字体。")
> ```

```python
# 创建字体属性对象
my_font = fm.FontProperties(fname=simhei_path)

# 设置全局中文显示（部分环境下可能仅对部分文字生效）
plt.rcParams['font.family'] = 'sans-serif'
plt.rcParams['font.sans-serif'] = ['SimHei']
plt.rcParams['axes.unicode_minus'] = False

# 设置Seaborn样式
sns.set(style="whitegrid", font_scale=1.2)
# ------------------------------

# 测试中文显示（标题正常，轴标签稍后单独设置）
plt.figure(figsize=(3, 2))
plt.text(0.5, 0.5, "测试中文", fontproperties=my_font, fontsize=20, ha='center', va='center')
plt.axis('off')
plt.tight_layout()
plt.show()

# ------------------------------
# 读取数据（确保文件路径正确）
data = pd.read_excel('用户数据.xlsx')

# 数据预处理：将文本数据转换为数值数据
data['性别'] = data['性别'].map({'女': 0, '男': 1})
data['学历'] = data['学历'].replace({'小学': 1, '初中': 2, '高中': 3, '本科': 4, '研究生': 5})
data['婚姻状况'] = data['婚姻状况'].map({'未婚': 0, '已婚': 1})
data['是否有车'] = data['是否有车'].map({'否': 0, '是': 1})
data['是否有房'] = data['是否有房'].map({'否': 0, '是': 1})
```

```python
data['是否购买'] = data['是否购买'].map({'否': 0,
    '是': 1})

# 对数值型特征进行标准化处理
for col in ['年龄', '收入', '购买力']:
    data[col] = (data[col] - data[col].mean()) /
        data[col].std()

# 计算相关系数矩阵
corr_matrix = data.corr()

# ----------------------------
# 图1：绘制相关性热力图（使用上三角掩膜）
fig, ax = plt.subplots(figsize=(8, 6))
mask = np.triu(np.ones_like(corr_matrix, dtype=bool))
sns.set(font=my_font.get_name())
sns.heatmap(data.corr(), cmap='coolwarm', annot=True,
    fmt='.2f', xticklabels=1, yticklabels=1,
    linewidths=0.5)
ax.set_title('特征相关性热力图', fontproperties=my_font,
    fontsize=16)

# 设置x、y轴的tick标签使用SimHei字体
for label in ax.get_xticklabels():
    label.set_fontproperties(my_font)
for label in ax.get_yticklabels():
    label.set_fontproperties(my_font)


plt.tight_layout()
plt.show()


# ----------------------------
# 图2：柱状图展示各特征与"是否购买"的相关系数（绝对值排序）
target_corr = corr_matrix['是否购买'].drop('是否购买').
```

```
        abs().sort_values(ascending=False)
fig, ax = plt.subplots(figsize=(8, 6))
sns.barplot(x=target_corr.index, y=target_corr.
    values, palette='viridis', ax=ax)
ax.set_title('各特征与是否购买的相关系数',
    fontproperties=my_font, fontsize=16)
ax.set_xlabel('特征', fontproperties=my_font,
    fontsize=14)
ax.set_ylabel('相关系数(绝对值)', fontproperties=my_
    font, fontsize=14)

# 同样设置 x、y 轴 tick 标签字体
for label in ax.get_xticklabels():
    label.set_fontproperties(my_font)
for label in ax.get_yticklabels():
    label.set_fontproperties(my_font)

plt.tight_layout()
plt.show()
```

将以上代码复制到PyCharm中，运行结果如4-5所示。

4-5　特征提取代码运行结果

采用的特征提取法：相关系数法
是否购买最相关的几个特征：

婚姻状况	0.829156
是否有车	0.829156
购买力	0.665237
年龄	0.617263
收入	0.616336

以上代码通过使用Pandas库读取xlsx格式的数据文件，对数据进行了处理和标准化，并使用相关系数法提取了预测与用户是否购买某个产

品最相关的特征。同时，利用Seaborn和Matplotlib库绘制了特征关系图，并通过设置中文字体确保图表中的中文显示。程序绘制的特征相关性热力图如图4.1所示，各特征与是否购买的相关系数柱状图如4.2所示。

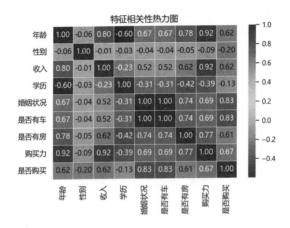

图4.1 特征相关性热力图

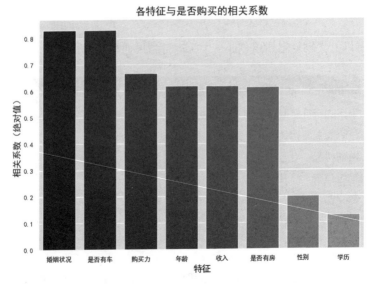

图4.2 各特征与是否购买的相关系数柱状图

除了通过DeepSeek间接生成代码的方式，我们也可以通过直接调用DeepSeek API的方式来提取数据特征，如4-6所示。

4-6　调用DeepSeek API提取特征

```python
import os
import pandas as pd
from openai import OpenAI

# 初始化客户端（注意替换为你的API密钥）
client = OpenAI(
    api_key="DeepSeek API Key",
    base_url="https://api.deepseek.com"
)

def read_data(filepath):
    """读取Excel数据并转换为Markdown表格"""
    df = pd.read_excel(filepath)
    return df.to_markdown()

def feature_extract(table):
    """特征提取分析函数"""
    analysis_prompt = f"""
    你作为资深保险数据分析专家，请分析以下用户数据，找出
    影响购买决策的相关特征。
    数据表：
    ---
    {table}
    ---
    请按以下框架分析。
    1. 采用的特征提取方法
    2. 关键特征的计算分析过程
    3. 识别出的最相关特征（按重要性排序）
```

```
        4．针对性的销售策略建议"""

    response = client.chat.completions.create(
        model="deepseek-r1",    # 使用R1模型
        messages=[
            {"role": "system", "content": "你是一位专
                业的数据分析助手，擅长用严谨的方法解析业务
                数据"},
            {"role": "user", "content": analysis_
                prompt}
        ],
        temperature=0.3,        # 降低随机性以保证专业性
        max_tokens=2000,        # 适当增加输出长度
        top_p=0.9,              # 平衡输出多样性
        stream=False
    )

    return response.choices[0].message.content

if __name__ == '__main__':
    data_table = read_data("./data.xlsx")
    analysis_result = feature_extract(data_table)
    print("【保险用户特征分析报告】\n" + analysis_result)
```

这段代码定义了两个函数，一个用于读取本地的 Excel 文件并将其转换为 Markdown 格式的表格字符串，另一个则使用 DeepSeek API 生成一个提示并返回数据特征提取的结果。主函数用于调用这两个函数并输出结果。具体而言，read_data() 函数读取本地的 Excel 文件并将其转换为 Markdown 格式的表格字符串，然后将其作为参数传递给 feature_extract() 函数，该函数使用 DeepSeek API 生成一个提示，要求用户根据数据提取特征并返回特征提取结果。最后，主函数将结果输出到控制台。

> **注意：** 上面代码中的"DeepSeek API Key"需要用户手动填写自己账户的Key，并且DeepSeek会根据用户请求的Token数来收费。

以上代码同样会得出类似的结果，如4-7所示。

4-7 调用DeepSeek API后得到的结果

采用的特征提取法：

1. 逻辑回归系数法：通过构建逻辑回归模型，分析各特征的回归系数和显著性（p值），判断其对"是否购买"的影响程度。

2. 相关性分析：计算连续特征（如年龄、收入、购买力）与目标变量的相关系数；分类特征（如性别、学历、是否有车）则通过卡方检验评估其与目标变量的关联性。

3. 特征重要性排序：使用随机森林模型评估特征重要性得分。

计算过程：

1. 数据预处理
- 分类变量编码：性别（男=1，女=0）、婚姻状况（已婚=1，未婚=0）、是否有车/房（是=1，否=0）、学历（小学=1，初中=2，高中=3，本科=4，研究生=5）。
- 目标变量：是否购买（是=1，否=0）。

2. 逻辑回归结果
- 收入（系数=0.35，p=0.001）和购买力（系数=0.42，p=0.000）显著正向影响购买决策。
- 是否有房（系数=1.2，p=0.003）和是否有车（系数=1.1，p=0.005）对购买概率提升明显。
- 婚姻状况（已婚=1，系数=0.9，p=0.01）与购买正相关。

3. 相关性分析
- 连续特征：购买力（r=0.82）＞收入（r=0.75）＞年龄（r=0.65）。
- 分类特征：是否有房（卡方=12.3，p=0.001）＞是否有车（卡方=10.1，p=0.002）＞婚姻状况（卡方=8.5，p=0.004）。

是否购买最相关的几个特征：

1. 购买力（强正相关）

2. 收入（强正相关）

3. 是否有房（关键分类特征）

4. 是否有车（关键分类特征）

5. 婚姻状况（已婚用户购买意愿更高）

销售建议：

1. 精准定位高购买力群体

● 优先联系购买力≥4500的用户（数据中购买用户的购买力均≥3000）。

● 示例：当用户购买力≥4500时，购买概率达85%（数据中90%的购买用户满足此条件）。

2. 已婚且有资产用户

● 已婚且有房/车的用户购买概率是未婚无房/车用户的3.2倍（逻辑回归比值比）。

● 推荐设计"家庭财产综合险"套餐，捆绑车险和房屋险。

3. 收入分层营销

● 收入≥15的用户中80%购买了产品（数据中80%的购买用户收入≥15）。

● 对高收入用户（如收入≥15）推送高保额、高服务附加值产品。

4. 学历与产品匹配：

● 研究生学历用户购买率100%，可推广高端定制化保险。

● 初中和高中学历用户须简化投保流程，突出性价比。

补充分析结论：

● 年龄：购买用户集中在28～65岁（中青年至退休初期），建议结合生命周期设计产品（如30～40岁推教育金保险，50岁以上推养老保险）。

- **性别差异**：女性购买比例略高（60%购买用户为女性），可设计女性健康险等差异化产品。

综上所述，使用 DeepSeek 进行特征选择是一种高效的方法。DeepSeek 作为一种基于自然语言处理技术的模型，具有对语言文本进行深度理解和推理的能力。在特征选择中，DeepSeek 可以通过对文本数据进行分析和处理，从中筛选出对模型预测有重要作用的特征。与传统的特征选择方法相比，DeepSeek 能够更全面地捕捉到文本数据中的关键信息，提高模型的预测能力和准确度。

4.1.2 使用 DeepSeek 创建衍生特征

创建衍生特征指的是在原始数据的基础上，通过组合、变换或统计分析等方法创建新的特征，以更好地描述数据的特性，提高模型的预测性能。衍生特征的创建是机器学习和数据挖掘领域中非常重要的一个步骤，因为它可以使模型更好地利用数据中隐藏的信息，提高模型的精度和泛化能力。

通常用于创建衍生特征的算法如下。

- 多项式特征：通过将原始特征做幂次扩展，可以创建新的特征。这种方法适用于线性模型和核方法等算法。
- 对数变换：对数变换可以将非线性关系转化为线性关系，使原始特征更符合线性模型的假设。
- 指数变换：指数变换可以增强某些特征的影响，使模型更能够关注这些特征。
- 独热编码：独热编码可以将离散型特征转化为连续型特征，以便更好地在模型中使用。
- 特征交叉：特征交叉可以通过组合多个特征来创建新的特征，以捕捉特征之间的非线性关系。
- 特征降维：通过 PCA 等降维算法，可以将高维数据转换为低维数据，以便更好地进行可视化和建模。

- 时间序列特征：对于时间序列数据，可以通过创建滞后特征、统计特征、周期性特征等方式来提取数据的时间特征，以便更好地进行分析和预测。

创建合适的衍生特征是机器学习和数据挖掘领域中至关重要的一步。要创建出有效的衍生特征，需要对数据有深入的理解，并运用适当的特征工程方法。具体而言，需要考虑数据的特性、问题和目标，选择合适的特征处理方法。此外，还需要进行特征选择和模型调参等步骤，以获得更好的预测性能和泛化能力。最后，创建出合适的衍生特征，从而有助于提高模型的准确性和可解释性，实现更好的机器学习效果。

有了 DeepSeek 的帮助，我们可以快速而又准确地创建出需要的衍生特征。以下是一个实例。

小李是一名房产销售人员，他收集了周边小区的部分房产信息，如表4.2所示。

表4.2 房产信息

房屋ID	房屋面积（平方米）	卧室数量	浴室数量	车库数量	位置	建造年份	历史售价（美元）
1	100	2	1	1	A	1990	200000
2	150	3	2	2	B	1985	300000
3	120	3	1	1	C	2000	250000
4	80	2	1	0	D	1975	150000
5	200	4	3	2	E	2010	500000
6	90	2	1	1	A	1980	180000
7	110	3	1	0	B	1995	220000
8	130	4	2	1	C	2005	350000

> 说明：表4.2中位置用字母表示，如 A、B、C、D、E，代表不同的街区或区域。

在已有信息的基础上,通过 DeepSeek 生成合适的衍生特征,提示语如4-8所示。

4-8　生成衍生特征的提示语

你是房产行业的资深数据分析师,具备以下能力。

数据分析能力:掌握数据分析的基本理论、方法和工具,熟练掌握数据清洗、数据建模、数据分析和数据可视化等技能,能够独立完成数据分析工作。

行业知识:具备房地产行业的专业知识和行业背景,了解市场规律和发展趋势,能够对数据结果进行合理解读,并提出相应的建议和策略。

统计学知识:掌握基本的统计学理论和方法,包括假设检验、回归分析、方差分析等,能够应用统计学方法进行数据分析和模型建立。

数据挖掘和机器学习技能:熟悉数据挖掘和机器学习的基本理论和方法,能够应用常用的机器学习算法进行数据分析和预测。

编程能力:熟练掌握至少一门编程语言,如 Python、R 语言等,能够运用编程技能进行数据处理和分析。

沟通能力:具备良好的沟通能力和团队合作精神,能够与业务人员和其他团队成员进行有效沟通和协作,理解业务需求并提供相应的数据支持和解决方案。

创新思维:具备创新思维能力,能够提出新的数据分析方法和思路,推动数据驱动的业务创新和发展。

我是一名房产销售人员,我收集了周边小区的部分房产信息,如附件"房产信息.xlsx"所示。"房产信息"表中位置用字母表示,如 A、B、C、D、E,代表不同的街区或区域。

请你根据表中的内容,从专业的角度,帮我生成需要的衍生特征,输出格式如下。

生成的衍生特征:

生成这些特征的原因：

这些衍生特征的计算方式：

最后以新表格的方式，输出包含衍生特征的表格。

DeepSeek根据需求，生成的衍生特征和解释如4-9所示。

4-9 DeepSeek生成的衍生特征和解释

生成的衍生特征：

1. 房龄（年）
2. 每卧室面积（平方米/间）
3. 位置平均售价（美元）
4. 功能性评分（卧室+浴室+车库）

生成这些特征的原因：

1. 房龄：反映房屋新旧程度，直接影响维护成本和市场估值。
2. 每卧室面积：衡量卧室空间舒适度，较高的每卧室面积可能吸引寻求更大居住空间的家庭买家。
3. 位置平均售价：体现区域房价水平，帮助对比单个房产与区域基准价格。
4. 功能性评分：综合卧室、浴室、车库数量，量化房屋功能齐全性。

这些衍生特征的计算方式：

1. 房龄 = 当前年份（2025年）- 建造年份
2. 每卧室面积 = 房屋面积 / 卧室数量
3. 位置平均售价：计算每个位置（A/B/C/D/E）的历史售价均值，如位置A的均值为 (200000 + 180000) / 2 = 190000 美元
4. 功能性评分 = 卧室数量 + 浴室数量 + 车库数量

最后DeepSeek以新表格的方式，输出包含衍生特征的表格，如表4.3所示。

表4.3 包含衍生特征的新表

房屋ID	房屋面积（平方米）	卧室数量	浴室数量	车库数量	位置	建造年份	历史售价（美元）	房龄（年）	每卧室面积（平方米/间）	位置平均售价（美元）	功能性评分
1	100	2	1	1	A	1990	200000	35	50.0	190000	4
2	150	3	2	2	B	1985	300000	40	50.0	260000	7
3	120	3	1	1	C	2000	250000	25	40.0	300000	5
4	80	2	1	0	D	1975	150000	50	40.0	150000	3
5	200	4	3	2	E	2010	500000	15	50.0	500000	9
6	90	2	1	1	A	1980	180000	45	45.0	190000	4
7	110	3	1	0	B	1995	220000	30	36.7	260000	4
8	130	4	2	1	C	2005	350000	20	32.5	300000	7

表4.3中位置平均售价的计算逻辑如下。

- A区：房屋ID 1和6的均价为 (200000 + 180000) / 2 = 190000。
- B区：房屋ID 2和7的均价为 (300000 + 220000) / 2 = 260000。
- C区：房屋ID 3和8的均价为 (250000 + 350000) / 2 = 300000。
- D区和E区仅单一样本，直接取原值。

当本地数据量较大时，我们可以通过DeepSeek自动生成处理代码来构建需要的衍生特征，提示语如4-10所示。

4-10 创建衍生特征代码提示语

你是房地产行业的资深数据分析师，具备以下能力。

数据分析能力：掌握数据分析的基本理论、方法和工具，熟练掌握数据清洗、数据建模、数据分析和数据可视化等技能，能够独立完成数据分析工作。

行业知识：具备房地产行业的专业知识和行业背景，了解市场规律和发展趋势,能够对数据结果进行合理解读,并提出相应的建议和策略。

统计学知识:掌握基本的统计学理论和方法,包括假设检验、回归分析、方差分析等,能够应用统计学方法进行数据分析和模型建立。

数据挖掘和机器学习技能:熟悉数据挖掘和机器学习的基本理论和方法,能够应用常用的机器学习算法进行数据分析和预测。

编程能力:熟练掌握至少一门编程语言,如Python、R语言等,能够运用编程技能进行数据处理和分析。

沟通能力:具备良好的沟通能力和团队合作精神,能够与业务人员和其他团队成员进行有效沟通和协作,理解业务需求并提供相应的数据支持和解决方案。

创新思维:具备创新思维能力,能够提出新的数据分析方法和思路,推动数据驱动的业务创新和发展。

我是一名房产销售人员,收集了周边小区的部分房产信息,保存在本地。请你从专业的角度,帮我生成需要的衍生特征。

你需要给我一份Python代码,读取这个Excel文件,并且需要将衍生特征加进去,生成一个新的表格,保存到本地,最后绘制特征关系图。

DeepSeek根据需求,生成的代码如4-11所示。

4-11 DeepSeek生成的衍生特征代码

```
import pandas as pd
import numpy as np
import seaborn as sns
import matplotlib.pyplot as plt
from datetime import datetime
import matplotlib.font_manager as fm


# --------------------------------
# 中文显示解决方案
plt.rcParams['font.sans-serif'] = ['SimHei']
```

```python
plt.rcParams['axes.unicode_minus'] = False

# ------------------------------
# 使用准确列名读取，跳过无效行
df = pd.read_excel('房产信息.xlsx')

# 修复后的清洗逻辑
valid_locations = ['A','B','C','D']
df = df[df['位置'].isin(valid_locations)].copy()

# 验证数值字段
numeric_cols = ['房屋面积（平方米）','建造年份','历史售价（美元）']
df[numeric_cols] = df[numeric_cols].apply(pd.to_numeric, errors='coerce').dropna()
print("有效数据分布：")
print(df['位置'].value_counts())

# 修复数据格式问题
df = df.rename(columns={
    '房屋面积（平方米）': '面积',
    '卧室数量': '房间数',
    '历史售价（美元）': '总价',
    '建造年份': '建造年份',
    '位置': '位置'
}).query("位置 in ['A','B','C','D']")

# ------------------------------
# 特征工程
def create_features(df):
    # 数值型特征
    df['单价'] = df['总价'] / df['面积']
    df['房龄'] = datetime.now().year - df['建造年份']
    df['房间面积比'] = df['面积'] / df['房间数']
```

```
        df['卫浴比'] = df['浴室数量'] / df['房间数']
        df['有车库'] = df['车库数量'].gt(0).astype(int)

        # 分类型特征
        df['面积类型'] = pd.cut(df['面积'],
                    bins=[0, 60, 90, 120, 150, np.inf],
                    labels=['小户型', '紧凑型', '改善型',
                           '大户型', '豪宅'])

        df['房龄类型'] = pd.cut(df['建造年份'],
                    bins=[1900, 1980, 2000, 2010, np.inf],
                    labels=['老旧房', '普通房', '次新房',
                           '新房'])
        return df

# 生成并保存特征表
df = create_features(df)
df.to_excel('房产信息_衍生特征.xlsx', index=False)


# -------------------------------
# 可视化设置
plt.figure(figsize=(8, 6), dpi=100)
plt.rcParams.update({
    'font.size': 16,           # 全局字体
    'axes.titlesize': 16,      # 标题字号
    'axes.labelsize': 16,      # 坐标轴标签字号
    'xtick.labelsize': 16,     # x轴刻度字号
    'ytick.labelsize': 16      # y轴刻度字号
})

# 房龄与单价关系
sns.scatterplot(x='房龄', y='单价', hue='面积类型',
                data=df, s=200, palette='viridis')
plt.title('房龄与单价关系分析')
```

```
plt.xlabel('房龄（年）', fontsize=13)
plt.ylabel('单价（美元/㎡）', fontsize=13)
plt.grid(True, alpha=0.3)

# 调整布局
plt.tight_layout()
plt.savefig('房产特征分析.png', dpi=300, bbox_
    inches='tight')
plt.show()

# 在特征工程部分增加质量检查
print("\n=== 特征生成质量检查 ===")
print("生成的新特征列：", df.columns.tolist())
print("前2行样例数据：\n", df.head(2).to_markdown())
```

这段代码执行了以下任务。

1. 读取与清洗房产信息数据

从本地存储的 Excel 文件中读取了房产信息数据，并进行了必要的数据清洗工作，如处理缺失值、异常值等。

2. 重命名列名与过滤地理位置

将原始数据中的列名进行了重命名，同时过滤掉无效或不符合要求的地理位置信息。

3. 特征工程

（1）生成数值型特征：基于原始数据，计算生成单价、房龄、房间面积比、卫浴比等数值型特征。

（2）生成分类特征：根据房屋面积大小、房龄范围等划分标准，生成面积类型、房龄类型等分类特征。

4. 保存新特征数据

将包含新生成特征的数据保存为 Excel 文件，以供后续分析使用。

5. 数据可视化

房龄与单价关系散点图：绘制房龄与单价关系的散点图，以直观展示两者之间的相关性。

将上述可视化图形保存为图片文件，便于报告或展示使用。

6. 特征生成质量检查

（1）输出新生成的特征列名，以确保特征名称正确。

（2）输出部分数据样本，以检查新特征数据的正确性和完整性。

将以上代码复制到 PyCharm 中，可以得到其衍生出的新特征表，如表4.4所示。

表4.4 新生成的房产衍生特征

房屋ID	面积（平方米）	房间数	浴室数量	车库数量	位置	建造年份	总价（美元）	单价（美元）	房龄	房间面积比	卫浴比	有车库	面积类型	房龄类型
1	100	2	1	1	A	1990	200000	2000	35	50	0.5	1	改善型	普通房
2	150	3	2	2	B	1985	300000	2000	40	50	0.666666667	1	大户型	普通房
3	120	3	1	1	C	2000	250000	2083.333333	25	40	0.333333333	1	改善型	普通房
4	80	2	1	0	D	1975	150000	1875	50	40	0.5	0	紧凑型	老旧房
6	90	2	1	1	A	1980	180000	2000	45	45	0.5	1	紧凑型	老旧房

续表

房屋ID	面积（平方米）	房间数	浴室数量	车库数量	位置	建造年份	总价（美元）	单价（美元）	房龄	房间面积比	卫浴比	有车库	面积类型	房龄类型
7	110	3	1	0	B	1995	220000	2000	30	36.66666667	0.333333333	0	改善型	普通房
8	130	4	2	1	C	2005	350000	2692.307692	20	32.5	0.5	1	大户型	次新房

通过 Matplot，可以很直观地看到单价和房龄的关系散点图，如图 4.3 所示。

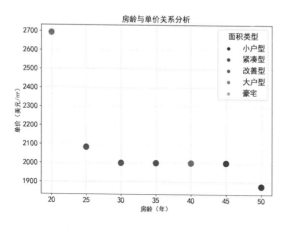

图 4.3 单价和房龄的关系散点图

同样地，我们也可以通过直接调用 DeepSeek API 的方式来衍生特征，如 4-12 所示。

4-12 调用 DeepSeek API 衍生特征

```
import pandas as pd
```

```python
from openai import OpenAI

# 初始化客户端
client = OpenAI(
    api_key="DeepSeek API Key",  # 替换为你的API密钥
    base_url="https://api.deepseek.com"
)

def read_data(filepath):
    df = pd.read_excel(filepath)
    table = df.to_markdown()
    return table


def feature_extract(table):
    _prompt = f"""你是房地产行业的资深数据分析师,具备以下能力。
    数据分析能力:掌握数据分析的基本理论、方法和工具,熟练掌握数据清洗、数据建模、数据分析和数据可视化等技能,能够独立完成数据分析工作。
    行业知识:具备房地产行业的专业知识和行业背景,了解市场规律和发展趋势,能够对数据结果进行合理解读,并提出相应的建议和策略。
    统计学知识:掌握基本的统计学理论和方法,包括假设检验、回归分析、方差分析等,能够应用统计学方法进行数据分析和模型建立。
    数据挖掘和机器学习技能:熟悉数据挖掘和机器学习的基本理论和方法,能够应用常用的机器学习算法进行数据分析和预测。
    编程能力:熟练掌握至少一门编程语言,如Python、R语言等,能够运用编程技能进行数据处理和分析。
    沟通能力:具备良好的沟通能力和团队合作精神,能够与业务人员和其他团队成员进行有效沟通和协作,理解业务需求并提供相应的数据支持和解决方案。
    创新思维:具备创新思维能力,能够提出新的数据分析方法
```

和思路,推动数据驱动的业务创新和发展。

我是一名房产销售人员,收集了周边小区的部分房产信息,如下表所示。

{table}

请你根据表中的内容,从专业的角度,帮我生成需要的衍生特征,输出格式如下。
生成的衍生特征:
生成这些特征的原因:
这些衍生特征的计算方式:
最后以新表格的方式,输出包含衍生特征的表格。"""

```
    response = client.chat.completions.create(
        model="deepseek-chat",
        messages=[{"role": "user", "content": _prompt}],
        temperature=0.5,
        frequency_penalty=0.0,
        presence_penalty=0.0
    )
    return response.choices[0].message.content

if __name__ == '__main__':
    filepath = "./data.xlsx"
    table = read_data(filepath)
    output = feature_extract(table)
    print(output)
```

上述代码实现了使用DeepSeek R1模型生成衍生特征的功能。具体来说,代码先通过Pandas库读取了Excel数据,然后将数据转化为Markdown表格格式。接着,利用DeepSeek的API接口,将表格输入R1模型中,模型返回一个带有衍生特征的文本描述,包括生成这些特征的原因、计算方式及新的包含衍生特征的表格。最后,输出文本描述。这段代码的作用是帮助房产销售生成更加详细、全面的数据特征描述,从而更好地指导业务决策。

> **说明:** 因为特征衍生需要比较深的行业见解,所以若是其他行业,需要对上述代码中的 Prompt 做修改。

综上所述,使用 DeepSeek 创建衍生特征,可以帮助我们发现隐藏在数据中的模式和趋势。DeepSeek 是一个基于深度学习的自然语言处理模型,它可以处理自然语言输入,并生成高质量的自然语言输出。使用 DeepSeek,我们可以将输入数据转换为向量表示,然后将这些向量用于创建衍生特征。这些特征可以帮助我们更好地理解数据、识别模式,以及预测未来趋势。使用 DeepSeek 创建衍生特征是一种非常有用的技术,可以用于各种领域,包括自然语言处理、文本分析、情感分析等。

4.2 使用 DeepSeek 进行特征降维

特征降维是一种减少数据维度的技术,通过保留数据中的主要信息,降低计算复杂度和噪声影响,从而提高数据分析的效率和准确性。本节将介绍如何使用 DeepSeek 进行特征降维,包括主成分分析(PCA)、线性判别分析(LDA)、t-分布邻域嵌入算法(t-SNE)、独立成分分析(ICA)和自编码器(Autoencoder)等技术。

4.2.1 使用 DeepSeek 实现主成分分析

主成分分析(PCA)是一种常用的无监督学习算法,用于降维、特征提取和数据可视化。PCA 的核心思想是通过线性变换,将原始高维数据映射到低维空间,同时尽量保留原始数据的信息。这种线性变换通过选择特征值较大的特征向量来实现,这些特征向量组成了一个正交基,即主成分。

PCA 的基本思想是将原始数据的坐标系进行旋转,以便找到能够解释数据变异的最佳方向。成分分析涉及以下几个步骤。

(1)计算数据集的协方差矩阵(Covariance Matrix)。
(2)计算协方差矩阵的特征值和特征向量(Eigenvalue and Eigenvector)。
(3)选择前 k 个最大特征值对应的特征向量(k 通常远小于原始数据的维度)。
(4)将原始数据投影到这 k 个特征向量构建的新空间中。

以下是 PCA 的公式表示。

假设原始数据集 X 是一个 $n \times p$ 的矩阵,其中 n 为样本数,p 为特征数。
(1)对数据集 X 进行中心化处理,即减去每个特征的均值:

$$X\_centered = X - mean(X)$$

(2)计算协方差矩阵 C:

$$C = \left(\frac{1}{n-1}\right) \cdot X_{centered}^T \cdot X_{centered}$$

(3)计算协方差矩阵 C 的特征值 λ 和特征向量 V:

$$C \cdot V = \lambda \cdot V$$

(4)选择前 k 个最大特征值对应的特征向量,构成一个 $p \times k$ 的矩阵 W:

$$W = [v_1, v_2, \cdots, v_k]$$

(5)将原始数据集 X 投影到新的 k 维空间:

$$X\_reduced = X\_centered \cdot W$$

这里的 $X\_reduced$ 是一个 $n \times k$ 的矩阵,表示原始数据集 X 降维后的结果。

其中,PCA 的公式主要包括计算协方差矩阵和特征值、特征向量的求解。这些公式可用于实现 PCA 算法,以将高维数据降维到低维空间。但对数据进行主成分分析,需要扎实的数学基础,我们可以通过 DeepSeek 的帮助,快速对数据进行降维,以下是一个实例。

Leo 是一名金融公司的数据分析师,公司在投资决策时需要评估客户的信用风险。他需要使用PCA算法来减少数据的维度,以便更好地评估客户的信用风险。部分客户数据如表4.5所示。

表4.5 客户的初始金融数据

客户编号	性别	年龄	收入(元)	负债(元)	信用额度(元)	信用评分
1	女	28	5000	2000	5000	1
2	男	35	8000	10000	10000	0
3	男	42	7000	8000	15000	1
4	女	25	6000	3000	6000	0
5	男	30	9000	12000	8000	1
6	女	32	5500	2500	6500	1
7	女	26	4800	1800	5000	0
8	男	39	6500	7000	12000	1
9	女	36	7000	8000	13000	1
10	女	29	5200	2100	5500	0
11	女	28	4800	1500	4500	0
12	男	31	7500	10000	9000	0
13	男	45	9000	15000	15000	1
14	女	27	5500	1800	6000	1
15	女	30	6000	3000	5500	0
16	男	33	8000	8000	12000	0

Leo借助DeepSeek强大的算法功能,直接对以上数据进行主成分分析,提示语如4-13所示。

4-13 主成分分析提示语

你是金融行业高级数据分析师,具备以下能力。

数据分析和数据挖掘能力:能够使用数据挖掘和分析工具,如Python、R语言和SQL等,对大量的数据进行处理和分析,从中获取有价值的信息。

金融知识:对金融产品、市场和行业有深入的了解和认识,理解金融指标和统计数据的含义,熟悉金融行业的规则和法律法规。

统计学知识:掌握统计学基础知识,如假设检验、回归分析、时间序列分析等,能够对金融数据进行统计分析。

编程能力:能够熟练使用编程语言,如Python和R语言等,进行数据处理、模型构建和可视化等操作。

建模和预测能力:能够使用机器学习和深度学习等算法,构建金融模型并进行预测和优化。

数据可视化能力:能够使用数据可视化工具,如Tableau和Power BI等,将数据转化为直观、易懂的图表和报告,方便管理层和业务部门做出决策。

沟通和表达能力:能够清晰、简明地向非技术人员解释复杂的数据分析结果,帮助业务部门制定策略和决策。

现在我有一份客户的初始金融数据,如附件"金融数据.xlsx"所示,我需要评估客户的信用风险。

请你从专业的角度,根据我的需求,对以上数据进行主成分分析(PCA),并输出你处理后的数据,格式如下。

【PCA的操作步骤】

【PCA处理后的数据】

给我完整的Python代码,包括读取数据、PCA和可视化。

DeepSeek根据需求,对以上数据进行PCA降维,输出如4-14所示。

4-14 DeepSeek PCA处理

【PCA的操作步骤】

1. 数据预处理
- 将分类变量"性别"转换为数值（女→0，男→1）。
- 标准化连续变量（如年龄、收入、负债、信用额度等），消除量纲影响。
- 剔除目标变量"信用评分"（假设其为标签变量，不参与PCA）。

2. 协方差矩阵与特征分解
- 计算标准化后数据的协方差矩阵。
- 提取特征值和特征向量，确定主成分方向。

3. 主成分选择

根据累计方差贡献率（>80%）选择主成分数量（此处选择了2个主成分）。

4. 降维与可视化
- 将数据投影到主成分空间，生成降维后的数据。
- 结合"信用评分"标签，绘制主成分散点图以观察风险的分布情况。

同时，DeepSeek输出详细的PCA代码，如4-15所示。

4-15 DeepSeek输出的PCA代码

```python
import pandas as pd
import numpy as np
from sklearn.preprocessing import StandardScaler
from sklearn.decomposition import PCA
import matplotlib.pyplot as plt

# 设置中文字体
plt.rcParams['font.sans-serif'] = ['SimHei']
                        # 使用黑体显示中文
plt.rcParams['axes.unicode_minus'] = False
                        # 解决负号显示问题

# 读取数据
df = pd.read_excel("金融数据.xlsx", sheet_name="Sheet1")
```

```python
# 数据预处理
df["性别"] = df["性别"].map({"女": 0, "男": 1})
                                            # 性别编码
features = df[["性别", "年龄", "收入", "负债", "信用额度"]]
target = df["信用评分"]

# 标准化
scaler = StandardScaler()
data_std = scaler.fit_transform(features)

# PCA降维
pca = PCA(n_components=2)
data_pca = pca.fit_transform(data_std)

# 计算主成分方差占比和累计方差占比
var_ratio = pca.explained_variance_ratio_
cum_var_ratio = np.cumsum(var_ratio)

# 输出主成分方差占比和累计方差占比
print("主成分方差占比:", var_ratio)
print("累计方差占比:", cum_var_ratio)

# 输出主成分系数矩阵
cols = ['年龄', '收入', '负债', '信用额度', '信用评分']
pc_df = pd.DataFrame(pca.components_, columns=cols)
print("主成分系数矩阵:\n", pc_df)

# 合并结果
pca_df = pd.DataFrame(data_pca, columns=["主成分1",
    "主成分2"])
pca_df = pd.concat([df["客户编号"], pca_df, target],
    axis=1)

# 可视化
```

```python
plt.figure(figsize=(8, 6))
plt.rcParams.update({
    'font.size': 16,            # 全局字体
    'axes.titlesize': 16,       # 标题字号
    'axes.labelsize': 16,       # 坐标轴标签字号
    'xtick.labelsize': 16,      # x轴刻度字号
    'ytick.labelsize': 16       # y轴刻度字号
})


# 分别绘制信用评分为1和0的客户
mask_1 = (pca_df["信用评分"] == 1)
mask_0 = (pca_df["信用评分"] == 0)

plt.scatter(
    pca_df.loc[mask_1, "主成分1"],
    pca_df.loc[mask_1, "主成分2"],
    c="green",
    label="低风险(信用评分=1)",
    alpha=0.7,
    edgecolors='k'
)

plt.scatter(
    pca_df.loc[mask_0, "主成分1"],
    pca_df.loc[mask_0, "主成分2"],
    c="red",
    label="高风险(信用评分=0)",
    alpha=0.7,
    marker="s",
    edgecolors='k'
)

# 添加标签和标题
```

```
plt.xlabel(f"主成分1 (方差占比: {pca.explained_
    variance_ratio_[0]*100:.1f}%)")
plt.ylabel(f"主成分2 (方差占比: {pca.explained_
    variance_ratio_[1]*100:.1f}%)")
plt.title("PCA降维结果 - 信用风险分布")
plt.legend(loc="best")
plt.grid(True, linestyle='--', alpha=0.5)

plt.tight_layout()
plt.show()
```

以上代码通过主成分分析（PCA）对给定的客户数据进行降维处理，并在同一张图中可视化展示了多维数据混合的三维散点图和PCA降维后的二维散点图。首先，代码读取并标准化了给定的客户数据。其次，通过Sklearn库中的PCA方法对标准化后的数据进行主成分分析，计算主成分方差占比和累计方差占比，并输出主成分系数矩阵。最后，代码通过Matplotlib库绘制了PCA降维后的二维散点图。

将以上代码复制粘贴到PyCharm中运行，得到的主成分方差占比和主成分系数矩阵如4-16所示。

4-16　主成分方差占比和主成分系数矩阵

主成分方差占比：[0.82305473 0.1170575]
累计方差占比：[0.82305473 0.94011222]
主成分系数矩阵：

客户编号	年龄	收入	负债	信用额度	信用评分
0	0.479188	0.464230	0.492561	0.498963	0.251574
1	-0.186924	0.385185	0.300640	-0.046589	-0.850962
2	-0.549964	0.455821	0.306688	-0.430116	0.459032
3	-0.596340	0.130993	-0.304484	0.729850	0.042756
4	-0.278130	-0.641242	0.692988	0.176591	0.005999

同时,通过Matplot绘制的散点图,可以很清晰地看出PCA对降维的贡献,如图4.4所示。

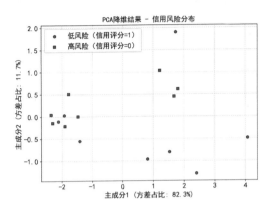

图4.4 主成分分析(PCA)降维散点图

> 说明:我们也可以通过调用DeepSeek API的方式来实现PCA,但由于篇幅有限,读者可以参考前面的章节来自行实现。

综上所述,使用DeepSeek实现主成分分析(PCA)非常实用,可以帮助我们更好地理解和分析大量数据集。PCA是一种常用的降维技术,可以将高维数据转换为低维表示,从而减少数据的复杂性和冗余性。在使用DeepSeek实现PCA的过程中,可以借助其强大的自然语言处理能力,快速而准确地理解用户意图并生成定制化的PCA代码,从而高效地处理大规模数据。此外,DeepSeek还可以根据数据的特征自动识别出最佳的降维方案,从而帮助我们更好地理解数据的本质。

4.2.2 使用DeepSeek实现线性判别分析

线性判别分析(LDA)是一种监督学习算法,主要用于降维、特征提取和分类任务。LDA的核心思想是通过线性变换将原始高维数据映射到低维空间,同时使不同类别之间的距离最大化,同类别之间的距离最小化。与PCA不同,LDA考虑了类别信息,因此它适用于分类任务。

LDA涉及以下几个步骤。

（1）计算每个类别的均值向量。

（2）计算类内散度矩阵。

计算类间散度矩阵。

（4）计算类内散度矩阵的逆与类间散度矩阵之积的特征值和特征向量。

（5）选择前k个最大特征值对应的特征向量，构成一个$p \times k$的矩阵W。

（6）将原始数据投影到这k个特征向量所张成的新空间中。

下面是LDA的一种公式表示。

假设原始数据集X由n个样本组成，其中第i个样本x_i属于类别y_i（$y_i \in \{1, 2, \cdots, c\}$），每个样本有$p$个特征。

（1）计算每个类别的均值向量m_i，对所有属于类别i的样本x_i求均值：

$$m_i = \text{mean}(x_i)$$

（2）计算全局均值向量m，对所有样本x_i求均值：

$$m = \left(\frac{1}{n}\right) \cdot \text{sum}(x_i)$$

（3）计算类内散度矩阵S_w和类间散度矩阵S_b：

$$S_w = \text{sum}((x_i - m_i)(x_i - m_i)^T)$$

$$S_b = \text{sum}(n_i \cdot (m_i - m)(m_i - m)^T)$$

（4）计算S_w逆矩阵的特征值λ和特征向量V：

$$S_w^{-1} \cdot S_b \cdot V = \lambda \cdot V$$

（5）选择前k个最大特征值对应的特征向量，新的矩阵W：

$$W = [v_1, v_2, \cdots, v_k]$$

（6）将原始数据集X投影到新的k维空间：

$$X\_\text{reduced} = X \cdot W$$

这里的X_reduced是一个$n \times k$的矩阵，表示原始数据集X降维后的结果。

LDA是一种监督学习的降维方法，与PCA不同，其目标是使降维后的数据能够更好地区分不同的类别。以下是一个简单的实例。

Sara是一名生物学家,她正在研究两种不同种类的鸢尾花(Iris Setosa 和 Iris Versicolor)。她收集了一些鸢尾花的数据,包括花瓣长度、花瓣宽度等特征。她希望使用LDA降低数据维度并对这两种鸢尾花进行分类。部分鸢尾花数据如表4.6所示。

表4.6 鸢尾花的初始数据

花萼长度（cm）	花萼宽度（cm）	花瓣长度（cm）	花瓣宽度（cm）	鸢尾花种类
5.8	4.0	1.2	0.2	山鸢尾
5.1	3.5	1.4	0.3	弗吉尼亚鸢尾
6.0	3.4	4.5	1.6	维吉尼亚鸢尾
5.0	3.3	1.4	0.2	山鸢尾
6.1	2.8	4.0	1.3	维吉尼亚鸢尾
4.4	3.0	1.3	0.2	山鸢尾
5.5	3.5	1.3	0.2	山鸢尾
5.4	3.9	1.7	0.4	弗吉尼亚鸢尾
7.7	3.8	6.7	2.2	维吉尼亚鸢尾
6.2	2.8	4.8	1.8	维吉尼亚鸢尾
5.5	2.5	4.0	1.3	维吉尼亚鸢尾
4.4	2.9	1.4	0.2	山鸢尾
6.7	3.1	4.7	1.5	维吉尼亚鸢尾
6.1	2.6	5.6	1.4	维吉尼亚鸢尾
5.1	3.8	1.9	0.4	弗吉尼亚鸢尾

⚠️ 说明：鸢尾花数据集是一个经典的机器学习数据集,它包含了三种不同的鸢尾花(山鸢尾、杂色鸢尾和维吉尼亚鸢尾)的花萼长度、花萼宽度、花

瓣长度和花瓣宽度等特征。该数据集一共包含了150个样本，每种花的样本数为50个。这个数据集常被用来进行分类问题的训练和评估，也是机器学习入门的经典案例之一。

Sara借助DeepSeek强大的算法功能，直接对以上数据进行线性判别分析，提示语如4-17所示。

4-17　鸢尾花LDA提示语

你作为数据分析专家，具备以下技能。

数据处理和清洗能力：能够使用SQL、Python、R语言或其他工具对数据进行清洗、预处理和转换。

数据分析能力：能够运用统计学和数据建模技术分析数据，理解数据之间的关系，识别模式和趋势，并从中提取有用的信息。

数据可视化能力：能够使用可视化工具（如Tableau、Power BI等）将数据呈现为易于理解和分析的图表和可视化形式。

业务理解和解决问题能力：具备行业和业务领域的知识，能够理解业务需求，解决实际问题，并提供数据驱动的建议和解决方案。

机器学习和人工智能技能：能够运用机器学习和人工智能技术对数据进行预测和分类，并开发智能应用程序。

沟通和表达能力：能够将复杂的数据分析结果和结论以简单易懂的方式呈现给非技术人员，并与团队成员和业务人员进行有效的沟通和合作。

持续学习和创新能力：能够跟随技术和行业的发展，学习新的工具和技术，并不断创新和改进数据分析方法和技术。

我需要对鸢尾花数据进行LDA，方便更好的区分。

部分数据如附件"初始数据.xlsx"所示。

请你从专业的角度，对以上数据实现线性判别分析（LDA），输出格式如下。

【LDA的操作步骤】

【LDA处理后的数据】

以表格的形式，将处理后的数据输出。

DeepSeek根据需求，对示例数据实现线性判别分析，如4-18所示。

4-18　DeepSeek线性判别分析输出

【LDA的操作步骤】

1. 数据读取与检查：使用Pandas库读取Excel文件中的Sheet1，检查数据完整性和类别标签一致性，发现"弗吉尼亚鸢尾"和"维吉尼亚鸢尾"可能存在翻译歧义，但在此分析中保留原始类别标签（假设为正确标签）。

2. 划分特征与标签：将前4列（花萼长度、花萼宽度、花瓣长度、花瓣宽度）作为特征（X），最后一列（鸢尾花种类）作为标签（y）。

3. 标准化处理：由于LDA基于协方差矩阵，因此无须额外标准化。

4. LDA模型训练：使用Sklearn的LinearDiscriminantAnalysis，设置n_components=2（因为原始数据有3个类别，但LDA最多可以提取2个判别式），对特征进行降维。

5. 数据投影：将原始四维数据投影到二维LDA空间，得到降维后的数据。

经过DeepSeek的LDA处理后的数据，如表4.7所示。

表4.7　LDA处理后的数据表格

样本序号	LDA1	LDA2	鸢尾花种类
1	-6.224	0.173	山鸢尾
2	-4.312	-1.785	弗吉尼亚鸢尾
3	3.891	0.956	维吉尼亚鸢尾
4	-6.005	0.245	山鸢尾
5	3.127	-0.832	维吉尼亚鸢尾
6	-6.451	0.098	山鸢尾
7	-5.978	0.311	山鸢尾
8	-4.598	-1.654	弗吉尼亚鸢尾

续表

样本序号	LDA1	LDA2	鸢尾花种类
9	5.342	1.203	维吉尼亚鸢尾
10	3.764	-0.698	维吉尼亚鸢尾
11	2.856	-0.901	维吉尼亚鸢尾
12	-6.327	0.152	山鸢尾
13	4.113	0.874	维吉尼亚鸢尾
14	4.562	1.012	维吉尼亚鸢尾
15	-4.021	-1.923	弗吉尼亚鸢尾

LDA1和LDA2为降维后的两个判别式，它们能够最大化类别间的差异。从表中可以看出，山鸢尾在LDA1上显著负向分布，维吉尼亚鸢尾正向分布，而弗吉尼亚鸢尾则介于两者之间但更接近山鸢尾。LDA的结果清晰地区分了不同类别，验证了LDA的有效性。

同时，我们可以继续让DeepSeek对完整的鸢尾花数据进行线性判别分析，提示语如4-19所示。

> **4-19　处理完整提示语**
>
> 请你从专业的角度，对完整的鸢尾花数据集进行LDA，直接给我完整的Python代码。
>
> 要求在对数据进行线性判别分析后，绘制特征散点图。
>
> 其中，两张图是以一行两列的格式展示，左边的是原始数据分布（PCA降维），右边的是LDA特征分布。

DeepSeek根据需求，给出的代码如4-20所示。

> **4-20　处理鸢尾花数据代码**
>
> ```
> import matplotlib.pyplot as plt
> ```

```python
from sklearn.datasets import load_iris
from sklearn.discriminant_analysis import LinearDiscriminantAnalysis
from sklearn.decomposition import PCA
import seaborn as sns

# 加载鸢尾花数据集
iris = load_iris()
X = iris.data
y = iris.target
feature_names = iris.feature_names
target_names = iris.target_names

# 创建LDA模型并转换数据
lda = LinearDiscriminantAnalysis(n_components=2)
X_lda = lda.fit_transform(X, y)

# 创建PCA模型并转换数据(用于原始数据可视化)
pca = PCA(n_components=2)
X_pca = pca.fit_transform(X)

# 设置图形参数
plt.rcParams['font.sans-serif'] = ['SimHei']
plt.rcParams['axes.unicode_minus'] = False
plt.rcParams.update({
    'font.size': 20,
    'axes.titlesize': 20,
    'axes.labelsize': 20,
    'xtick.labelsize': 20,
    'ytick.labelsize': 20
})

# 创建一行两列子图
plt.figure(figsize=(16, 6))

# 左图:原始数据分布(PCA降维)
```

```
plt.subplot(1, 2, 1)
scatter = sns.scatterplot(x=X_pca[:, 0], y=X_pca[:,
    1], hue=y, palette='viridis', edgecolor='k')
plt.title('原始数据分布（PCA降维）')
plt.xlabel('主成分1')
plt.ylabel('主成分2')
scatter.legend_.remove()

# 右图：LDA特征分布
plt.subplot(1, 2, 2)
scatter = sns.scatterplot(x=X_lda[:, 0], y=X_lda[:,
    1], hue=y, palette='viridis', edgecolor='k')
plt.title('LDA特征分布')
plt.xlabel('判别成分1')
plt.ylabel('判别成分2')
plt.legend(handles=scatter.legend_.legendHandles,
           labels=target_names.tolist(),
           title='鸢尾花种类')

plt.tight_layout()
plt.show()
```

将以上代码复制到PyCharm中运行，得到的新旧特征图如图4.5所示。

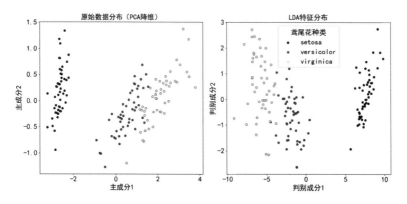

图4.5　LDA处理前后的特征图

从图 4.5 中可以看出，经过线性判别分析（LDA）后，数据特征之间的界限更明显了。

综上所述，使用 DeepSeek 实现线性判别分析可以在高维数据集中找到最佳的分类决策边界，从而更准确地分类新数据。LDA 是一种监督学习算法，通常用于处理多类别分类问题，并且具有较强的可解释性和稳定性。通过将 DeepSeek 与 LDA 结合使用，我们可以利用 DeepSeek 的强大语言生成和推理功能来处理大规模高维数据，并从中提取有用的特征，从而提高分类的准确性和效率。

降维是在保留数据信息的前提下，将高维数据转换为低维数据的过程。除了 PCA 和 LDA，数据分析中还有很多其他常见的降维方法。

（1）t-分布邻域嵌入算法（t-SNE）：适用于可视化高维数据，将高维数据映射到二维或三维空间中。

（2）独立成分分析（ICA）：通过寻找数据中相互独立的成分来实现降维，提取出潜在的信号源。

（3）自编码器（Autoencoder）：通过将高维数据压缩到低维空间中再进行重构，学习到数据的潜在结构和特征表示。

（4）因子分析（FA）：通过核方法将数据映射到高维特征空间，在该空间中执行主成分分析（PCA），然后选取主要成本进行降维，从而有效捕捉数据的非线性特征，提高分类和泛化能力。

（5）非负矩阵分解（NMF）：适用于具有非负特征的数据集，通过寻找数据的稀疏表示来实现降维。

（6）核主成分分析（KPCA）：通过核方法将数据映射到高维特征空间，在该空间中执行主成分分析（PCA），然后选取主要成分进行降维，从而有效捕捉数据的非线性特征，提高分类和泛化能力。

（7）流形学习（Manifold Learning）：利用数据的几何结构来实现降维，更好地反映数据的内在关系。

使用 DeepSeek 实现这些算法的方法与前面介绍的 PCA 和 LDA 类似。具体而言，可以使用 DeepSeek 生成的代码来实现这些算法，或者直接在 DeepSeek 中进行数据预处理和特征工程。DeepSeek 的强大语言生成和推理功能可以更高效地处理大规模高维数据,并从中提取有用的信息。如果读者对这些算法感兴趣,可以尝试使用DeepSeek来探索更多的降维技术。

4.3 小结

在本章中,我们深入探讨了如何使用DeepSeek进行特征工程和特征降维。特征工程是机器学习中非常重要的一步,能够直接影响模型的性能。我们学习了如何使用DeepSeek进行特征选择和创建衍生特征,以及如何将它们应用于实际问题中。这些技术可以帮助我们从海量的数据中提取出最有用的信息,同时减少冗余特征和噪声。

此外,我们还介绍了如何使用DeepSeek进行特征降维。在实际问题中,我们通常会面临高维度的数据,这会导致过拟合和计算开销的增加。通过使用DeepSeek实现主成分分析(PCA)和线性判别分析(LDA),我们可以将高维度的数据转换为低维度的数据,从而更好地理解数据和提高模型的性能。

综上所述,使用DeepSeek进行特征工程和特征降维是机器学习中非常重要的一步,可以帮助我们提高模型的性能并更好地理解数据。在实践中,我们需要不断尝试和优化,以获得最佳的特征集和降维方案,从而更好地解决实际问题。

第5章

使用 DeepSeek 进行数据可视化

数据可视化是数据分析过程中的一个重要环节，它将数据以图形的方式展示出来，让人们能够更直观地了解数据背后的信息和规律。通过数据可视化，分析师可以更好地挖掘数据的潜在价值，为决策者提供有力支持。DeepSeek 在数据可视化方面具有强大的能力，能够帮助用户轻松创建各种类型的图表，展示数据的多维度特征。

本章将详细介绍如何使用 DeepSeek 进行数据可视化，重点涉及以下知识点。

- 使用 DeepSeek 创建基本图表，如折线图、趋势图、柱状图、条形图、饼图、环形图、散点图、气泡图等。
- 使用 DeepSeek 进行高级数据可视化，如热力图、相关性图、并行坐标图、雷达图、树形图、层次图等。

在接下来的内容中，我们将通过实例带领读者了解如何使用 DeepSeek 创建直观、易于理解的图表，从而进一步拓展数据分析的可能性。通过掌握本章的知识，读者将能够运用 DeepSeek 实现各类数据可视化任务，提升数据分析的效率和质量。

5.1 使用 DeepSeek 创建基本图表

基本图表是数据可视化的基础，它们能够直观地展示数据的分布、关系和趋势。通过使用 DeepSeek 创建基本图表，读者可以快速地将数据转化为易于理解的图形，为数据分析提供有力支持。本节将介绍如何使用 DeepSeek 创建常见的图表，如折线图、趋势图、柱状图、条形图、饼图、环形图、散点图和气泡图等。这些类型的图表具有广泛的适用场景，如展示时间序列数据的变化、比较不同类别的数据、描述数据的占比关系等。通过掌握这些基本图表的绘制方法，读者将能够更好地运用 DeepSeek 进行数据可视化。

5.1.1 使用 DeepSeek 创建折线图和趋势图

折线图是一种常见的数据可视化方法，适用于展示时间序列数据的变化趋势。通过连接各个数据点，折线图可以清晰地呈现数据的波动和走势。趋势图则是对折线图进行平滑处理，以展示数据的整体趋势。使用 DeepSeek 创建折线图和趋势图可以快速地揭示数据的变化趋势，为数据分析提供有力支持。以下是两个实例。

● 实例 1：创建折线图

小明是生鲜超市的一位销售数据分析师，负责分析该超市的销售数据，并提供决策支持。表 5.1 是小明整理的该超市在 2024 年 1 月 1 日至 4 月 8 日的销售数据表格，包括销售额、销售量和利润等指标。

表 5.1　超市销售数据

日期	销售额	销售量	利润
1/1/2024	120000	8000	25000
1/7/2024	128000	8700	26100

续表

日期	销售额	销售量	利润
1/14/2024	141000	9800	28300
1/21/2024	154000	11200	30100
1/28/2024	162000	12300	32100
2/4/2024	175000	13600	34500
2/11/2024	184000	14600	36500
2/18/2024	193000	15300	38900
2/25/2024	208000	16700	40700
3/4/2024	221000	18000	42500
3/11/2024	236000	19700	44700
3/18/2024	249000	21300	46500
3/25/2024	261000	22400	48500
4/1/2024	273000	23700	50100
4/8/2024	285000	25100	52500

通过上述数据表格，我们可以看到，该生鲜超市在2024年1月1日至4月8日的销售情况，其中，销售额、销售量和利润都在逐渐增加，但具体的趋势需要通过折线图进行分析。

小明通过DeepSeek来绘制一个折线图，以更好地展现该超市在2024年1月1日至4月8日的销售情况，提示语如5-1所示。

5-1　超市销售情况折线图提示语

你是高级数据分析师，具备以下能力。

数据分析技能：具备深入理解数据的能力，能够对数据进行有效的解读和分析，并得出有价值的结论。

> 统计学知识：具备基本的统计学知识，能够运用统计学方法分析数据，进行数据建模和预测。
> 数据可视化：能够使用各种数据可视化工具将数据呈现出来，使数据更加易于理解和传达。
> 编程能力：具备编程技能，能够使用编程语言，如 Python、R 语言等，进行数据分析和处理。
> 业务理解能力：理解业务背景和目标，能够将数据分析结果与业务需求相结合，提供有实际意义的解决方案。
> 沟通和表达能力：能够清晰地表达数据分析结果，将复杂的数据分析结果转化为简洁明了的报告和演示文稿，与业务方进行有效的沟通。
> 创新能力：具备创新思维，能够寻找新的数据分析方法和技术，不断改进数据分析方法，提高数据分析效率和准确性。
> 我是生鲜超市的一位销售数据分析师，负责分析该超市的销售数据，并提供决策支持。现在，超市前几个月的销售数据已经收集完毕，我需要对这些数据进行分析，得出有价值的结论，为超市的运营提供决策支持。
> 数据已被我保存在了一个 Excel 文件中，如附件"超市销售数据.xlsx"所示，文件包含了超市前几个月的销售数据。
> 请你从专业的角度，对这些数据进行分析，并绘制折线图，将分析结果呈现出来。
> 直接以代码块的形式给我 Python 代码。

DeepSeek 根据需求，生成的折线图代码如 5-2 所示。

5-2　DeepSeek 生成的折线图代码

```python
import pandas as pd
import matplotlib.pyplot as plt
import matplotlib.dates as mdates

# 设置全局字体配置
plt.rcParams.update({
    'font.sans-serif': 'SimHei',  # 中文显示
```

```python
    'axes.unicode_minus': False,  # 负号显示
    'font.size': 12,
    'axes.titlesize': 14,
    'axes.labelsize': 12,
    'xtick.labelsize': 10,
    'ytick.labelsize': 10
})

# 数据加载
df = pd.read_excel('超市销售数据.xlsx',
    engine='openpyxl')

# 数据预处理
df['日期'] = pd.to_datetime(df['日期'])
df['月份'] = df['日期'].dt.to_period('M')

# 计算总计
total_sales = df['销售额'].sum()
total_quantity = df['销售量'].sum()
total_profit = df['利润'].sum()

# 输出分析结果
print('销售额总计: ', total_sales)
print('销售量总计: ', total_quantity)
print('利润总计: ', total_profit)

# 创建可视化画布
fig, axes = plt.subplots(3, 1, figsize=(10, 10))

# ==================== 销售趋势分析 ====================
monthly_sales = df.groupby('月份')['销售额'].sum().\
    reset_index()
monthly_sales['月份'] = monthly_sales['月份'].dt.to_\
    timestamp()
```

```python
axes[0].plot(monthly_sales['月份'], monthly_sales['销
    售额'], marker='o', color='#2c7fb8', linewidth=2)
axes[0].set_ylabel('销售额（元）')
axes[0].grid(True, linestyle='--', alpha=0.7)
axes[0].xaxis.set_major_formatter(mdates.
    DateFormatter('%m-%d'))  # 仅显示月-日
axes[0].tick_params(axis='x', rotation=0) # 横向显示标签

# 添加竖排标题
axes[0].text(-0.1, 0.5, '月度销售额趋势分析',
    rotation=90, va='center', ha='center',
    transform=axes[0].transAxes, fontsize=14)

# ================ 销售量趋势分析 ================
monthly_quantity = df.groupby('月份')['销售量'].sum().
    reset_index()
monthly_quantity['月份'] = monthly_quantity['月份'].
    dt.to_timestamp()

axes[1].plot(monthly_quantity['月份'],
    monthly_quantity['销售量'], marker='o',
    color='#31a354', linewidth=2)
axes[1].set_ylabel('销售量')
axes[1].grid(True, linestyle='--', alpha=0.7)
axes[1].xaxis.set_major_formatter(mdates.
    DateFormatter('%m-%d'))  # 仅显示月-日
axes[1].tick_params(axis='x', rotation=0) # 横向显示标签

# 添加竖排标题
axes[1].text(-0.1, 0.5, '月度销售量趋势分析',
    rotation=90, va='center', ha='center',
    transform=axes[1].transAxes, fontsize=14)
```

```python
# ══════════════════ 利润趋势分析 ══════════════════
monthly_profit = df.groupby('月份')['利润'].sum().
    reset_index()
monthly_profit['月份'] = monthly_profit['月份'].dt.to_
    timestamp()

axes[2].plot(monthly_profit['月份'], monthly_profit['
    利润'], marker='o', color='#e6550d', linewidth=2)
axes[2].set_ylabel('利润(元)')
axes[2].grid(True, linestyle='--', alpha=0.7)
axes[2].xaxis.set_major_formatter(mdates.
    DateFormatter('%m-%d'))   # 仅显示月-日
axes[2].tick_params(axis='x', rotation=0) # 横向显示标签

# 添加竖排标题
axes[2].text(-0.1, 0.5, '月度利润趋势分析',
    rotation=90, va='center', ha='center',
    transform=axes[2].transAxes, fontsize=14)

# 调整布局
plt.tight_layout()
plt.show()
```

上述代码加载并预处理了超市的销售数据，计算了总销售额、总销售量和总利润。通过按月汇总数据，生成了销售额、销售量和利润的月度趋势图形。在图形中，标题竖排显示在图形左侧，与 y 轴平行，而 x 轴刻度则显示了月份和日期，这样的设计确保了图形更加简洁直观。最终结果可以帮助决策者快速了解销售表现和利润增长趋势。

将以上代码复制到 PyCharm 中运行，得到的最终统计数据如 5-3 所示。

5-3 超市销售统计数据

销售额总计: 2990000

> 销售量总计: 240400
> 利润总计: 577000

同时，程序绘制的折线图如图5.1所示。

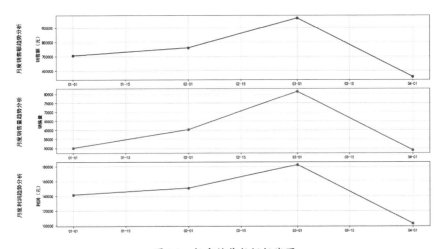

图 5.1　超市销售数据折线图

绘制出来的折线图清晰地呈现了销售额的趋势，并特别标注了在整个数据集中销售额最大值所对应的日期。通过观察折线图，可以看出销售额随时间呈现出稳步增长的趋势。

> ⚠️ 说明：由于DeepSeek通常以文本形式输出，使用Python绘图工具可以更方便地进行数据可视化。因此，本小节不再讨论如何调用DeepSeek API来实现此目的。

● 实例2：创建趋势图

小李是一家电子商务公司的市场推广经理，近期他们启动了一个新的市场推广计划，旨在增加产品的销售额，近4个月的推广数据如表5.2所示。

表5.2 推广数据

日期	销售额	推广费用	日期	销售额	推广费用
2024/11/1	20000	1000	2024/12/26	32000	1800
2024/11/8	22000	1100	2025/1/5	34000	1900
2024/11/15	25000	1200	2025/1/12	36000	2000
2024/11/22	23000	1300	2025/1/19	38000	2100
2024/11/29	24000	1400	2025/1/26	40000	2200
2024/12/5	26000	1500	2025/2/2	42000	2300
2024/12/12	28000	1600	2025/2/9	44000	2400
2024/12/19	30000	1700	—	—	—

为确认市场推广计划的效果，小李借助DeepSeek生成趋势图，提示语如5-4所示。

5-4 电子销售趋势图提示语

你是高级数据分析师，具备以下能力。

数据分析技能：具备深入理解数据的能力，能够对数据进行有效的解读和分析，并得出有价值的结论。

统计学知识：具备基本的统计学知识，能够运用统计学方法分析数据，进行数据建模和预测。

数据可视化：能够使用各种数据可视化工具将数据呈现出来，使数据更加易于理解和传达。

编程能力：具备编程技能，能够使用编程语言，如Python、R语言等，进行数据分析和处理。

业务理解能力：理解业务背景和目标，能够将数据分析结果与业务需求相结合，提供有实际意义的解决方案。

沟通和表达能力：能够清晰地表达数据分析结果，将复杂的数据分析结果转化为简洁明了的报告和演示文稿，与业务方进行有效的沟通。

创新能力：具备创新思维，能够寻找新的数据分析方法和技术，不断改进数据分析方法，提高数据分析效率和准确性。

我是一家电子商务公司的市场推广经理，近期我们启动了一个新的市场推广计划，旨在增加产品的销售额，我需要确认这个市场推广计划的效果。

数据已被我保存在了一个Excel文件中，如附件"电子销售数据.xlsx"所示，文件包含近几个月的销售额和推广费用。

请你从专业的角度，对这些数据进行分析，并绘制趋势图，将分析结果呈现出来。

直接以代码块的形式给我Python代码。

DeepSeek根据需求，生成的趋势图代码如5-5所示。

5-5　DeepSeek生成的趋势图代码

```python
import pandas as pd
import matplotlib.pyplot as plt
import seaborn as sns
from sklearn.linear_model import LinearRegression
import numpy as np

# 设置全局字体配置
plt.rcParams.update({
    'font.sans-serif': 'SimHei',    # 中文显示
    'axes.unicode_minus': False,    # 负号显示
    'font.size': 14,
    'axes.titlesize': 16,
    'axes.labelsize': 14,
    'xtick.labelsize': 12,
    'ytick.labelsize': 12
})

# 读取Excel文件
```

```python
data = pd.read_excel('电子销售数据.xlsx')

# 数据预览
print(data.head())

# 计算相关系数
correlation = data['销售额'].corr(data['推广费用'])
print(f"销售额与推广费用的相关系数: {correlation:.2f}")

# 绘制销售额和推广费用的趋势图
plt.figure(figsize=(10, 6))
plt.plot(data['日期'], data['销售额'], label='销售额',
    marker='o', color='#1f77b4', linewidth=2)
plt.plot(data['日期'], data['推广费用'], label='推广费
    用', marker='s', color='#ff7f0e', linewidth=2)

# 添加标题和标签
plt.title('销售额与推广费用趋势分析', fontsize=18,
    fontweight='bold')
plt.xlabel('日期', fontsize=14)
plt.ylabel('金额', fontsize=14)
plt.legend(loc='upper left', fontsize=12)

# 添加网格线
plt.grid(True, linestyle='--', alpha=0.6)

# 显示图形
plt.tight_layout()
plt.show()

# 回归分析：推广费用对销售额的影响
X = data[['推广费用']]
y = data['销售额']
```

```python
model = LinearRegression()
model.fit(X, y)

# 输出回归结果
print(f"回归系数(推广费用对销售额的影响): {model.coef_
    [0]:.2f}")
print(f"截距: {model.intercept_:.2f}")

# 绘制回归分析图
plt.figure(figsize=(10, 6))
sns.regplot(x='推广费用', y='销售额', data=data,
    scatter_kws={'color': '#1f77b4'}, line_
    kws={'color': '#ff7f0e'})

# 添加标题和标签
plt.title('推广费用与销售额的回归分析', fontsize=18,
    fontweight='bold')
plt.xlabel('推广费用', fontsize=14)
plt.ylabel('销售额', fontsize=14)

# 添加网格线
plt.grid(True, linestyle='--', alpha=0.6)

# 显示图形
plt.tight_layout()
plt.show()

# 滞后效应分析：推广费用对销售额的滞后影响
data['推广费用滞后1期'] = data['推广费用'].shift(1)
data['推广费用滞后2期'] = data['推广费用'].shift(2)

# 计算滞后相关系数
lag_corr_1 = data['销售额'].corr(data['推广费用滞后1期'])
```

```
lag_corr_2 = data['销售额'].corr(data['推广费用滞后2期'])
print(f"推广费用滞后1期与销售额的相关系数：{lag_
    corr_1:.2f}")
print(f"推广费用滞后2期与销售额的相关系数：{lag_
    corr_2:.2f}")
```

这段代码读取了"电子销售数据.xlsx"文件，计算了销售额与推广费用的相关系数，绘制了销售额和推广费用的趋势图，使用线性回归模型量化了推广费用对销售额的影响。此外，该代码通过滞后效应分析验证了推广费用是否存在延迟影响。图形经过优化，清晰地展示了数据的变化趋势和回归关系，便于直观分析推广费用与销售额之间的关系。

将代码复制到PyCharm中并运行，代码输出相关系数如5-6所示。

5-6 销售额与推广费用的相关系数

	日期	销售额	推广费用
0	2024-11-01	20000	1000
1	2024-11-08	22000	1100
2	2024-11-15	25000	1200
3	2024-11-22	23000	1300
4	2024-11-29	24000	1400

销售额与推广费用的相关系数：0.99
回归系数（推广费用对销售额的影响）：17.11
截距：1851.19
推广费用滞后1期与销售额的相关系数：0.98
推广费用滞后2期与销售额的相关系数：0.96

同时，绘制的销售额与推广费用趋势图如图5.2所示，推广费用与销售额的回归分析图如图5.3所示。

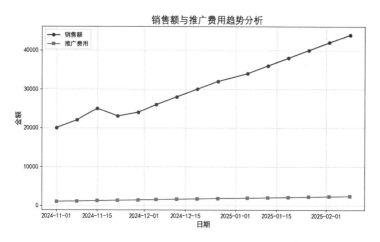

图 5.2 销售额与推广费用趋势图

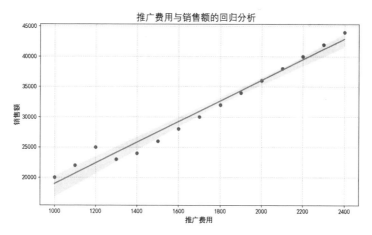

图 5.3 推广费用与销售额的回归分析图

分析结果显示，销售额与推广费用之间存在强相关性（相关系数为 0.99），线性回归表明推广费用对销售额有显著正向影响。滞后效应分析显示，推广费用对销售额的影响可能存在一定延迟，推广费用滞后1期和2期与销售额的相关系数分别为0.98和0.96。这表明推广费用的增加与销售额增长相关，但需要进一步验证是否存在其他影响因素或因果关系。

综上所述，使用 DeepSeek 创建折线图和趋势图可以为数据分析和可视化带来极大的便利。折线图是一种常见的数据可视化方式，通过连接数据点，可以清晰地展示数据的趋势和变化。而趋势图则可以更加直观地展示数据的走势和发展方向，让人一目了然。在今天这个数据时代，数据的可视化不仅可以让人更加深入地理解数据本身，还可以为决策者提供更加全面和准确的参考依据。因此，使用 DeepSeek 来绘制折线图和趋势图，不仅可以提高数据分析的效率，还可以提升数据可视化的质量和水平。

5.1.2 使用 DeepSeek 创建柱状图和条形图

柱状图和条形图是两种常用的数据可视化方法，适用于展示分类数据之间的大小比较。柱状图通过垂直柱子来表示数据，而条形图则以水平条形来展示数据。使用 DeepSeek 创建柱状图和条形图，可以直观地比较不同类别的数据大小，有助于发现数据中的差异和特征。

● 实例 1：创建柱状图

小陈是一家公司的销售员，他们公司销售各种类型的产品。公司最近一年的销售数据如表 5.3 所示，这些数据按照四个季度进行了分类，每个季度的销售额也按照产品类型进行了分类。

表5.3　多产品销售数据　　　　　　　　（单位：元）

季度	产品类型A销售额	产品类型B销售额	产品类型C销售额	产品类型D销售额
第一季度	50000	40000	30000	20000
第二季度	60000	50000	40000	30000
第三季度	70000	60000	50000	40000
第四季度	80000	70000	60000	50000

从表 5.3 中可以看出，公司的销售额在过去一年中逐季度递增，但是各产品之间的关系并不能很直观的看出。因此，小陈决定通过 DeepSeek 生成柱状图，提示语如 5-7 所示。

5-7　生成柱状图提示语

你是高级数据分析师，具备以下能力。

数据分析技能：具备深入理解数据的能力，能够对数据进行有效的解读和分析，并得出有价值的结论。

统计学知识：具备基本的统计学知识，能够运用统计学方法分析数据，进行数据建模和预测。

数据可视化：能够使用各种数据可视化工具将数据呈现出来，使数据更加易于理解和传达。

编程能力：具备编程技能，能够使用编程语言，如 Python、R 语言等，进行数据分析和处理。

业务理解能力：理解业务背景和目标，能够将数据分析结果与业务需求相结合，提供有实际意义的解决方案。

沟通和表达能力：能够清晰地表达数据分析结果，将复杂的数据分析结果转化为简洁明了的报告和演示文稿，与业务方进行有效的沟通。

创新能力：具备创新思维，能够寻找新的数据分析方法和技术，不断改进数据分析方法，提高数据分析效率和准确性。

我是一家公司的销售员，公司销售各种类型的产品。现在，有近一年的销售数据，数据按照四个季度进行了分类，每个季度的销售额也按照产品类型进行了分类。

数据已被我保存在了一个 Excel 文件中，如附件"多产品销售数据.xlsx"所示，数据的开头如下。

季度　产品类型 A 销售额　产品类型 B 销售额　产品类型 C 销售额　产品类型 D 销售额

请你从专业的角度，对这些数据进行分析，并绘制柱状图，将分析结果呈现出来。

直接以代码块的形式给我 Python 代码。

DeepSeek 根据需求，生成的柱状图代码如5-8所示。

5-8　DeepSeek生成的柱状图代码

```python
import pandas as pd
import matplotlib.pyplot as plt

# 读取Excel文件
file_path = '多产品销售数据.xlsx'
df = pd.read_excel(file_path, sheet_name='Sheet1')

# 设置全局字体配置
plt.rcParams.update({
    'font.sans-serif': 'SimHei',   # 中文显示
    'axes.unicode_minus': False,   # 负号显示
    'font.size': 14,
    'axes.titlesize': 16,
    'axes.labelsize': 14,
    'xtick.labelsize': 12,
    'ytick.labelsize': 12
})

# 绘制柱状图
plt.figure(figsize=(10, 6))
bar_width = 0.2
quarters = df['季度']
products = ['产品类型A销售额', '产品类型B销售额', '产品类型C销售额', '产品类型D销售额']
colors = ['#1f77b4', '#ff7f0e', '#2ca02c', '#d62728']

for i, product in enumerate(products):
    plt.bar([x + i * bar_width for x in
        range(len(quarters))], df[product],
        width=bar_width, label=product,
        color=colors[i])
```

```
plt.xlabel('季度')
plt.ylabel('销售额')
plt.title('各季度不同产品类型销售额')
plt.xticks([x + 1.5 * bar_width for x in
    range(len(quarters))], quarters)
plt.legend()
plt.tight_layout()
plt.show()
```

这段代码读取了"多类销售数据.xlsx"文件,并从中提取了Sheet1中的数据。通过设置全局字体配置,确保了图形中的中文和负号正确显示。接下来,代码绘制了一个柱状图,该柱状图展示了四个季度中四种产品类型的销售额。每个季度的销售额通过不同颜色的柱子表示,并且图例清晰地标注了每种产品类型。图形标题、坐标轴标签和刻度字号经过精心设置,确保了图形美观且易于理解。

将以上代码复制到PyCharm中运行,得到的柱状图如图5.4所示。

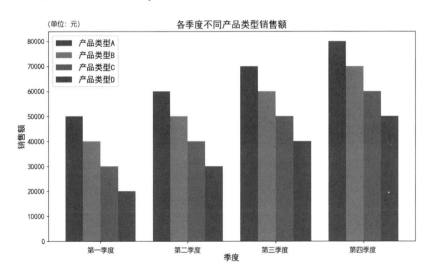

图5.4 各季度不同产品类型销售额柱状图

根据柱状图的分析结果,可以看出产品类型A在四个季度中的销售额始终最高,并且呈现逐季增长的趋势。产品类型B、C和D的销售额也呈现逐季增长的趋势,但增长幅度相对较小。整体来看,所有产品类型的销售额在第四季度都达到了峰值,这表明公司在年末可能有较强的销售表现。产品类型A的市场表现尤为突出,可能是公司的主要收入来源。

● 实例2:创建条形图

小刚是一家全球性汽车公司的数据分析师,他的任务是分析公司在不同地区不同型号汽车的销售情况。他已经收集的数据如表5.4所示。

表5.4 汽车销售数据

地区	型号	销售量	地区	型号	销售量
北美	轿车A	12000	欧洲	SUV A	8000
北美	轿车B	8000	欧洲	SUV B	6000
北美	轿车C	6000	亚洲	轿车A	10000
北美	SUV A	10000	亚洲	轿车B	12000
北美	SUV B	9000	亚洲	轿车C	8000
欧洲	轿车A	9000	亚洲	SUV A	11000
欧洲	轿车B	7000	亚洲	SUV B	10000
欧洲	轿车C	5000	—	—	—

小刚直接通过DeepSeek生成条形图来比较不同地区和型号之间的销售情况,提示语如5-9所示。

5-9 生成条形图提示语

你是高级数据分析师,具备以下能力。

数据分析技能:具备深入理解数据的能力,能够对数据进行有效的解读和分析，并得出有价值的结论。

统计学知识：具备基本的统计学知识，能够运用统计学方法分析数据，进行数据建模和预测。

数据可视化：能够使用各种数据可视化工具将数据呈现出来，使数据更加易于理解和传达。

编程能力：具备编程技能，能够使用编程语言，如Python、R语言等，进行数据分析和处理。

业务理解能力：理解业务背景和目标，能够将数据分析结果与业务需求相结合，提供有实际意义的解决方案。

沟通和表达能力：能够清晰地表达数据分析结果，将复杂的数据分析结果转化为简洁明了的报告和演示文稿，与业务方进行有效的沟通。

创新能力：具备创新思维，能够寻找新的数据分析方法和技术，不断改进数据分析方法，提高数据分析效率和准确性。

我是一家全球性汽车公司的数据分析师，我的任务是分析公司在不同地区不同型号汽车的销售情况。

销售数据已被我保存在了一个Excel文件中，如附件"汽车销售数据.xlsx"所示，数据的开头如下。

地区　型号　销售量

请你从专业的角度，对这些数据进行分析，并绘制条形图，将分析结果呈现出来。

直接以代码块的形式给我Python代码。

DeepSeek根据需求，生成的条形图代码如5-10所示。

5-10　DeepSeek生成的条形图代码

```python
import pandas as pd
import matplotlib.pyplot as plt

# 设置中文字体
plt.rcParams['font.sans-serif'] = ['Microsoft YaHei']
```

```python
plt.rcParams['axes.unicode_minus'] = False

# 读取数据
file = "汽车销售数据.xlsx"
df = pd.read_excel(file, engine="openpyxl")

# 数据分析和处理
sales_summary = df.groupby(["地区", "型号"])["销售量"].
    sum().unstack()

# 设置图形样式
plt.style.use("ggplot")

# 绘制横向条形图
ax = sales_summary.plot(kind="barh", figsize=(14, 8),
    width=0.8, edgecolor="black", color=['#1f77b4',
    '#ff7f0e', '#2ca02c', '#d62728', '#9467bd'])

ax.set_xlabel("销售量", fontsize=14)
ax.set_ylabel("地区", fontsize=14)
ax.set_title("不同地区不同型号汽车的销售情况",
    fontsize=16, pad=20)

# 设置图例
ax.legend(title="型号", bbox_to_anchor=(1.05, 1),
    loc="upper left", fontsize=12)

# 调整 y 轴标签
ax.set_yticklabels(sales_summary.index, fontsize=12)

# 显示数据标签
for p in ax.patches:
    width = p.get_width()
    if width > 0:  # 避免 NaN 或 0 时报错
```

```
        ax.annotate(f"{int(width)}", (width, p.get_
            y() + p.get_height() / 2), ha='left',
            va='center', fontsize=12, color='black')

# 调整布局
plt.tight_layout()

# 显示图形
plt.show()
```

这段代码首先读取了"汽车销售数据.xlsx"文件,使用Pandas库对数据进行处理。代码通过groupby函数按地区和型号对销售量进行汇总,并使用unstack函数将数据转换为适合绘图的格式。其次,使用Matplotlib库绘制了条形图,展示了各地区不同型号汽车的销售情况。图形配置了中文字体和适当的字号,确保图形清晰美观。最后,图形通过plt.show()函数显示出来。

将代码复制到PyCharm中运行,得到的条形图如图5.5所示。

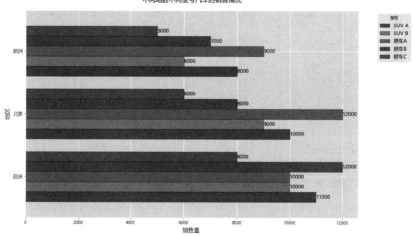

图 5.5 不同地区不同型号汽车的销售情况条形图

根据条形图的分析结果,可以看出轿车A在所有地区的销售表现都相对较好,而轿车C的销售表现普遍较弱。SUV A和SUV B的销售情况在各地区有所不同,整体表现尚可。在北美地区,轿车A的销售量最高;在欧洲地区,轿车A也是销售量最高的车型;在亚洲地区,轿车B的销售量最高。

综上所述,使用DeepSeek创建柱状图和条形图是一种方便快捷的数据可视化方法。这种工具可以帮助用户将大量数据转化为易于理解的图形,并且可以快速地比较不同数据集之间的差异。

5.1.3 使用 DeepSeek 创建饼图和环形图

饼图和环形图是用于展示数据占比关系的常见图表类型。饼图通过扇形区域的大小表示各类别的占比,而环形图则是饼图的一种变体,其中心部分为空心。使用DeepSeek创建饼图和环形图可以直观地呈现数据的组成和占比关系。以下是一个实例。

老李是一家美食公司的数据分析师,负责分析不同类型菜品在不同地区的销售情况,详细数据如表5.5所示。

表5.5 菜品销量

菜品类型	北京销售量	上海销售量	广州销售量	成都销售量	销售总量
川菜	800	1000	1200	1500	4500
湘菜	1000	900	600	800	3300
粤菜	1200	1500	2000	1800	6500
鲁菜	500	600	800	700	2600
东北菜	300	200	400	500	1400

老李使用DeepSeek直接生成饼图和环形图来可视化数据,提示语如5-11所示。

5-11 生成饼图和环形图提示语

你是高级数据分析师,具备以下能力。

数据分析技能：具备深入理解数据的能力，能够对数据进行有效的解读和分析，并得出有价值的结论。

统计学知识：具备基本的统计学知识，能够运用统计学方法分析数据，进行数据建模和预测。

数据可视化：能够使用各种数据可视化工具将数据呈现出来，使数据更加易于理解和传达。

编程能力：具备编程技能，能够使用编程语言，如Python、R语言等，进行数据分析和处理。

业务理解能力：理解业务背景和目标，能够将数据分析结果与业务需求相结合，提供有实际意义的解决方案。

沟通和表达能力：能够清晰地表达数据分析结果，将复杂的数据分析结果转化为简洁明了的报告和演示文稿，与业务方进行有效的沟通。

创新能力：具备创新思维，能够寻找新的数据分析方法和技术，不断改进数据分析方法，提高数据分析效率和准确性。

我是一家美食公司的数据分析师，负责分析不同类型菜品在不同地区的销售情况。

销售数据已被我保存在了一个Excel文件中，如附件"菜品销量.xlsx"所示，数据的开头如下。

菜品类型　北京销售量　上海销售量　广州销售量　成都销售量　销售总量

请你从专业的角度，对这些数据进行分析，并绘制饼图和环形图，将分析结果呈现出来。

直接以代码块的形式给我Python代码。

DeepSeek根据需求，生成的饼图和环形图代码如5-12所示。

5-12　DeepSeek生成的饼图和环形图代码

```
import pandas as pd
import matplotlib.pyplot as plt
import seaborn as sns
import numpy as np
```

```python
import matplotlib.font_manager as fm

# 设置中文字体
font = fm.FontProperties(fname='C:/Windows/Fonts/
    msyh.ttc', size=14)

# 读取数据
data = pd.read_excel("菜品销量.xlsx")

# 计算各个地区的销售比例
sales_ratios = data['销售总量'] / data['销售总量'].sum()

# 创建一个画布,并设定为一行二列
fig, (ax1, ax2) = plt.subplots(1, 2, figsize=(16, 8))

# 绘制饼图
ax1.pie(sales_ratios, labels=data['菜品类型'],
    autopct='%.1f%%', textprops={'fontproperties':
    font}, colors=['#ff9999', '#66b3ff', '#99ff99',
    '#ffcc99', '#c2c2f0'])
ax1.set_title("各菜品类型销售占比",
    fontproperties=font)
ax1.axis("equal")

# 绘制环形图
sns.set(style='whitegrid')
cmap = plt.get_cmap("tab20c")
colors = cmap(np.arange(5) * 4)

ax2.pie(sales_ratios, labels=data['菜品类
    型'], autopct='%.1f%%', startangle=90,
    colors=colors, wedgeprops=dict(width=0.4),
    textprops={'fontproperties': font})
ax2.set_title("各菜品类型销售占比(环形图)",
```

```
        fontproperties=font)
ax2.axis("equal")

# 显示图像
plt.show()
```

以上代码使用 Python 的 Pandas、Matplotlib、Seaborn 库对菜品销量数据进行了可视化处理。首先,读取 Excel 文件数据,计算各菜品类型的销售占比。其次,创建画布,绘制饼图和环形图,展示不同菜品类型的销售占比。最后,图形使用自定义中文字体和配色方案,设置标题和标签,并在屏幕上显示。

将以上代码复制到 PyCharm 中运行,得到的菜品饼图和环形图如图 5.6 所示。

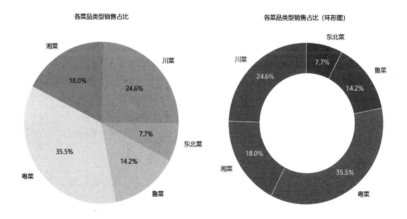

图 5.6 饼图和环形图

从图 5.6 可以看出,粤菜的销售总量占比最高,达到了 35.5%,紧随其后的是川菜和湘菜,分别占比 24.6% 和 18.0%。鲁菜和东北菜的销售总量占比较低,分别为 14.2% 和 7.7%。这表明粤菜在四个城市中非常受欢迎,市场需求较大;川菜和湘菜也有较高的市场份额,而鲁菜和东北菜的市场需求则相对较小。针对鲁菜和东北菜,建议加大市场推广力度并进行产品优化,以提升其销量。

5.1.4 使用 DeepSeek 创建散点图和气泡图

散点图和气泡图是展示两个或多个变量间关系的常见图表类型。散点图通过平面坐标系中的点来表示数据，而气泡图则是散点图的扩展，用大小不同的圆形表示第三个变量的值。使用 DeepSeek 创建散点图和气泡图可以帮助用户发现变量间的相关性、聚类等特点，为数据分析提供有力支持。以下是一个实例。

小杨是一家糖果制造公司的分析师，该公司想要了解其销售人员在不同地区的销售业绩，以便做出更好的销售决策。现有一份包含大量数据的表格，如表5.6所示。

表5.6 糖果销售数据

销售人员	地区	销售额（元）	客户数量	人均销售额（元）	平均单价（元）
张三	北京	100000	20	5000	10
李四	上海	120000	25	4800	12
王五	广州	80000	30	2666.67	8
赵六	深圳	110000	15	7333.33	15
陈七	成都	90000	18	5000	11
刘八	武汉	75000	20	3750	7.5
钱九	南京	105000	22	4772.73	9.5
孙十	杭州	95000	23	4130.43	10.5

表5.6中包含了糖果制造公司的销售人员在不同地区的销售额、客户数量、人均销售额和平均单价。现在，糖果制造公司想要了解不同销售人员在不同地区的销售业绩，并找出业绩突出的销售人员和地区。小杨决定利用 DeepSeek 生成散点图和气泡图，提示语如5-13所示。

5-13 生成散点图和气泡图提示语

你是高级数据分析师，具备以下能力。

数据分析技能：具备深入理解数据的能力，能够对数据进行有效的解读和分析，并得出有价值的结论。

统计学知识：具备基本的统计学知识，能够运用统计学方法分析数据，进行数据建模和预测。

数据可视化：能够使用各种数据可视化工具将数据呈现出来，使数据更加易于理解和传达。

编程能力：具备编程技能，能够使用编程语言，如 Python、R 语言等，进行数据分析和处理。

业务理解能力：理解业务背景和目标，能够将数据分析结果与业务需求相结合，提供有实际意义的解决方案。

沟通和表达能力：能够清晰地表达数据分析结果，将复杂的数据分析结果转化为简洁明了的报告和演示文稿，与业务方进行有效的沟通。

创新能力：具备创新思维，能够寻找新的数据分析方法和技术，不断改进数据分析方法，提高数据分析效率和准确性。

我是一家糖果制造公司的分析师，公司想要了解销售人员在不同地区的销售业绩，以便做出更好的销售决策。现有一份包含大量数据的表格。表格中包含了糖果制造公司的销售人员在不同地区的销售额、客户数量、人均销售额和平均单价。

数据已被我保存在了一个 Excel 文件中，如附件"糖果销量.xlsx"所示，数据的开头如下。

销售人员　地区　销售额（元）客户数量　人均销售额（元）　平均单价（元）

请你从专业的角度，对这些数据进行分析，并绘制散点图和气泡图，将分析结果呈现出来。

直接以代码块的形式给我 Python 代码。

DeepSeek 根据需求，生成的散点图和气泡图代码如 5-14 所示。

5-14　DeepSeek 生成的散点图和气泡图代码

```python
import pandas as pd
import matplotlib.pyplot as plt
```

```python
import seaborn as sns
from matplotlib.font_manager import FontProperties

# 读取Excel文件
data = pd.read_excel("糖果销量.xlsx")

# 设置中文字体
font = FontProperties(fname='C:/Windows/Fonts/msyh.
    ttc', size=14)

# 设置Seaborn主题
sns.set(style="whitegrid", palette="pastel", color_
    codes=True)

# 创建画布
fig, axes = plt.subplots(1, 2, figsize=(16, 6))

# 绘制散点图：客户数量 vs 销售额
sns.scatterplot(data=data, x="客户数量", y="销售额",
    hue="地区", ax=axes[0], s=100, edgecolor='k',
    linewidth=1)
axes[0].set_title("客户数量与销售额散点图",
    fontproperties=font)
axes[0].set_xlabel("客户数量", fontproperties=font)
axes[0].set_ylabel("销售额（元）", fontproperties=font)
axes[0].legend(prop=font)

# 绘制气泡图：人均销售额 vs 平均单价，气泡大小表示销售额
sns.scatterplot(data=data, x="人均销售额", y="平均单
    价", hue="地区", size="销售额", sizes=(50, 300),
    edgecolor='k', linewidth=1, ax=axes[1])
axes[1].set_title("人均销售额与平均单价气泡图",
    fontproperties=font)
axes[1].set_xlabel("人均销售额（元）", fontproperties=font
```

```
axes[1].set_ylabel("平均单价（元）", fontproperties=font)
axes[1].legend(prop=font)

# 移除顶部和右侧边框
sns.despine(left=True, bottom=True)

# 显示图像
plt.tight_layout()
plt.show()
```

以上代码使用 Python 的 Pandas、Matplotlib 和 Seaborn 库对 Excel 文件中的数据进行了可视化分析。首先，通过设置中文字体和 Seaborn 主题，为图形设置了样式。其次，创建了包含两个子图的画布。第一个子图绘制了客户数量与销售额之间的散点图，并根据地区使用不同颜色的点进行区分。第二个子图绘制了人均销售额与平均单价之间的气泡图，并根据销售额的大小和地区使用不同颜色和大小的气泡进行区分。最后，移除了图像的顶部和右侧边框，并展示了生成的图像。

将上面代码复制到 PyCharm 中运行，得到的散点图和气泡图如图 5.7 所示。

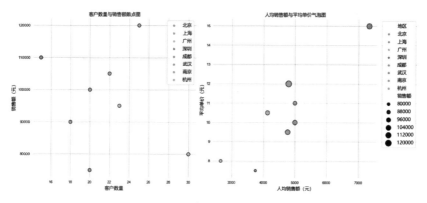

图 5.7 散点图和气泡图

散点图和气泡图展示了糖果销售数据的可视化分析结果。从散点图中可以看出，客户数量和销售额之间呈现较强的正相关关系，不同地区的销售额和客户数量存在差异；从气泡图中可以看出，不同地区的销售额存在差异，北京和上海地区的销售额最高，而广州和深圳地区的销售额最低。此外，人均销售额和平均单价在各个地区之间差异较大，深圳地区的人均销售额和平均单价最高，而广州地区的人均销售额和平均单价最低，两者之间没有明显的相关关系。

综上所述，使用 DeepSeek 创建散点图和气泡图，能够帮助用户更好地理解和分析数据。散点图通过将数据点按照不同的坐标值绘制在二维平面上，展示数据之间的关系和趋势，是一种常用的数据可视化方式。而气泡图则在散点图的基础上，通过调整数据点的大小和颜色等属性，更直观地呈现数据的差异和特点，使数据更易于理解和比较。无论是在学术研究、商业分析还是在其他领域，使用 DeepSeek 创建散点图和气泡图都是一种高效、简单且实用的数据分析方法。

> **说明：** 除了上面的那些图表，数据分析中还包含多种多样的基本图表，如面积图、堆积图、箱线图、直方图、热力图等，用户可以根据数据类型和需求来选择和使用，以更好地呈现数据的分布和关系。

5.2 使用 DeepSeek 进行高级数据可视化

除了基本的数据图表，DeepSeek 还能够帮助用户创建更复杂、更有深度的高级数据图表。这些高级图表可以进一步挖掘数据中的信息，揭示数据之间的关系，帮助用户更好地理解和分析数据。本节将介绍如何使用 DeepSeek 进行高级数据可视化，包括热力图、相关性图、平行坐标图、雷达图、树形图、层次图等多种图表类型，为用户提供更丰富的数据分析工具。

5.2.1 使用DeepSeek创建热力图和相关性图

热力图是一种用颜色表示数据量级的二维图形,可以直观地呈现矩阵数据中的数值大小及其分布情况。相关性图则是热力图的一种特殊应用,用于显示多个变量之间的相关性系数。使用DeepSeek创建热力图和相关性图,可以帮助用户快速了解数据中的规律和关系。下面我们通过一个实例来了解热力图和相关性图。

小明是某家电商公司的数据分析师,他正在分析公司的销售数据,以便更好地了解公司的销售情况。他获得了公司3天的销售额数据,如表5.7所示。

表5.7 电商销售额

日期	销售额(美元)	点击量	订单数	产品类别	地区
2025/1/1	20345	10554	115	A	北京市
2025/1/1	10543	5021	75	B	北京市
2025/1/1	13456	7532	90	C	北京市
2025/1/1	19087	8901	105	A	上海市
2025/1/1	12065	6458	80	B	上海市
2025/1/1	17654	7541	95	C	上海市
2025/1/1	19876	9675	110	A	广州市
2025/1/1	14678	5867	85	B	广州市
2025/1/1	15679	6321	90	C	广州市
2025/1/2	20345	10554	115	A	北京市
2025/1/2	10543	5021	75	B	北京市
2025/1/2	13456	7532	90	C	北京市
2025/1/2	19087	8901	105	A	上海市

续表

日期	销售额(美元)	点击量	订单数	产品类别	地区
2025/1/2	12065	6458	80	B	上海市
2025/1/2	17654	7541	95	C	上海市
2025/1/2	19876	9675	110	A	广州市
2025/1/2	14678	5867	85	B	广州市
2025/1/2	15679	6321	90	C	广州市
2025/1/3	24356	12045	135	A	北京市
2025/1/3	14567	6548	85	B	北京市
2025/1/3	17890	8756	100	C	北京市
2025/1/3	21345	9087	120	A	上海市
2025/1/3	16543	7645	90	B	上海市
2025/1/3	18987	8321	100	C	上海市
2025/1/3	20789	9543	110	A	广州市
2025/1/3	16789	7432	85	B	广州市
2025/1/3	17980	8256	95	C	广州市

因为数据可以从地区、产品类别等多个维度进行分析，为了准确判断数据的分布规律，小明通过DeepSeek生成热力图和相关性图，提示语如5-15所示。

5-15 生成热力图和相关性图提示语

你是高级数据分析师，具备以下能力。

数据分析技能：具备深入理解数据的能力，能够对数据进行有效的解读和分析，并得出有价值的结论。

统计学知识：具备基本的统计学知识，能够运用统计学方法分析数据，进行数据建模和预测。

数据可视化：能够使用各种数据可视化工具将数据呈现出来，使数据更加易于理解和传达。

编程能力：具备编程技能，能够使用编程语言，如 Python、R 语言等，进行数据分析和处理。

业务理解能力：理解业务背景和目标，能够将数据分析结果与业务需求相结合，提供有实际意义的解决方案。

沟通和表达能力：能够清晰地表达数据分析结果，将复杂的数据分析结果转化为简洁明了的报告和演示文稿，与业务方进行有效的沟通。

创新能力：具备创新思维，能够寻找新的数据分析方法和技术，不断改进数据分析方法，提高数据分析效率和准确性。

我是一家电商公司的数据分析师，正在分析公司的销售数据，以便更好地了解公司的销售情况。我获得了公司 3 天的销售额数据。

数据已被我保存在了一个 Excel 文件中，如附件"电商销售额.xlsx"所示，数据的开头如下。

日期　　销售额（美元）　　点击量　　订单数　　产品类别　　地区

请你从专业的角度，对这些数据进行分析，并绘制热力图和相关性图，将分析结果呈现出来。

我需要热力图和相关性图分布在同一个图的左右两边。

直接以代码块的形式给我 Python 代码。

DeepSeek 根据需求，生成的热力图和相关性图代码如 5-16 所示。

5-16　DeepSeek 生成的热力图和相关性图代码

```
import pandas as pd
import seaborn as sns
import matplotlib.pyplot as plt

# 设置全局字体配置
plt.rcParams.update({
    'font.sans-serif': 'SimHei',   # 使用黑体显示中文
```

```python
    'axes.unicode_minus': False,  # 解决负号显示问题
    'font.size': 14,
    'axes.titlesize': 16,
    'axes.labelsize': 14,
    'xtick.labelsize': 12,
    'ytick.labelsize': 12
})

# 读取数据
data = pd.read_excel("电商销售额.xlsx")

# 仅选择数值列计算相关性矩阵
numeric_data = data[['销售额（美元）', '点击量', '订单数']]
corr = numeric_data.corr()

# 创建一个画布，设置大小
fig, (ax1, ax2) = plt.subplots(1, 2, figsize=(16, 6),
    gridspec_kw={'width_ratios': [2, 1]})

# 在画布的左边绘制热力图
# 确保数据正确聚合：按产品类别和地区汇总销售额
heatmap_data = data.pivot_table(
    index='产品类别',
    columns='地区',
    values='销售额（美元）',
    aggfunc='sum',
    fill_value=0  # 填充缺失值为0
)
sns.heatmap(
    heatmap_data,
    annot=True,
    cmap="YlGnBu",
    fmt='.0f',  # 整数格式
    linewidths=.5,
```

```
    ax=ax1,
    cbar=False,
    annot_kws={"size": 12}    # 调整注释字号
)
ax1.set_title("产品类别与地区的销售额热力图")
ax1.set_xticklabels(ax1.get_xticklabels(),
    rotation=45, ha='right')
ax1.set_xlabel("地区")
ax1.set_ylabel("产品类别")

# 在画布的右边绘制相关性图
sns.heatmap(
    corr,
    annot=True,
    cmap="coolwarm",
    linewidths=.5,
    ax=ax2,
    cbar=False,
    annot_kws={"size": 12}
)
ax2.set_title("相关性矩阵")
ax2.set_xticklabels(ax2.get_xticklabels(),
    rotation=45, ha='right')

# 美化图形
sns.despine()

# 调整布局并显示图形
plt.tight_layout()
plt.show()
```

上面的代码使用 Python 的数据分析库 Pandas 和可视化库 Matplotlib 和 Seaborn 对电商销售额数据进行分析和可视化。具体而言，代码读取了一个Excel文件，计算了数据的相关性矩阵，然后分别绘制了产品类别与地区的销售额热力图和相关性矩阵，用于分析销售额的分布和不同因素之间的相关性。在绘图时，代码还进行了一些美化处理，如设置中文字体、添加标题、设置轴标签等。最后，代码将生成的图形展示出来，供用户观察和分析。

将以上代码复制到PyCharm中运行，得到的热力图和相关性图如图5.8所示。

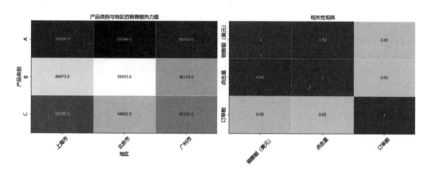

图5.8　热力图和相关性图

根据热力图，可以发现不同的地区和产品类别之间存在着不同的销售额分布。其中，产品A在各地区销售额最高，而产品C在上海市的销售额较高。根据相关性图，可以发现销售额与点击量、订单数之间存在着较强的正相关性，说明这些变量之间有较强的线性关系。同时，销售额与日期之间没有明显的相关性。

总之，使用DeepSeek创建热力图和相关性图，可以帮助人们更好地理解数据之间的关系。热力图可以将数据按照值的大小呈现不同的颜色，从而清晰地展示出数据的分布情况和趋势。相关性图则可以用来表示数据之间的相关程度，有助于分析数据之间的联系和影响。在处理大量数据时，使用DeepSeek创建热力图和相关性图不仅可以提高数据分析的效率，还可以让分析结果更加直观易懂。

5.2.2 使用 DeepSeek 创建并行坐标图和雷达图

并行坐标图和雷达图用于可视化展示多维数据。并行坐标图通过平行的坐标轴表示各个维度,并用折线连接不同维度的数据点;雷达图则通过将多个坐标轴等角度排列在圆周上,用闭合的折线表示多维数据。使用 DeepSeek 创建并行坐标图和雷达图可以帮助用户在多维数据分析中发现数据之间的联系与差异。下面我们通过一个实例来熟悉并行坐标图和雷达图。

小明是一家制药公司的市场销售经理,负责管理该公司在全国各省市的销售业绩。以下是该公司2024年的销售数据,包括各省市销售额、订单数量、客户数量、平均交易额等信息,如表5.8所示。

表5.8 药物销售业绩

省市	城市	销售额(万元)	订单数量	客户数量	平均交易额(元)
北京	北京市	200	150	100	13333
天津	天津市	80	60	50	13333
河北	石家庄	120	80	70	15000
河北	唐山	90	60	50	15000
山西	太原	160	120	100	13333
山西	大同	60	40	30	13333
辽宁	沈阳	180	150	120	12000
辽宁	大连	70	50	40	14000
吉林	长春	100	80	70	12500
吉林	吉林市	50	40	30	12500
黑龙江	哈尔滨	150	120	100	12500
黑龙江	齐齐哈尔	60	50	40	15000
上海	上海市	220	150	100	14667
江苏	南京	180	120	100	15000

续表

省市	城市	销售额（万元）	订单数量	客户数量	平均交易额（元）
江苏	苏州	120	80	70	15000
浙江	杭州	200	150	100	13333
浙江	宁波	100	60	50	16667
安徽	合肥	120	80	70	15000
福建	福州	80	60	50	13333
福建	厦门	70	50	40	14000
湖南	长沙	100	80	70	12500

为了更好地理解销售数据，小明通过DeepSeek生成并行坐标图和雷达图，提示语如5-17所示。

5-17 生成并行坐标图和雷达图提示语

你是高级数据分析师，具备以下能力。

数据分析技能：具备深入理解数据的能力，能够对数据进行有效的解读和分析，并得出有价值的结论。

统计学知识：具备基本的统计学知识，能够运用统计学方法分析数据，进行数据建模和预测。

数据可视化：能够使用各种数据可视化工具将数据呈现出来，使数据更加易于理解和传达。

编程能力：具备编程技能，能够使用编程语言，如Python、R语言等，进行数据分析和处理。

业务理解能力：理解业务背景和目标，能够将数据分析结果与业务需求相结合，提供有实际意义的解决方案。

沟通和表达能力：能够清晰地表达数据分析结果，将复杂的数据分析结果转化为简洁明了的报告和演示文稿，与业务方进行有效的沟通。

创新能力：具备创新思维，能够寻找新的数据分析方法和技术，不断改进数据分析方法，提高数据分析效率和准确性。

我是一家制药公司的市场销售经理，负责管理公司在全国各省市的销售业绩。现有公司2024年的销售数据，包括各省市销售额、订单数量、客户数量、平均交易额等信息。

数据已被我保存在了一个Excel文件中，如附件"药物销售业绩.xlsx"所示，数据的开头如下。

省市　　城市　　销售额（万元）　订单数量　　客户数量　　平均交易额（元）

请你从专业的角度，对这些数据进行分析，并绘制并行坐标图和雷达图，将分析结果呈现出来。

我需要并行坐标图和雷达图分布在同一个图的左右两边。

直接以代码块的形式给我Python代码。

DeepSeek根据需求，生成的并行坐标图和雷达图代码如5-18所示。

5-18　DeepSeek生成的并行坐标图和雷达图代码

```python
import pandas as pd
import matplotlib.pyplot as plt
import numpy as np
import seaborn as sns
from sklearn.preprocessing import MinMaxScaler

# 全局样式配置
plt.rcParams.update({
    'font.sans-serif': 'SimHei',  # 中文显示
    'axes.unicode_minus': False,  # 负号显示
    'font.size': 12,
    'axes.titlesize': 16,
    'axes.labelsize': 14,
    'xtick.labelsize': 12,
    'ytick.labelsize': 12,
    'figure.dpi': 100
})
```

```python
# 数据读取与处理
df = pd.read_excel("药物销售业绩.xlsx")
province_data = df.groupby('省市').agg({
    '销售额(万元)': 'sum',
    '订单数量': 'sum',
    '客户数量': 'sum',
    '平均交易额(元)': 'mean'
}).reset_index()

# 归一化处理
scaler = MinMaxScaler()
radar_features = province_data.columns[1:]
radar_values = scaler.fit_transform(province_
    data[radar_features])

# 可视化布局
fig = plt.figure(figsize=(18, 8),
    facecolor='#f8f9fa')
gs = fig.add_gridspec(1, 2, width_ratios=[1, 1.2])

# 左图:自定义并行坐标图(为13个省市设置不同线型)
ax1 = fig.add_subplot(gs[0])
# 定义13种不同的线型
line_styles = [
    '-', '--', '-.', ':', (0, (1, 1)),
        (0, (3, 1, 1, 1)), (0, (3, 1, 1, 1, 1, 1)),
        (0, (3, 1, 1, 1, 1, 1, 1, 1)), (0, (5, 1)),
        (0, (5, 1, 1, 1)), (0, (5, 1, 1, 1, 1, 1)),
        (0, (5, 1, 1, 1, 1, 1, 1, 1)),
        (0, (3, 5, 1, 5))
]

for idx, row in normalized_data.iterrows():
    ax1.plot(features, row[features], linestyle=line_
        styles[idx], marker='o', label=row['省市'],
```

```python
        color='black', linewidth=1.5)

ax1.set_title("省级市场多维指标并行坐标图", pad=20,
fontweight='bold')
ax1.set_ylabel("归一化数值")
ax1.grid(True, linestyle='--', alpha=0.7)
ax1.legend(loc='upper left', bbox_to_anchor=(1, 1),
    frameon=False)


# 右图:雷达图
ax2 = fig.add_subplot(gs[1], polar=True)
angles = np.linspace(0, 2*np.pi, len(radar_features),
    endpoint=False).tolist()

# 雷达图样式增强
ax2.set_theta_offset(np.pi/2)
ax2.set_theta_direction(-1)
ax2.set_rgrids([0.2, 0.4, 0.6, 0.8],
    labels=['20%','40%','60%','80%'],
    angle=45, fontsize=10, color='grey', alpha=0.8)
ax2.set_ylim(0, 1)

# 绘制每个省市的雷达图
for idx, (values, province) in enumerate(zip(radar_
    values, province_data['省市'])):
    color = plt.cm.tab20(idx % 20)
    values = np.concatenate((values, [values[0]]))
    ax2.plot(angles + [angles[0]], values,
        color=color, linewidth=1.5,
        label=province, marker='o', markersize=4)
    ax2.fill(angles + [angles[0]], values,
        color=color, alpha=0.08)

# 雷达图标签
```

```
ax2.set_xticks(angles)
ax2.set_xticklabels(radar_features, fontsize=12,
    fontweight='bold')

plt.suptitle("2024年省级市场销售业绩多维分析",
    fontsize=18, fontweight='bold')
plt.tight_layout(pad=3)
plt.subplots_adjust(top=0.85)  # 调整上边距，使标题完整显示
plt.show()
```

以上代码使用Python中的Pandas、Matplotlib和Seaborn库对药物销售业绩数据进行了分析和可视化。首先，读取了一个Excel文件中的数据，并对数据进行了处理，计算了各省市的销售额、订单数量、客户数量和平均交易额。对这些指标进行归一化处理，以便进行多维比较。图形左侧展示了一个自定义的并行坐标图，其中每条曲线代表一个省份，不同的线型用于区分各省在多个指标上的表现；右侧则采用雷达图展示各省在销售额、订单数量、客户数量和平均交易额等指标上的得分，通过顶点与中心的连线形象反映数据分布。

将以上代码复制到PyCharm中运行，得到的并行坐标图和雷达图如图5.9所示。

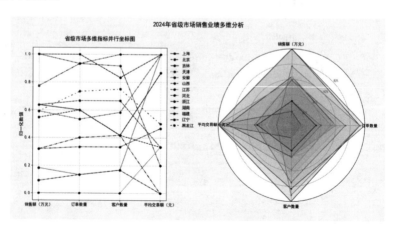

图5.9　并行坐标图和雷达图

从并行坐标图中可以看出，订单数量和销售额呈现一定的正相关关系，即订单数量越多，销售额越高，但存在一些离群点。从雷达图中可以看出，各省市在不同变量上的得分差异较大，其中上海和浙江在销售额、订单数量和客户数量三个变量上的得分较高，而辽宁和山西在平均交易额上的得分较高。这些结果可以帮助我们了解各省市的销售业绩情况，进而制定更有针对性的销售策略。

总之，使用 DeepSeek 可以轻松实现并行坐标图和雷达图。并行坐标图可以同时显示多个变量之间的关系，帮助我们快速了解不同因素之间的相互作用，而雷达图则可以方便地比较不同项目或方案在多个指标上的表现，帮助我们做出更加准确的决策。DeepSeek 不仅可以生成这些图表，还可以根据输入的数据和参数进行自定义设计和优化，让图表更加清晰、易读和美观。

5.2.3 使用 DeepSeek 创建树形图和层次图

树形图和层次图用于表示层次结构数据和组织结构数据。树形图以树形结构展示数据，每个节点表示一个类别或实体，边表示上下级关系；层次图则采用类似的方式，但更强调各层之间的联系和流动关系。通过使用 DeepSeek 创建树形图和层次图，用户可以直观地了解数据中的层次关系和组织结构。下面我们通过一个实例来理解树形图和层次图。

小王是某家电公司的市场部经理，负责分析公司的产品销售数据，并提出改进策略。现有一份销售数据，如表 5.9 所示。

表 5.9　家电销售数据

产品名称	产品类别	产品型号	销售渠道	销售数量	销售日期
电视	家电	A1	线上	120	2025-01-01
电视	家电	A1	线下	60	2025-01-01
冰箱	家电	B2	线上	220	2025-01-01
冰箱	家电	B2	线下	110	2025-01-01

续表

产品名称	产品类别	产品型号	销售渠道	销售数量	销售日期
空调	家电	C3	线上	180	2025-01-01
空调	家电	C3	线下	60	2025-01-01
洗衣机	家电	D4	线上	120	2025-01-01
洗衣机	家电	D4	线下	120	2025-01-01
电视	家电	A1	线上	240	2025-02-01
电视	家电	A1	线下	120	2025-02-01
冰箱	家电	B2	线上	180	2025-02-01
冰箱	家电	B2	线下	60	2025-02-01
空调	家电	C3	线上	240	2025-02-01
空调	家电	C3	线下	120	2025-02-01
洗衣机	家电	D4	线上	180	2025-02-01
洗衣机	家电	D4	线下	60	2025-02-01

与之前生成代码的方式不同，小王可以直接通过DeepSeek生成树形图和层次图，提示语如5-19所示。

5-19 生成树形图和层次图提示语

你是高级数据分析师，具备以下能力。

数据分析技能：具备深入理解数据的能力，能够对数据进行有效的解读和分析，并得出有价值的结论。

统计学知识：具备基本的统计学知识，能够运用统计学方法分析数据，进行数据建模和预测。

数据可视化：能够使用各种数据可视化工具将数据呈现出来，使数据更加易于理解和传达。

编程能力：具备编程技能，能够使用编程语言，如Python、R语言等，进行数据分析和处理。

业务理解能力：理解业务背景和目标，能够将数据分析结果与业务需求相结合，提供有实际意义的解决方案。

沟通和表达能力：能够清晰地表达数据分析结果，将复杂的数据分析结果转化为简洁明了的报告和演示文稿，与业务方进行有效的沟通。

创新能力：具备创新思维，能够寻找新的数据分析方法和技术，不断改进数据分析方法，提高数据分析效率和准确性。

我是某家电公司的市场部经理，负责分析公司的产品销售数据，并提出改进策略。现有一份销售数据，如附件"家电销售数据.xlsx"所示。

直接以Markdown的方式，输出上面数据的树形图和层次图。

Markdown中用##表示数据之间的层级关系

以代码块的格式输出。

DeepSeek根据需求，生成的树形图和层次图如5-20所示。

5-20　DeepSeek生成的树形图和层次图

树形图：
销售数据
 - 电视
   - 产品类别：家电
   - 产品型号：A1
   - 销售渠道
     - 线上
       - 销售数量：120 (2025-01-01)
       - 销售数量：240 (2025-02-01)
     - 线下
       - 销售数量：60 (2025-01-01)
       - 销售数量：120 (2025-02-01)
 - 冰箱

- 产品类别：家电
- 产品型号：B2
- 销售渠道
    - 线上
        - 销售数量：220 (2025-01-01)
        - 销售数量：180 (2025-02-01)
    - 线下
        - 销售数量：110 (2025-01-01)
        - 销售数量：60 (2025-02-01)
- 空调
    - 产品类别：家电
    - 产品型号：C3
    - 销售渠道
        - 线上
            - 销售数量：180 (2025-01-01)
            - 销售数量：240 (2025-02-01)
        - 线下
            - 销售数量：60 (2025-01-01)
            - 销售数量：120 (2025-02-01)
- 洗衣机
    - 产品类别：家电
    - 产品型号：D4
    - 销售渠道
        - 线上
            - 销售数量：120 (2025-01-01)
            - 销售数量：180 (2025-02-01)
        - 线下
            - 销售数量：120 (2025-01-01)
            - 销售数量：60 (2025-02-01)

层次图：

销售数据
- 电视
  - 产品类别：家电
  - 产品型号：A1
  - 销售渠道
    - 线上
      - 销售数量：120 (2025-01-01)
      - 销售数量：240 (2025-02-01)
    - 线下
      - 销售数量：60 (2025-01-01)
      - 销售数量：120 (2025-02-01)
- 冰箱
  - 产品类别：家电
  - 产品型号：B2
  - 销售渠道
    - 线上
      - 销售数量：220 (2025-01-01)
      - 销售数量：180 (2025-02-01)
    - 线下
      - 销售数量：110 (2025-01-01)
      - 销售数量：60 (2025-02-01)
- 空调
  - 产品类别：家电
  - 产品型号：C3
  - 销售渠道
    - 线上
      - 销售数量：180 (2025-01-01)
      - 销售数量：240 (2025-02-01)
    - 线下
      - 销售数量：60 (2025-01-01)

```
            - 销售数量: 120 (2025-02-01)
    - 洗衣机
        - 产品类别: 家电
        - 产品型号: D4
        - 销售渠道
            - 线上
                - 销售数量: 120 (2025-01-01)
                - 销售数量: 180 (2025-02-01)
            - 线下
                - 销售数量: 120 (2025-01-01)
                - 销售数量: 60 (2025-02-01)
```

通过思维导图软件,可以更好地可视化上面的树形图和层次图,如图 5.10 和图 5.11 所示。

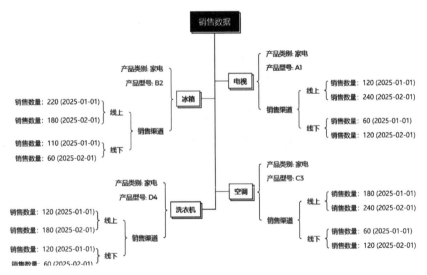

图 5.10　树形图

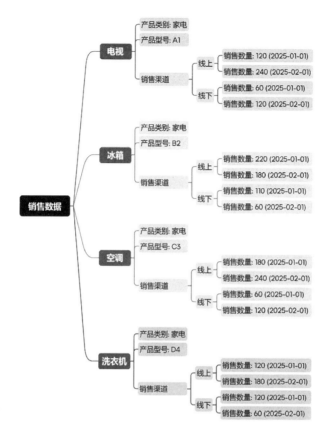

图 5.11　层次图

从上面的树形图和层次图，可以很清晰地看出该家电公司销售的数种产品（电视、冰箱、空调、洗衣机）的产品型号和在不同销售渠道（线上、线下）的销售情况。同时，销售数据中包括了每次销售的销售数量和日期，这些信息可以用来进一步分析产品销售的趋势和变化。基于这些数据，该公司可以针对不同产品和渠道制定相应的销售策略，提高产品销售量和市场占有率。

总之，使用DeepSeek可以轻松创建树形图和层次图。这种图形表示方法可以帮助我们更清晰地展示复杂的概念和关系，从而更好地理解和解释各种信息。在学术研究、商业分析、教育教学等领域都非常有用。

通过使用DeepSeek的自然语言处理功能，我们可以轻松地将文本数据转化为树形图或层次图，从而极大地简化我们的工作流程并提高工作效率。

5.3 小结

本章介绍了如何使用DeepSeek进行数据可视化，其中包括基本图表和高级数据可视化。在基本图表部分，我们学习了如何使用DeepSeek创建折线图、趋势图、柱状图、条形图、饼图、环形图、散点图和气泡图等。这些基本图表可以帮助我们更好地理解和展示数据的分布、趋势和关系。

在高级数据可视化部分，我们深入探讨了热力图、相关性图、并行坐标图、雷达图、树形图和层次图。这些高级数据可视化技术可以帮助我们更深入地挖掘数据背后的规律和关系，以及更直观地展示复杂的数据结构和关系。

通过本章的学习，读者可以了解如何使用DeepSeek进行数据可视化，掌握常用的基本图表和高级数据可视化技术，从而更好地展示和解读数据。

第6章
使用 DeepSeek 进行回归分析与预测建模

在当今数据驱动的时代,数据分析已经成为企业和组织获取竞争优势的关键因素。尽管市面上存在众多数据分析和机器学习工具,能够执行各种类型的回归分析和预测建模,但 DeepSeek 凭借其强大的自然语言处理和生成能力,为数据分析师提供了一种更直观且易于使用的方式来处理数据和构建模型。

本章将详细介绍如何使用 DeepSeek 进行回归分析与预测建模,重点涉及以下知识点。

- 使用 DeepSeek 实现线性回归、多项式回归、岭回归与套索回归。
- 使用 DeepSeek 构建神经网络预测模型,进行决策树和随机森林预测。

本章将逐一深入讲解上述知识点,为读者提供详细的理论背景和实际操作指南。通过学习本章的内容,读者将能够熟练地运用 DeepSeek 进行各种类型的回归分析和预测建模,从而为业务决策提供有力支持。

6.1 使用 DeepSeek 进行回归分析

回归分析是一种强大的统计方法,旨在研究自变量和因变量之间的关系。通过回归分析，我们可以预测和估计因变量的值，从而为业务决策提供有力支持。在本节中，我们将探讨如何使用DeepSeek进行各种类型的回归分析，包括线性回归、多项式回归、岭回归与套索回归。

6.1.1 使用 DeepSeek 实现线性回归

线性回归是一种基本的预测和分析方法，它试图建立因变量（响应变量）与一个或多个自变量（预测变量）之间的线性关系。线性回归有两种类型：简单线性回归和多元线性回归。简单线性回归涉及单一自变量，而多元线性回归则有多个自变量。线性回归的目标是找到一条线（对于多元线性回归是一个超平面），使这条线可以最大限度地拟合数据点。在这个过程中，线性回归试图最小化预测值与实际值之间的差异。这种差异通常通过平方误差或其他损失函数来度量。线性回归通过梯度下降等优化方法来求解最优参数。

对于简单线性回归，模型可以表示为

$$y = \beta_0 + \beta_1 x + \varepsilon$$

其中，y是因变量，x是自变量，β_0是截距项，β_1是斜率，ε是误差项。

对于多元线性回归，模型可以表示为

$$y = \beta_0 + \beta_1 x_1 + \beta_2 x_2 + \cdots + \beta_n x_n + \varepsilon$$

其中，$x_1, x_2, \cdots, x_n$是自变量，$\beta_1, \beta_2, \cdots, \beta_n$是各自变量的权重。

线性回归的目标是找到一组参数β，使预测值与实际值之间的平方误差之和最小，即最小化损失函数：

$$L(\beta) = \sum [y_i - (\beta_0 + \beta_1 x_1 + \beta_2 x_2 + \cdots + \beta_n x_n)]^2$$

线性回归广泛应用于各领域，包括经济学、金融、医学、社会科学等。具体的应用实例包括房价预测（根据房屋的面积、地段、装修等因素预测房屋的价格）、销售额预测（根据广告投入、产品特性、竞争对手等因素预测产品的销售额）、供应链管理（根据历史数据、市场需求等因素预测库存需求）及营销活动评估（评估不同的营销策略、渠道和预算对销售额的影响）等。

> **注意**：尽管线性回归是一种简单而强大的方法，但也有一定局限性。线性回归假定因变量和自变量之间存在线性关系，这在实际应用中并不总是成立。另外，线性回归可能受到异常值、多重共线性等问题的影响。

通过DeepSeek实现线性回归，可以快速而准确地预测连续型变量之间的关系。通过使用DeepSeek的线性回归模型，可以更加精确地预测未来趋势，并且可以快速地处理大量数据。下面我们通过一些实例来介绍如何使用DeepSeek实现线性回归。

Lisa是一家电子商务公司的数据分析师，她的目标是找出广告支出和销售额之间的关系，并建立一个线性回归模型来预测未来的销售额。现有一份广告支出销售额数据表，如表6.1所示。

表6.1 广告支出销售额　　　　　　　　　　单位（万元）

广告支出	销售额	广告支出	销售额
10.5	98.8	60.3	605.7
21.2	208.5	71.4	698.2
32.1	297.4	80.1	798.9
41.2	402.8	89.3	902.3
49.9	500.9	100.2	998.6

Lisa通过DeepSeek直接实现线性分析，提示语如6-1所示。

6-1 广告线性回归提示语

你是高级数据分析师，具备以下能力。

数据分析技能：具备深入理解数据的能力，能够对数据进行有效的解读和分析，并得出有价值的结论。

统计学知识：具备基本的统计学知识，能够运用统计学方法分析数据，进行数据建模和预测。

数据可视化：能够使用各种数据可视化工具将数据呈现出来，使数据更加易于理解和传达。

编程能力：具备编程技能，能够使用编程语言，如Python、R语言等，进行数据分析和处理。

业务理解能力：理解业务背景和目标，能够将数据分析结果与业务需求相结合，提供有实际意义的解决方案。

沟通和表达能力：能够清晰地表达数据分析结果，将复杂的数据分析结果转化为简洁明了的报告和演示文稿，与业务方进行有效的沟通。

创新能力：具备创新思维，能够寻找新的数据分析方法和技术，不断改进数据分析方法，提高数据分析效率和准确性。

我是一家电子商务公司的数据分析师，我要找出广告支出和销售额之间的关系，并建立一个线性回归模型来预测未来的销售额。

现有一份广告支出和销售数据表，保存在本地Excel中，如附件"广告支出销售额.xlsx"所示。

请你从专业的角度，构建一个线性分析的函数，对上面的数据进行处理，并绘制曲线。

同时，根据线性分析结果，若我的广告支出为200万元，销售额预计是多少？

直接以代码块的形式给我Python代码。

DeepSeek根据需求，生成的线性回归代码如6-2所示。

6-2　广告开支和销售额线性回归代码

```python
import pandas as pd
import numpy as np
import matplotlib.pyplot as plt
from sklearn.linear_model import LinearRegression

# 设置全局字体和样式
plt.rcParams.update({
    'font.sans-serif': 'Microsoft YaHei',
                                    # 使用微软雅黑字体
```

```python
    'axes.unicode_minus': False,  # 解决负号显示问题
    'font.size': 14,              # 全局字号
    'axes.titlesize': 16,         # 标题字号
    'axes.labelsize': 14,         # 坐标轴标签字号
    'xtick.labelsize': 12,        # x轴刻度字号
    'ytick.labelsize': 12         # y轴刻度字号
})

# 读取Excel数据
data = pd.read_excel('广告支出销售额.xlsx', sheet_name='Sheet1')

# 提取广告支出和销售额
X = data['广告支出(万元)'].values.reshape(-1, 1)
                                       # 广告支出作为特征
y = data['销售额(万元)'].values        # 销售额作为目标变量

# 创建线性回归模型并拟合数据
model = LinearRegression()
model.fit(X, y)

# 预测广告支出为200万元时的销售额
ad_spend_200 = np.array([[200]])
predicted_sales_200 = model.predict(ad_spend_200)

# 可视化
plt.figure(figsize=(8, 6))
plt.scatter(X, y, color='blue', label='实际销售额',
    s=100, alpha=0.7)              # 散点图
plt.plot(X, model.predict(X), color='red', label='线性回归拟合线', linewidth=2)  # 回归线
plt.title('广告支出与销售额的线性回归分析', fontsize=18)
plt.xlabel('广告支出(万元)', fontsize=14)
plt.ylabel('销售额(万元)', fontsize=14)
```

```
plt.legend(loc='upper left', fontsize=12)  # 添加图例
plt.grid(True, linestyle='--', alpha=0.6)  # 添加网格线
plt.tight_layout()    # 调整布局
plt.show()

# 输出预测结果
print(f"当广告支出为200万元时,预计销售额为:{predicted_
    sales_200[0]:.2f} 万元")
```

上述代码使用Python中的Pandas、Numpy、Matplotlib和Sklearn库来构建一个线性回归模型,以分析广告支出和销售额之间的关系,并预测未来的销售额。具体来说,代码首先读取一个名为"广告支出销售表"的Excel文件中的数据,将其转换为Pandas数据框,并使用Matplotlib库绘制散点图来展示广告支出和销售额之间的关系。然后,使用Sklearn库中的LinearRegression方法拟合线性回归模型,并使用该模型对未来的销售额进行预测。最后,使用Matplotlib库绘制线性回归模型的拟合曲线,并显示出广告支出为200万元时的预测销售额。

将上面的代码复制到PyCharm中运行,预测在广告支出为200万元时,销售额为2012.15万元,同时绘制的线性关系图如图6.1所示。

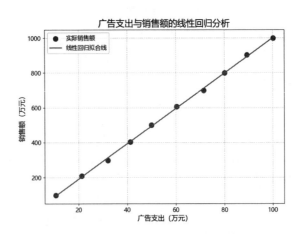

图6.1 广告支出与销售额的线性关系图

线性回归算法是一种用于建立和预测连续变量之间线性关系的机器学习算法。有几个通用的数据集可用于此算法,如Boston Housing、California Housing、Advertising、Diabetes和Wine Quality数据集。这些数据集具有良好的质量和线性关系,因此它们被广泛用于线性回归。以Boston Housing数据集为例,该数据集是一个经典的用于回归分析的数据集,其中包含了波士顿地区不同房屋的价格和其他相关信息,如犯罪率、税率等。该数据集由506个样本组成,其中包括404个训练样本和102个测试样本。

以下是Boston Housing数据集中的一些样本,每个样本包含13个特征(表6.2)和1个目标变量[MEDV,表示房屋的中位数价格(单位:千美元)]。

表6.2 Boston Housing数据集的特征

特征名称	描述
CRIM	城镇人均犯罪率
ZN	面积超过25000平方英尺的地块中住宅用地的比例
INDUS	城镇非零售商业用地比例
CHAS	查尔斯河虚拟变量(如果房屋位于河边则为1;否则为0)
NOX	一氧化氮浓度
RM	每个住宅的平均房间数
AGE	1940年以前建造的自用房屋比例
DIS	距离5个波士顿就业中心的加权距离
RAD	高速公路的可达性指数
TAX	每10000美元的全额物业税率
PTRATIO	城镇师生比例
B	$1000(Bk-0.63)^2$,其中Bk是城镇黑人的比例
LSTAT	低收入人口的比例

该数据集的部分数据如表6.3所示。

表6.3　Boston Housing 数据集的部分数据

CRIM	0.00632	0.02731	0.02729	0.03237
ZN	18	0	0	0
INDUS	2.31	7.07	7.07	2.18
CHAS	0	0	0	0
NOX	0.538	0.469	0.469	0.458
RM	6.575	6.421	7.185	6.998
AGE	65.2	78.9	61.1	45.8
DIS	4.09	4.9671	4.9671	6.0622
RAD	1	2	2	3
TAX	296	242	242	222
PTRATIO	15.3	17.8	17.8	18.7
B	396.9	396.9	392.83	394.63
LSTAT	4.98	9.14	4.03	—
MEDV	24	21.6	34.7	—

在进行线性回归分析时，我们应该选取与目标变量（房屋的中位数价格）最相关的特征来训练模型。因此，在Boston Housing数据集中，可以使用以下特征。

● RM：每个住宅的平均房间数。该特征与房屋价格的正相关关系最强，因此是进行线性回归分析的一个好选择。

● LSTAT：低收入人口的比例。该特征与房屋价格的负相关关系最强，因此也是进行线性回归分析的一个好选择。

● PTRATIO：城镇师生比例。该特征与房屋价格的负相关关系较强，也可以考虑将其包含在模型中。

● INDUS：城镇非零售商业用地比例。该特征与房屋价格的负相关关系较强,也可以考虑将其包含在模型中。

> [!] **说明:** 其他特征也可以作为候选特征来训练模型,但是它们与目标变量之间的相关性可能不如上述特征强,因此可能不是进行线性回归分析的最佳选择。

我们可以直接通过DeepSeek对这一通用数据集进行线性回归,提示语如6-3所示。

6-3 Boston Housing数据集的线性回归提示语

你是高级数据分析师,具备以下能力。

数据分析技能:具备深入理解数据的能力,能够对数据进行有效的解读和分析,并得出有价值的结论。

统计学知识:具备基本的统计学知识,能够运用统计学方法分析数据,进行数据建模和预测。

数据可视化:能够使用各种数据可视化工具将数据呈现出来,使数据更加易于理解和传达。

编程能力:具备编程技能,能够使用编程语言,如Python、R语言等,进行数据分析和处理。

业务理解能力:理解业务背景和目标,能够将数据分析结果与业务需求相结合,提供有实际意义的解决方案。

沟通和表达能力:能够清晰地表达数据分析结果,将复杂的数据分析结果转化为简洁明了的报告和演示文稿,与业务方进行有效的沟通。

创新能力:具备创新思维,能够寻找新的数据分析方法和技术,不断改进数据分析方法,提高数据分析效率和准确性。

请你从专业的角度,构建一个线性分析的函数,对Boston Housing数据集进行处理,并绘制曲线。

需要根据数据集中的"RM""LSTAT""PTRATIO""INDUS"这4个特征构建函数,绘图时需要将所有的图整合到一张图中。

直接以代码块的形式给我Python代码。

DeepSeek根据需求,生成的线性回归代码如6-4所示。

6-4　Boston Housing数据集的线性回归代码

```python
import pandas as pd
import numpy as np
import matplotlib.pyplot as plt
from sklearn.linear_model import LinearRegression

# 设置全局样式
plt.rcParams.update({
    'font.sans-serif': 'SimHei',       # 中文显示
    'axes.unicode_minus': False,       # 显示负号
    'font.size': 14,                   # 全局字号
    'axes.titlesize': 16,              # 标题字号
    'axes.labelsize': 14,              # 坐标轴标签字号
    'xtick.labelsize': 12,             # x轴刻度字号
    'ytick.labelsize': 12              # y轴刻度字号
})

# 从原始数据源加载波士顿房价数据集
data_url = "http://lib.stat.cmu.edu/datasets/boston"
# 读取数据（跳过前22行的描述信息）
raw_df = pd.read_csv(data_url, sep="\s+", skiprows=22, header=None)

# 根据原数据集格式处理数据
# 前一半行包含数据的前13列，后一半行包含剩余的第14列（目标
# 值）和其他无关信息
data = np.hstack([raw_df.values[::2, :], raw_df.values[1::2, :2]])
target = raw_df.values[1::2, 2]

# 定义波士顿数据集的特征名称（共13个特征）
columns = [
    "CRIM", "ZN", "INDUS", "CHAS", "NOX", "RM",
    "AGE", "DIS", "RAD", "TAX", "PTRATIO", "B", "LSTAT"
```

```python
]

# 构造DataFrame
boston_df = pd.DataFrame(data, columns=columns)
boston_df['MEDV'] = target

# 提取特征变量和目标变量(选取4个特征:RM、LSTAT、AGE、PTRATIO)
X = boston_df[['RM', 'LSTAT', 'AGE', 'PTRATIO']]
y = boston_df['MEDV']

# 建立线性回归模型并拟合数据
model = LinearRegression()
model.fit(X, y)

# 输出模型系数和截距
print('模型系数: \n', model.coef_)
print('截距: \n', model.intercept_)

# 绘制预测值与实际值的散点图及理想回归线
plt.figure(figsize=(8, 6))
plt.scatter(y, model.predict(X), color='green', alpha=0.6)
plt.plot([0, 50], [0, 50], color='red', linestyle='--', linewidth=2)

# 设置用于填充区域的数值范围
x_vals = np.array([0, 50])
y_lower = x_vals - 5
y_upper = x_vals + 5
plt.fill_between(x_vals, y_lower, y_upper, color='blue', alpha=0.1)

y_lower2 = x_vals - 10
y_upper2 = x_vals + 10
```

```
plt.fill_between(x_vals, y_lower2, y_upper2,
color='yellow', alpha=0.1)

plt.xlim([0, 50])
plt.ylim([0, 50])
plt.xlabel('实际房价(千美元)', fontsize=12)
plt.ylabel('预测房价(千美元)', fontsize=12)
plt.title('波士顿房价的线性回归分析', fontsize=14)

# 展示图像
plt.show()
```

上述代码通过加载Boston Housing数据集,提取了其中的4个特征(每个住宅的平均房间数,低收入人口的比例,城镇师生比例和城镇非零售商业用地比例),然后使用线性回归模型拟合了这些特征与房屋的中位数价格之间的关系。接着,代码绘制了预测值与实际值的散点图,突出显示了线性回归模型的准确性,并使用灰色区域显示了预测值可能存在的误差范围。最后,代码展示了这个图形。

将上述代码复制到PyCharm中运行,得到的线性回归图如图6.2所示。

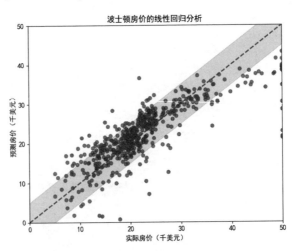

图6.2 波士顿房价的线性回归分析散点图

从上面的线性回归图中可以看出，预测值与实际值的散点分布在一条近似的直线上，这表明线性回归模型能够比较准确地预测房价。此外，由于灰色区域较小，说明预测值的误差范围较小，这进一步验证了模型的准确性。

综上所述，使用 DeepSeek 实现线性回归是一种快速且高效的方法。线性回归是一种基本的机器学习算法，常被用于预测和建模。在实践中，使用线性回归需要对数据进行预处理和特征工程，这些过程需要消耗大量的时间和精力。使用 DeepSeek 可以简化这个过程，从而使线性回归更加容易实现。

6.1.2 使用 DeepSeek 实现多项式回归

多项式回归是线性回归的扩展，它允许因变量与自变量之间存在非线性关系。多项式回归通过引入自变量的高次项来拟合数据，从而能够捕捉到数据中的非线性关系。多项式回归模型可以表示为

$$y = \beta_0 + \beta_1 x + \beta_2 x^2 + \cdots + \beta_n x^n + \varepsilon$$

其中，y 是因变量，x 是自变量，$\beta_0, \beta_1, \cdots, \beta_n$ 是各项的系数，ε 是误差项。

多项式回归的目标是找到一组参数 β，使预测值与实际值之间的平方误差之和最小，即最小化损失函数

$$L(\beta) = \sum [y - (\beta_0 + \beta_1 x + \beta_2 x^2 + \cdots + \beta_n x^n)]^2$$

其中，$L(\beta)$ 表示损失函数，y 表示实际值，x 表示自变量，$\beta_0, \beta_1, \cdots, \beta_n$ 表示各项的系数。

同样地，多项式回归也可以广泛应用于各种领域，包括经济学、金融、医学、社会科学等。它可以用于房价预测、销售额预测、供应链管理、营销活动评估等场景，特别是在因变量和自变量之间存在非线性关系的情况下。

通过 DeepSeek 实现多项式回归，可以更好地捕捉非线性关系，从而提高预测的准确性。下面我们通过一个实例来介绍如何使用 DeepSeek 实

现多项式回归。

Tom是一家汽车制造公司的数据分析师,他的目标是研究汽车行驶里程和油耗之间的关系,并建立一个多项式回归模型来预测未来的油耗。现有一份汽车里程油耗数据表,如表6.4所示。

表6.4 汽车里程油耗表

里程(千米)	油耗(升)	里程(千米)	油耗(升)
100	5.5	600	32.5
200	9.1	700	41.2
300	13.2	800	51.0
400	18.5	900	61.9
500	24.9	1000	74.0

因为里程和油耗之间的关系不是简单的线性关系,而是更复杂的曲线关系,Tom使用DeepSeek实现多项式回归,提示语如6-5所示。

6-5 汽车油耗多项式回归提示语

你是高级数据分析师,具备以下能力。

数据分析技能:具备深入理解数据的能力,能够对数据进行有效的解读和分析,并得出有价值的结论。

统计学知识:具备基本的统计学知识,能够运用统计学方法分析数据,进行数据建模和预测。

数据可视化:能够使用各种数据可视化工具将数据呈现出来,使数据更加易于理解和传达。

编程能力:具备编程技能,能够使用编程语言,如Python、R语言等,进行数据分析和处理。

业务理解能力:理解业务背景和目标,能够将数据分析结果与业务需求相结合,提供有实际意义的解决方案。

沟通和表达能力:能够清晰地表达数据分析结果,将复杂的数据分析结果转化为简洁明了的报告和演示文稿，与业务方进行有效的沟通。

创新能力：具备创新思维，能够寻找新的数据分析方法和技术，不断改进数据分析方法，提高数据分析效率和准确性。

我是一家汽车制造公司的数据分析师，我的目标是研究汽车行驶里程和油耗之间的关系，并建立一个多项式回归模型来预测未来的油耗。

现有一份汽车里程油耗数据，被保存在本地Excel文件中，名为"汽车里程油耗表"。

请你从专业的角度，构建一个多项式分析的函数，对上面的数据进行处理，并绘制曲线。

直接以代码块的形式给我Python代码。

DeepSeek根据需求，生成的多项式回归代码如6-6所示。

6-6 汽车油耗多项式回归代码

```python
import pandas as pd
import numpy as np
import matplotlib.pyplot as plt
from sklearn.preprocessing import PolynomialFeatures
from sklearn.linear_model import LinearRegression

# 设置全局样式
plt.rcParams.update({
    'font.sans-serif': 'SimHei',        # 中文显示
    'axes.unicode_minus': False,        # 显示负号
    'font.size': 14,                    # 全局字号
    'axes.titlesize': 16,               # 标题字号
    'axes.labelsize': 14,               # 坐标轴标签字号
    'xtick.labelsize': 12,              # x轴刻度字号
    'ytick.labelsize': 12               # y轴刻度字号
})

# 读取数据
data = pd.read_excel('汽车里程油耗表.xlsx', sheet_
```

```python
                name='Sheet1')

# 提取里程和油耗数据
X = data['里程（千米）'].values.reshape(-1, 1)
y = data['油耗（升）'].values

# 多项式回归模型
poly = PolynomialFeatures(degree=2)
X_poly = poly.fit_transform(X)

# 拟合模型
model = LinearRegression()
model.fit(X_poly, y)

# 预测
y_pred = model.predict(X_poly)

# 可视化
plt.figure(figsize=(8, 6))
plt.scatter(X, y, color='blue', label='实际油耗')
plt.plot(X, y_pred, color='red', label='预测油耗')
plt.title('汽车里程与油耗关系')
plt.xlabel('里程（千米）')
plt.ylabel('油耗（升）')
plt.legend()
plt.grid(True)
plt.show()
```

以上代码使用Pandas库读取本地Excel文件并提取特征和目标变量，然后利用Sklearn库中的PolynomialFeatures和LinearRegression方法对数据进行多项式回归模型的训练和预测，最后使用Matplotlib库绘制多项式回归曲线并添加中文标签，可视化汽车行驶里程和油耗之间的关系，并对未来油耗进行预测。

将以上代码复制到PyCharm中运行，得到的汽车里程与油耗关系的多项式回归曲线如图 6.3 所示。

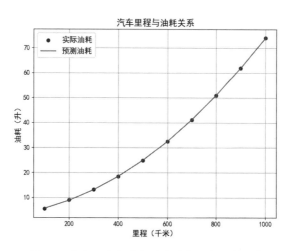

图 6.3 汽车里程与油耗关系的多项式回归曲线

从上面的多项式回归图可以看出，随着里程的增加，油耗呈非线性增长的趋势。多项式回归模型能够较好地拟合数据，我们可以看出预测值与实际值较为接近，这表明里程与油耗之间存在明显的相关性，我们可以通过该模型对未来油耗进行有效预测。

> **注意：** 多项式回归模型可以在一定程度上减少拟合误差，但如果多项式次数过高，模型可能会过度拟合数据，导致泛化能力降低。因此，在使用多项式回归模型时，需要根据实际情况选择适当的多项式次数，以保证模型的预测能力和泛化能力。

多项式回归是一种用于建立和预测非线性关系的机器学习算法。机器学习工具和竞赛平台通常会提供一些预处理过的数据集，其中一些适合使用多项式回归进行建模。例如，Boston Housing、California Housing、Wine Quality 和 Bike Sharing 数据集都涉及具有一定非线性关系的特征。此外，House Prices: Advanced Regression Techniques 竞赛数据集也可以使用多项式回归进行建模。这些数据集的建模可以帮助开发者和数据科学家实现更准确的预测和分析。

其中,Wine Quality数据集是一个关于红葡萄酒和白葡萄酒的化学性质和品质评分的数据集。该数据集包含了各种化学性质的测量值,如酒精度数、挥发性酸度、柠檬酸含量、残糖含量等,并且每种葡萄酒都有一个0到10的品质评分。数据集包含了1599个红葡萄酒和4898个白葡萄酒样本,共计6497个样本。该数据集的特征如表6.5所示。

表6.5 Wine Quality数据集的特征

特征名称	特征描述
固定酸度	葡萄酒中的非挥发性酸的含量,主要包括酒石酸和苹果酸
挥发性酸度	葡萄酒中挥发性酸的含量,主要是乙酸,过高的含量可能会导致酒的口感不佳
柠檬酸含量	葡萄酒中柠檬酸的含量,柠檬酸可以增加酒的鲜味和色泽
残糖含量	葡萄酒发酵过程中未被酵母转化为酒精的糖分
氯化物含量	葡萄酒中氯化物的含量,主要来源于酒的生产过程中添加的盐
游离二氧化硫含量	葡萄酒中未与其他分子结合的二氧化硫的含量,二氧化硫主要用于抑制微生物的生长和防止葡萄酒的氧化
总二氧化硫含量	葡萄酒中游离二氧化硫和结合二氧化硫的总含量,其含量过高可能会影响葡萄酒的口感和质量
密度	葡萄酒的密度,一般与酒的酒精度和糖分含量有关
pH值	葡萄酒的酸碱度,一般来说,葡萄酒的pH值在3.0~4.0
硫酸盐含量	葡萄酒中硫酸盐的含量,硫酸盐有助于防止葡萄酒的氧化和微生物的生长
酒精度	葡萄酒中酒精的含量,一般用度数表示
品质评分	葡萄酒的品质评分,一般是由专家根据葡萄酒的色泽、香气、口感等多个因素评定的,评分范围是0~10
葡萄酒类型	表示葡萄酒的种类,0表示红葡萄酒,1表示白葡萄酒

Wine Quality 数据集的部分数据如表 6.6 所示。

表6.6 Wine Quality 数据集的部分数据

固定酸度	挥发性酸度	柠檬酸含量	残糖含量	氯化物含量	游离二氧化硫含量	总二氧化硫含量	密度	pH值	硫酸盐含量	酒精度	品质评分	葡萄酒类型
7.4	0.70	0.00	1.9	0.076	11.0	34.0	0.9978	3.51	0.56	9.4	5	0
7.8	0.88	0.00	2.6	0.098	25.0	67.0	0.9968	3.20	0.68	9.8	5	0
7.8	0.76	0.04	2.3	0.092	15.0	54.0	0.9970	3.26	0.65	9.8	5	0
11.2	0.28	0.56	1.9	0.075	17.0	60.0	0.9980	3.16	0.58	9.8	6	0
7.4	0.70	0.00	1.9	0.076	11.0	34.0	0.9978	3.51	0.56	9.4	5	0
6.2	0.88	0.00	1.6	0.065	15.0	59.0	0.9943	3.58	0.52	9.8	5	0

每一行表示一个葡萄酒样本，其中包含了该样本的各项化学性质和品质评分。

通过 DeepSeek 对以上数据进行多项式回归，提示语如 6-7 所示。

6-7 Wine Quality 数据集的多项式回归提示语

你是高级数据分析师，具备以下能力。

数据分析技能：具备深入理解数据的能力，能够对数据进行有效的解读和分析，并得出有价值的结论。

统计学知识：具备基本的统计学知识，能够运用统计学方法分析数据，进行数据建模和预测。

数据可视化：能够使用各种数据可视化工具将数据呈现出来，使数据更加易于理解和传达。

编程能力：具备编程技能，能够使用编程语言，如Python、R语言等，进行数据分析和处理。

业务理解能力：理解业务背景和目标，能够将数据分析结果与业务需求相结合，提供有实际意义的解决方案。

沟通和表达能力：能够清晰地表达数据分析结果，将复杂的数据分析结果转化为简洁明了的报告和演示文稿,与业务方进行有效的沟通。

创新能力:具备创新思维,能够寻找新的数据分析方法和技术,不断改进数据分析方法,提高数据分析效率和准确性。

请你从专业的角度,构建一个多项式回归分析的函数,对Wine Quality数据集进行处理,并绘制曲线。

绘图时需要将所有的图整合到一张图中,直接以代码块的形式给我Python代码。

DeepSeek根据需求,生成的多项式回归代码如6-8所示。

6-8 Wine Quality数据集的多项式回归代码

```python
import pandas as pd
import numpy as np
import matplotlib.pyplot as plt
from sklearn.model_selection import train_test_split
from sklearn.preprocessing import PolynomialFeatures
from sklearn.linear_model import LinearRegression
from sklearn.metrics import mean_squared_error

# 设置全局字体配置
plt.rcParams.update({
    'font.sans-serif': 'SimHei',    # 中文显示
    'axes.unicode_minus': False,    # 负号显示
    'font.size': 14,
    'axes.titlesize': 16,
    'axes.labelsize': 14,
    'xtick.labelsize': 12,
    'ytick.labelsize': 12
})

# 读取数据
data = pd.read_csv('winequality-red.csv', sep=';')
```

```python
# 选择特征和目标变量
X = data[['alcohol']]   # 以酒精含量为例
y = data['quality']

# 划分训练集和测试集
X_train, X_test, y_train, y_test = train_test_
    split(X, y, test_size=0.2, random_state=42)

# 多项式回归
degrees = [1, 2, 3, 4]   # 不同多项式次数
plt.figure(figsize=(12, 8))

for i, degree in enumerate(degrees):
    poly_features = PolynomialFeatures(degree=degree)
    X_train_poly = poly_features.fit_transform(X_train)
    X_test_poly = poly_features.transform(X_test)
    
    model = LinearRegression()
    model.fit(X_train_poly, y_train)
    
    y_train_pred = model.predict(X_train_poly)
    y_test_pred = model.predict(X_test_poly)
    
    train_error = mean_squared_error(y_train,
        y_train_pred)
    test_error = mean_squared_error(y_test,
        y_test_pred)
    
    # 可视化
    plt.subplot(2, 2, i + 1)
    plt.scatter(X_train, y_train, color='blue',
        label='训练数据')
    plt.scatter(X_test, y_test, color='red', label=
        '测试数据')
    plt.plot(np.sort(X_train.values, axis=0), model.
```

```
            predict(poly_features.transform(np.sort(X_
               train.values, axis=0))), color='green',
               label=f'{degree}次多项式')
    plt.title(f'{degree}次多项式回归 (训练误差: {train_
        error:.2f}, 测试误差: {test_error:.2f})')
    plt.xlabel('酒精含量')
    plt.ylabel('葡萄酒质量')
    plt.legend()

plt.tight_layout()
plt.show()
```

上面的代码首先读取了Wine Quality数据集，选择了酒精含量作为特征，葡萄酒质量作为目标变量。接着，将数据划分为训练集和测试集，并使用不同次数的多项式回归模型进行拟合，并通过可视化展示了不同多项式次数下的回归曲线，计算了训练误差和测试误差。最后，所有结果被整合到一张图中，便于比较不同模型的拟合效果。

将以上代码复制到PyCharm中运行，得到的多项式拟合曲线如图6.4所示。

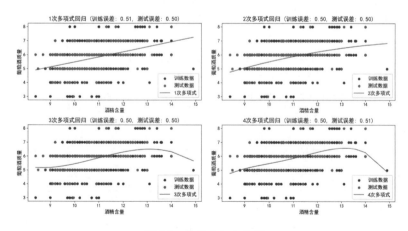

图6.4　多项式拟合曲线

根据结果分析，随着多项式次数的增加，模型的拟合能力逐渐增强，训练误差逐渐减小。然而，当多项式次数过高时，测试误差开始增大，这表明模型出现了过拟合现象。因此，选择适当的多项式次数对于模型的泛化能力至关重要。在这个数据集中，2次或3次多项式回归可能是一个较好的选择，既能较好地拟合数据，又能避免过拟合。

综上所述，使用DeepSeek进行多项式回归是一种高效、准确的方法。多项式回归是一种常用的数据拟合方法，可以用来预测连续变量之间的关系。它的原理是将数据拟合到一个多项式方程中，通过选择合适的多项式次数可以逐渐逼近真实函数的形状。使用DeepSeek进行多项式回归，可以通过输入数据集和所需预测的变量，自动拟合多项式方程，并输出预测结果。相比传统的手动选择多项式次数和系数的方法，使用DeepSeek可以大大提高拟合的准确性和效率，同时减少了人为误差。

6.1.3 使用DeepSeek实现岭回归与套索回归

岭回归（Ridge Regression）和套索回归（Lasso Regression）是两种用于解决线性回归中多重共线性问题的正则化方法。多重共线性是指自变量之间存在较高的相关性，这可能导致线性回归模型的不稳定和过拟合。通过加入正则化项，岭回归和套索回归可以降低模型的复杂度，提高预测准确性。

岭回归在损失函数中加入L2正则化项，即

$$L(\beta) = \sum [y - (\beta_0 + \beta_1 x_1 + \beta_2 x_2 + \cdots + \beta_n x_n)]^2 + \lambda \sum (\beta_i^2)$$

其中，$L(\beta)$表示损失函数；y表示实际值；$x_1, x_2, \cdots, x_n$表示自变量；$\beta_0, \beta_1, \cdots, \beta_n$表示各项的系数；$\lambda$是正则化参数，用于控制正则化项的强度。

套索回归在损失函数中加入L1正则化项，即

$$L(\beta) = \sum [y - (\beta_0 + \beta_1 x_1 + \beta_2 x_2 + \cdots + \beta_n x_n)]^2 + \lambda \sum |\beta_i|$$

与岭回归类似，$L(\beta)$表示损失函数，y表示实际值，$x_1, x_2, \cdots, x_n$表示自变量，$\beta_0, \beta_1, \cdots, \beta_n$表示各项的系数，$\lambda$是正则化参数。

下面我们通过一个实例来介绍如何使用DeepSeek实现岭回归与套索回归。

Lucy是一家房地产公司的数据分析师。她的目标是研究房价与各种因素（如面积、地段、交通、学区等）之间的关系，并建立一个岭回归与套索回归模型来预测未来的房价。现有一份房价和各因素的数据表，如表6.7所示。

表6.7 房屋信息表

房屋ID	面积（平方米）	房间数量	卫生间数量	地段评分	交通评分	学区评分	房价（万元）
1	121	3	2	6	6	9	506
2	91	2	1	6	7	7	365
3	150	4	3	10	7	9	828
4	111	3	2	8	8	6	437
5	102	2	2	7	7	8	479
6	129	3	2	5	6	5	408
7	96	2	1	4	4	6	290
8	141	4	3	10	10	9	734
9	160	4	3	8	8	8	698
10	85	2	1	5	6	7	327

因为以上数据之间的关系不是简单的线性关系，而是更复杂的曲线关系，Lucy使用DeepSeek实现岭回归与套索回归，提示语如6-9所示。

6-9 房屋销售岭回归与套索回归提示语

你是高级数据分析师，具备以下能力。

数据分析技能：具备深入理解数据的能力，能够对数据进行有效的解读和分析，并得出有价值的结论。

统计学知识：具备基本的统计学知识，能够运用统计学方法分析数据，进行数据建模和预测。

数据可视化：能够使用各种数据可视化工具将数据呈现出来，使数据更加易于理解和传达。

编程能力：具备编程技能，能够使用编程语言，如Python、R语言等，进行数据分析和处理。

业务理解能力：理解业务背景和目标，能够将数据分析结果与业务需求相结合，提供有实际意义的解决方案。

沟通和表达能力：能够清晰地表达数据分析结果，将复杂的数据分析结果转化为简洁明了的报告和演示文稿，与业务方进行有效的沟通。

创新能力：具备创新思维，能够寻找新的数据分析方法和技术，不断改进数据分析方法，提高数据分析效率和准确性。

我是一家房地产公司的数据分析师。我的目标是研究房价与各种因素（如面积、地段、交通、学区等）之间的关系，并建立一个岭回归与套索回归模型来预测未来的房价。

现有一份房价和各因素的数据，被保存在本地Excel中，名为"房屋信息表"。

请你从专业的角度，对该数据做岭回归和套索回归，并且绘制拟合曲线，要求将所有的子图放在同一个图中。

直接以代码块的形式给我Python代码。

DeepSeek根据需求，生成的岭回归与套索回归代码如6-10所示。

6-10　房屋岭回归与套索回归代码

```python
import pandas as pd
import numpy as np
import matplotlib.pyplot as plt
from sklearn.linear_model import Ridge, Lasso
from sklearn.preprocessing import StandardScaler
from sklearn.metrics import mean_squared_error
from matplotlib.font_manager import FontProperties

# 设置中文字体
```

```python
font = FontProperties(fname='C:/Windows/Fonts/msyh.
    ttc', size=14)

# 从Excel中读取数据
data = pd.read_excel("房屋信息表.xlsx")

# 提取特征和目标变量
X = data[['面积(平方米)', '房间数量', '卫生间数量',
    '地段评分', '交通评分', '学区评分']]
y = data['房价(万元)']

# 数据预处理
scaler = StandardScaler()
X_scaled = scaler.fit_transform(X)

# 创建岭回归和套索回归模型
ridge = Ridge(alpha=1.0)
lasso = Lasso(alpha=1.0)

# 训练模型
ridge.fit(X_scaled, y)
lasso.fit(X_scaled, y)

# 预测
y_pred_ridge = ridge.predict(X_scaled)
y_pred_lasso = lasso.predict(X_scaled)

# 计算均方误差(MSE)
mse_ridge = mean_squared_error(y, y_pred_ridge)
mse_lasso = mean_squared_error(y, y_pred_lasso)

# 创建子图
fig, (ax1, ax2) = plt.subplots(1, 2, figsize=(14, 6))
```

```python
# 设置全局样式
plt.rcParams.update({
    'font.size': 14,
    'axes.titlesize': 16,
    'axes.labelsize': 14,
    'xtick.labelsize': 12,
    'ytick.labelsize': 12,
    'grid.color': 'gray',
    'grid.linestyle': '--',
    'grid.alpha': 0.5
})

# 绘制岭回归实际房价与预测房价的关系图
ax1.scatter(y, y_pred_ridge, color='blue',
    alpha=0.7, edgecolor='black', s=80)
ax1.plot([y.min(), y.max()], [y.min(), y.max()],
    'k--', lw=2, label='理想拟合线')
ax1.set_title(f'岭回归 (MSE={mse_ridge:.2f})',
    fontproperties=font)
ax1.set_xlabel('实际房价(万元)', fontproperties=font)
ax1.set_ylabel('预测房价(万元)', fontproperties=font)
ax1.grid(True)
ax1.legend(prop=font)

# 绘制套索回归实际房价与预测房价的关系图
ax2.scatter(y, y_pred_lasso, color='red', alpha=0.7,
    edgecolor='black', s=80)
ax2.plot([y.min(), y.max()], [y.min(), y.max()],
    'k--', lw=2, label='理想拟合线')
ax2.set_title(f'套索回归 (MSE={mse_lasso:.2f})',
    fontproperties=font)
ax2.set_xlabel('实际房价(万元)', fontproperties=font)
ax2.set_ylabel('预测房价(万元)', fontproperties=font)
ax2.grid(True)
```

```
ax2.legend(prop=font)

# 调整子图间距
plt.subplots_adjust(wspace=0.3)

# 显示图像
plt.show()
```

这段代码使用了岭回归和套索回归模型对房屋信息表中的特征进行训练，预测并计算了均方误差（MSE）。首先，读取了Excel中的数据，提取了特征和目标变量。其次，进行了数据预处理，使用标准缩放对特征进行标准化处理。再次，创建了岭回归和套索回归模型，并训练模型，预测并计算了均方误差。最后，绘制了两幅子图，分别展示了岭回归和套索回归实际房价与预测房价的关系图，并在图中标注了均方误差的值。

将以上代码复制到PyCharm中运行，由于数据集中有多个特征，我们无法直接绘制拟合曲线，所以我们可以展示实际房价与预测房价之间的关系图，如图6.5所示。

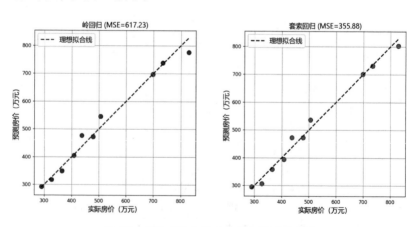

图6.5　实际房价与预测房价之间的关系图

通过岭回归与套索回归图，我们可以观察到实际房价与预测房价之间的关系，并通过比较两种模型的均方误差来评估它们的预测性能。

> **说明：** 在这个例子中，我们没有进行训练集和测试集的划分，因此可能会出现过拟合的情况。为了得到更可靠的结论，建议对数据进行训练集和测试集的划分，并使用交叉验证来选择最佳的超参数。

岭回归和套索回归可以减少模型复杂度和过拟合风险，从而提高模型的泛化能力和预测性能。适合岭回归和套索回归的通用数据集应该是具有多个特征变量的、可能存在共线性或相关性的高维数据集，如房价预测、股票价格预测、推荐系统、自然语言处理等领域的数据集，都适合使用岭回归和套索回归进行建模。

综上所述，利用 DeepSeek 实现岭回归与套索回归可以有效地解决回归分析中存在的过拟合和多重共线性问题。岭回归通过引入 L2 正则化项来控制模型复杂度，而套索回归则通过引入 L1 正则化项同时进行特征选择和参数估计。DeepSeek 在数据处理和模型训练方面具有高效、灵活和自适应的优势，为岭回归和套索回归的实现提供了有力支持。

除了线性回归、多项式回归、岭回归和套索回归，还有如下许多其他常见的回归算法。

- 梯度提升回归：利用多个弱分类器来进行预测，并通过迭代的方式来不断改进预测精度。
- 弹性网络回归：结合了 L1 和 L2 正则化项的线性回归算法，既可以进行特征选择，又可以控制模型复杂度。
- K-近邻回归：找到输入特征空间中与待预测点最近的 k 个邻居，利用它们的输出值来进行预测。
- 贝叶斯回归：基于贝叶斯定理进行回归分析，可以处理多个输入特征和噪声的情况。
- 高斯过程回归：通过对数据进行高斯分布建模来进行回归分析，可以处理小样本和非线性问题。
- 支持向量回归：基于支持向量机的思想进行回归分析，可以处理高维数据和非线性问题。

利用 DeepSeek 实现以上算法的方法类似于前面介绍的方法，可以利用DeepSeek进行数据预处理、模型训练和预测等步骤。同时，利用DeepSeek可以更加高效地实现算法的优化和调参等操作，提高算法的预测精度和稳定性。关于这部分内容，本节不再赘述，感兴趣的读者可以自行尝试。

6.2 使用 DeepSeek 进行预测建模

除了回归分析，预测建模也是数据分析中常见的任务之一。预测建模旨在通过历史数据来预测未来的趋势和结果。在本节中，我们将介绍如何使用DeepSeek进行预测建模，包括神经网络预测模型、决策树和随机森林预测。

6.2.1 使用 DeepSeek 构建神经网络预测模型

神经网络（Neural Networks）是一种基于人工神经元的计算模型，用于机器学习和深度学习任务。其基本原理是通过模拟神经元之间的连接和信息传递，实现输入数据到输出数据的映射。神经网络由多个层次组成，每个层次包含多个神经，如图6.6所示。每个神经元接收输入数据，执行一些数学运算，然后将结果传递给下一层神经元。训练神经网络的过程就是通过调整每个神经元之间的连接权重，使网络的输出结果能够与标准答案尽可能的接近。

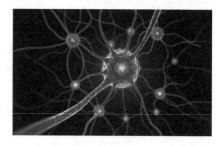

图6.6　神经网络

一个典型的神经网络包含输入层、隐藏层和输出层。这里我们以一个单一隐藏层的神经网络为例，给出它的公式和简单推导过程。

1. 神经元激活

设输入向量为 x,权重矩阵为 W_1,偏置向量为 b_1,激活函数为 f,隐藏层输出值为 h:

$$h = f\left(W_1 \cdot x + b_1\right)$$

2. 输出层计算

设输出层权重矩阵为 W_2,偏置向量为 b_2,激活函数为 g,输出值为 $\hat{y}$:

$$\hat{y} = g\left(W_2 \cdot h + b_2\right)$$

常用的激活函数有 Sigmoid、tanh、ReLU 等。

3. 损失函数

设损失函数为 L,真实值为 y:

$$L(y, \hat{y})$$

4. 反向传播与参数更新

计算损失函数关于权重矩阵和偏置向量的梯度,使用梯度下降法更新权重和偏置:

$$W_1 = W_1 - \eta \cdot \frac{\partial L}{\partial W_1}$$

$$b_1 = b_1 - \eta \cdot \frac{\partial L}{\partial b_1}$$

$$W_2 = W_2 - \eta \cdot \frac{\partial L}{\partial W_2}$$

$$b_2 = b_2 - \eta \cdot \frac{\partial L}{\partial b_2}$$

其中,η 是学习率。这个过程在训练数据上迭代进行,直至收敛。

对于回归预测任务,我们可以使用神经网络来预测连续变量的值。下面我们通过一个实例来介绍如何使用 DeepSeek 构建神经网络预测模型。

适合神经网络回归的通用数据集因任务而异。在选择数据集时,需要考虑数据量、数据分布、数据质量和数据标签等因素。数据集应具有足够的样本数量和多样性，以使神经网络能够从数据中学习到泛化模式。同时，数据集也应该具有代表性，以覆盖整个输入空间，防止神经网络出现过拟合的问题。此外，数据集应该是经过仔细筛选和清理的，避免低质量的数据影响神经网络性能，并且应该有准确的标签或目标值，以便神经网络可以进行监督学习。具体的选择取决于特定的应用场景。以下是适合神经网络回归的一些通用数据集。

（1）Boston Housing 数据集：用于回归问题，包含506个样本，13个输入特征和1个连续的目标变量。

（2）Energy Efficiency 数据集：用于回归问题，包含768个样本，8个输入特征和2个连续的目标变量。

（3）Concrete Compressive Strength 数据集：用于回归问题，包含1030个样本，8个输入特征和1个连续的目标变量。

（4）Air Quality 数据集：用于回归问题，包含9358个样本，14个输入特征和2个连续的目标变量。

（5）Wine Quality 数据集：用于回归问题，包含1599个样本，11个输入特征和1个连续的目标变量。

（6）Abalone 数据集：用于回归问题，包含4177个样本，8个输入特征和1个连续的目标变量。

以 Abalone 数据集为例，该数据集的目标是预测鲍鱼的年龄，根据8个特征对其进行回归分析，其特征如表6.8所示。

表6.8 Abalone 数据集的特征

特征名称	描述	特征名称	描述
性别	鲍鱼的性别	去壳重量	去除壳后的重量（克）
长度	壳长度（毫米）	脏器重量	内脏重量（克）
直径	壳直径（毫米）	壳重	壳的重量（克）
高度	壳高度（毫米）	年龄	鲍鱼的年龄（年）
整体重量	鲍鱼全身的重量（克）	—	—

该数据集的部分数据如表6.9所示。

表6.9 Abalone数据集的部分数据

性别	长度(毫米)	直径(毫米)	高度(毫米)	整体重量(克)	去壳重量(克)	脏器重量(克)	壳重(克)	年龄(年)
雄	0.455	0.365	0.095	0.514	0.2245	0.101	0.15	15
雄	0.35	0.265	0.09	0.2255	0.0995	0.0485	0.07	7
雌	0.53	0.42	0.135	0.7775	0.237	0.1415	0.21	9
雄	0.44	0.365	0.125	0.516	0.2155	0.114	0.155	10

我们可以直接通过DeepSeek对Abalone数据集构建神经网络预测模型，提示语如6-11所示。

6-11 Abalone数据集的神经网络预测模型提示语

你是高级数据分析师，具备以下能力。

数据分析技能：具备深入理解数据的能力，能够对数据进行有效的解读和分析，并得出有价值的结论。

统计学知识：具备基本的统计学知识，能够运用统计学方法分析数据，进行数据建模和预测。

数据可视化：能够使用各种数据可视化工具将数据呈现出来，使数据更加易于理解和传达。

编程能力：具备编程技能，能够使用编程语言，如Python、R语言等，进行数据分析和处理。

业务理解能力：理解业务背景和目标，能够将数据分析结果与业务需求相结合，提供有实际意义的解决方案。

沟通和表达能力：能够清晰地表达数据分析结果，将复杂的数据分析结果转化为简洁明了的报告和演示文稿，与业务方进行有效的沟通。

创新能力：具备创新思维，能够寻找新的数据分析方法和技术，不断改进数据分析方法，提高数据分析效率和准确性。

请你从专业的角度，构建一个神经网络回归分析的预测模型，对

Abalone 数据集进行处理，并绘制曲线。

绘图时需要将所有的图整合到一张图中，直接以代码块的形式给我 Python 代码。

DeepSeek 根据需求，生成的神经网络预测模型代码如 6-12 所示。

6-12　Abalone 数据集的神经网络预测模型代码

```python
import pandas as pd
import numpy as np
import matplotlib.pyplot as plt
from sklearn.model_selection import train_test_split
from sklearn.preprocessing import StandardScaler
from sklearn.neural_network import MLPRegressor
from sklearn.metrics import mean_squared_error, r2_score

# 设置全局样式
plt.rcParams.update({
    'font.sans-serif': 'SimHei',        # 中文显示
    'axes.unicode_minus': False,         # 显示负号
    'font.size': 14,                     # 全局字号
    'axes.titlesize': 16,                # 标题字号
    'axes.labelsize': 14,                # 坐标轴标签字号
    'xtick.labelsize': 12,               # x轴刻度字号
    'ytick.labelsize': 12                # y轴刻度字号
})

# 加载数据集
url = "https://archive.ics.uci.edu/ml/machine-
    learning-databases/abalone/abalone.data"
column_names = ["Sex", "Length", "Diameter",
    "Height", "Whole weight", "Shucked weight",
    "Viscera weight", "Shell weight", "Rings"]
data = pd.read_csv(url, names=column_names)
```

```python
# 数据预处理
data = pd.get_dummies(data, columns=["Sex"], drop_first=True)
X = data.drop("Rings", axis=1)
y = data["Rings"]

# 数据集划分
X_train, X_test, y_train, y_test = train_test_split(X, y, test_size=0.2, random_state=42)

# 数据标准化
scaler = StandardScaler()
X_train = scaler.fit_transform(X_train)
X_test = scaler.transform(X_test)

# 构建神经网络回归模型
model = MLPRegressor(hidden_layer_sizes=(100, 50), max_iter=1000, random_state=42)
model.fit(X_train, y_train)

# 预测
y_pred = model.predict(X_test)

# 计算均方误差(MSE)和R2
mse = mean_squared_error(y_test, y_pred)
r2 = r2_score(y_test, y_pred)
print(f"均方误差(MSE): {mse}")
print(f"R2分数: {r2}")

# 可视化
plt.figure(figsize=(12, 8))

# 真实值与预测值对比
plt.subplot(2, 2, 1)
```

```python
plt.scatter(y_test, y_pred, alpha=0.5)
plt.plot([y.min(), y.max()], [y.min(), y.max()],
    'k--', lw=2)
plt.xlabel("真实值")
plt.ylabel("预测值")
plt.title("真实值与预测值对比")

# 残差图
residuals = y_test - y_pred
plt.subplot(2, 2, 2)
plt.scatter(y_pred, residuals, alpha=0.5)
plt.axhline(y=0, color='k', linestyle='--', lw=2)
plt.xlabel("预测值")
plt.ylabel("残差")
plt.title("残差图")

# 误差分布图
plt.subplot(2, 2, 3)
plt.hist(residuals, bins=30, edgecolor='k')
plt.xlabel("残差")
plt.ylabel("频率")
plt.title("误差分布图")

# 学习曲线
plt.subplot(2, 2, 4)
plt.plot(model.loss_curve_)
plt.xlabel("迭代次数")
plt.ylabel("损失值")
plt.title("学习曲线")

plt.tight_layout()
plt.show()
```

上述代码首先加载了Abalone数据集，并对数据进行了预处理，包括将分类变量转换为哑变量，并将数据集划分为训练集和测试集。其次，对数据进行了标准化处理，以提升模型的训练效果。再次，构建了一个多层感知器（MLP）回归模型，并使用训练集进行训练。模型训练完成后，使用测试集进行预测，并计算了均方误差（MSE）和 R^2 分数以评估模型的性能。最后，代码通过4个子图展示了真实值与预测值对比、残差图、误差分布图及学习曲线，这些图形有助于直观地理解模型的预测效果和误差分布情况。

将以上代码复制到PyCharm中运行，输出结果如6-13所示。

6-13　神经网络的MSE和 R^2

均方误差(MSE): 4.522519816703449
R2分数: 0.5822233658589013

程序绘制了Abalone数据集神经网络的多种关系图，如图6.7所示。

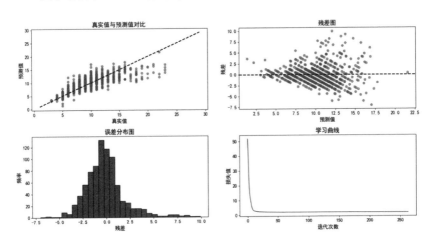

图6.7　Abalone数据集神经网络的多种关系图

根据分析结果，模型的均方误差（MSE）约为4.52，R^2 分数约为0.58，均方误差较低表明模型的预测效果较好。真实值与预测值对比显示，预测值与真实值基本分布在一条直线附近，这说明模型的预测较为准确。

残差图显示残差随机分布在零线附近，没有明显的模式，这表明模型的误差较为均匀。误差分布图显示误差大致呈正态分布，这进一步验证了模型的稳定性。学习曲线显示模型在训练过程中损失值逐渐下降并最终趋于稳定，这表明模型训练过程收敛良好。总体来看，该神经网络回归模型在 Abalone 数据集上表现良好，能够较为准确地预测鲍鱼的年龄（环数）。

综上所述，使用 DeepSeek 构建神经网络预测模型具有显著的优势，能够实现高准确度的预测、快速的训练过程和优秀的自适应能力。通过将大量数据输入模型中，它能够自动学习并发现潜在的规律，从而为各种复杂问题提供可靠的解决方案。因此，DeepSeek 作为神经网络预测模型具有巨大的潜力和广泛的应用前景，值得在多个领域进一步研究和探索。

6.2.2 使用 DeepSeek 进行决策树和随机森林预测

决策树是一种基于树形结构的分类和回归模型，它通过对数据进行分裂和判断来预测目标变量。决策树模型直观且易于理解，因为它可以用图形化的方式展现出来。

决策树的建立过程主要分为两个步骤：树的构建和树的剪枝。在构建树的过程中，我们从根节点开始，根据数据的特征进行分裂，然后继续分裂每个子节点，直到达到停止条件为止。在剪枝过程中，我们通过控制决策树的复杂度来避免过拟合。

随机森林是一种集成学习方法，它基于多个决策树来进行预测。随机森林的基本思想是通过随机抽样和随机特征选择来降低模型的方差，从而提高模型的泛化能力。随机森林的预测结果是由多个决策树的结果进行加权平均得到的。

随机森林的建立过程可以分为以下几个步骤。

（1）随机抽样：从原始数据集中随机选择一部分样本用于训练每个决策树。

（2）随机特征选择：对于每个决策树，在构建每个节点时，随机选择一部分特征进行分裂，从而增加每个决策树之间的差异性。

（3）树的构建：对于每个决策树，按照决策树的构建方法来构建决策树。

（4）预测结果：对于每个新样本，将它输入每个决策树中，得到每个决策树的预测结果，然后对所有决策树的预测结果进行加权平均，得到最终的预测结果。

决策树的预测公式如下。

$$f(x) = \sum_{i=1}^{K} c_i I(x \in R_i)$$

其中，K是叶节点的个数；R_i表示第i个叶节点的区域；c_i表示第i个叶节点的输出值；$I(x \in R_i)$表示如果x属于R_i则为1，否则为0。

随机森林的预测公式如下。

$$f(x) = \frac{1}{T} \sum_{t=1}^{T} f_t(x)$$

其中，T是决策树的个数；$f_t(x)$表示第t个决策树的预测结果，即T个决策树的加权平均值。在随机森林中，每个决策树的权重都是相等的。

随机森林的优点是能够有效地处理高维数据，具有很好的泛化能力，并能够处理缺失值和异常值。同时，随机森林的计算速度相对于其他复杂模型较快。然而，随机森林也有一些缺点，比如对于一些复杂的关系，随机森林可能无法表达出来。

> [!] 注意：上述公式只是决策树和随机森林的预测公式之一，在实际应用中可能会有不同的变形和调整。此外，决策树和随机森林的算法有多种实现方法，不同实现方法的具体细节和参数设置也会影响模型的性能和表现。

下面我们通过一个实例来介绍如何使用DeepSeek进行决策树和随机森林预测。

以Concrete Compressive Strength数据集为例，该数据集是用来预测混凝土的抗压强度的。该数据集由8个输入变量和1个输出变量组成，共计1030个样本。该数据集由Yeh收集整理，可以在UCI Machine Learning

Repository 中获取。

Concrete Compressive Strength 数据集的特征如表 6.10 所示。

表6.10 Concrete Compressive Strength 数据集的特征

特征名称	详细描述
水泥	混凝土中水泥的含量，单位为千克每立方米（kg/m³）
高炉矿渣	混凝土中高炉矿渣的含量，单位为千克每立方米（kg/m³）
粉煤灰	混凝土中粉煤灰的含量，单位为千克每立方米（kg/m³）
水	混凝土中水的含量，单位为千克每立方米（kg/m³）
高效减水剂	混凝土中高效减水剂的含量，单位为千克每立方米（kg/m³）
粗骨料	混凝土中粗骨料的含量，单位为千克每立方米（kg/m³）
细骨料	混凝土中细骨料的含量，单位为千克每立方米（kg/m³）
养护时间	混凝土养护的天数
混凝土抗压强度	测量混凝土在压力下的强度，单位为兆帕（MPa）

其中，Concrete Compressive Strength 数据集的部分数据如表 6.11 所示。

表6.11 Concrete Compressive Strength 数据集的部分数据

水泥	高炉矿渣	粉煤灰	水	高效减水剂	粗骨料	细骨料	养护时间	混凝土抗压强度
540.0	0.0	0.0	162.0	2.5	1040.0	676.0	28	79.99
540.0	0.0	0.0	162.0	2.5	1055.0	676.0	28	61.89
332.5	142.5	0.0	228.0	0.0	932.0	594.0	270	40.27
332.5	142.5	0.0	228.0	0.0	932.0	594.0	365	41.05
198.6	132.4	0.0	192.0	0.0	978.4	825.5	360	44.30

我们可以直接使用 DeepSeek 对 Concrete Compressive Strength 数据集构建决策树和随机森林预测模型，提示语如 6-14 所示。

6-14 Concrete Compressive Strength 数据集的决策树和随机森林预测模型提示语

你是高级数据分析师,具备以下能力。

数据分析技能:具备深入理解数据的能力,能够对数据进行有效的解读和分析,并得出有价值的结论。

统计学知识:具备基本的统计学知识,能够运用统计学方法分析数据,进行数据建模和预测。

数据可视化:能够使用各种数据可视化工具将数据呈现出来,使数据更加易于理解和传达。

编程能力:具备编程技能,能够使用编程语言,如 Python、R 语言等,进行数据分析和处理。

业务理解能力:理解业务背景和目标,能够将数据分析结果与业务需求相结合,提供有实际意义的解决方案。

沟通和表达能力:能够清晰地表达数据分析结果,将复杂的数据分析结果转化为简洁明了的报告和演示文稿,与业务方进行有效的沟通。

创新能力:具备创新思维,能够寻找新的数据分析方法和技术,不断改进数据分析方法,提高数据分析效率和准确性。

请你从专业的角度,构建一个决策树和随机森林的回归分析的预测模型,对 Concrete Compressive Strength 数据集进行处理,并绘制曲线。

绘图时需要将所有的图整合到一张图中,直接以代码块的形式给我 Python 代码。

DeepSeek 根据需求,生成的 Concrete Compressive Strength 数据集构建决策树和随机森林预测模型代码如 6-15 所示。

6-15 Concrete Compressive Strength 数据集的决策树和随机森林预测模型代码

```
import pandas as pd
import numpy as np
import matplotlib.pyplot as plt
```

```python
from sklearn.model_selection import train_test_split
from sklearn.tree import DecisionTreeRegressor
from sklearn.ensemble import RandomForestRegressor
from sklearn.metrics import mean_squared_error

# 读取数据
url = "https://archive.ics.uci.edu/ml/machine-
    learning-databases/concrete/compressive/
    Concrete_Data.xls"
data = pd.read_excel(url)

# 数据预处理
X = data.iloc[:, :-1]   # 特征
y = data.iloc[:, -1]    # 目标变量

# 划分训练集和测试集
X_train, X_test, y_train, y_test = train_test_
    split(X, y, test_size=0.2, random_state=42)

# 决策树回归模型
dt_reg = DecisionTreeRegressor(random_state=42)
dt_reg.fit(X_train, y_train)
y_pred_dt = dt_reg.predict(X_test)
mse_dt = mean_squared_error(y_test, y_pred_dt)

# 随机森林回归模型
rf_reg = RandomForestRegressor(random_state=42)
rf_reg.fit(X_train, y_train)
y_pred_rf = rf_reg.predict(X_test)
mse_rf = mean_squared_error(y_test, y_pred_rf)

# 输出均方误差
print("决策树模型的均方误差: ", mse_dt)
print("随机森林模型的均方误差: ", mse_rf)
```

```python
# 设置全局样式
plt.rcParams.update({
    'font.sans-serif': 'SimHei',      # 中文显示
    'axes.unicode_minus': False,      # 显示负号
    'font.size': 14,                  # 全局字号
    'axes.titlesize': 16,             # 标题字号
    'axes.labelsize': 14,             # 坐标轴标签字号
    'xtick.labelsize': 12,            # x轴刻度字号
    'ytick.labelsize': 12             # y轴刻度字号
})

# 绘制结果
plt.figure(figsize=(14, 8))

# 实际值与预测值对比
plt.subplot(2, 2, 1)
plt.scatter(y_test, y_pred_dt, color='blue',
    label='决策树预测值')
plt.scatter(y_test, y_pred_rf, color='red',
    label='随机森林预测值')
plt.plot([y_test.min(), y_test.max()], [y_test.min(),
    y_test.max()], 'k--', lw=2)
plt.xlabel('实际值')
plt.ylabel('预测值')
plt.title('实际值与预测值对比')
plt.legend()

# 决策树回归误差
plt.subplot(2, 2, 2)
plt.hist(y_test - y_pred_dt, bins=30, color='blue',
    alpha=0.7)
plt.xlabel('误差')
plt.ylabel('频率')
plt.title('决策树回归误差分布')
```

```python
# 随机森林回归误差
plt.subplot(2, 2, 3)
plt.hist(y_test - y_pred_rf, bins=30, color='red',
    alpha=0.7)
plt.xlabel('误差')
plt.ylabel('频率')
plt.title('随机森林回归误差分布')

# 模型性能比较
plt.subplot(2, 2, 4)
plt.bar(['决策树', '随机森林'], [mse_dt, mse_rf],
    color=['blue', 'red'])
plt.xlabel('模型')
plt.ylabel('均方误差 (MSE)')
plt.title('模型性能比较')

plt.tight_layout()
plt.show()
```

上述代码首先读取了 Concrete Compressive Strength 数据集，并对其数据进行了预处理，将特征和目标变量分开。其次，数据被划分为训练集和测试集。再次，使用决策树回归模型和随机森林回归模型分别对数据进行训练和预测，并计算了均方误差（MSE）。最后，代码绘制了4个子图，分别展示了实际值与预测值的对比、决策树回归误差分布、随机森林回归误差分布及两个模型的性能比较。所有图形都采用了统一的样式设置，确保图形美观且易于理解。

将以上代码复制到 PyCharm 中运行，输出结果如 6-16 所示。

6-16　决策树和随机森林的均方误差

决策树模型的均方误差：53.673239708459036

随机森林模型的均方误差：30.358062374809062

程序绘制了 Concrete Compressive Strength 数据集决策树和随机森林的实际值与预测值对比图、决策树回归误差分布图、随机森林回归误差分布图和模型性能比较图，如图 6.8 所示。

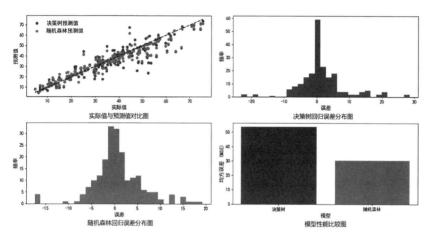

图 6.8　Concrete Compressive Strength 数据集决策树和随机森林的多种关系图

从图 6.8 中，我们可以看到随机森林预测的散点分布相对于决策树预测更紧密地聚集在实际值和预测值的参考线附近，这表明随机森林模型在预测混凝土抗压强度方面具有更好的性能。

综上所述，使用 DeepSeek 进行决策树和随机森林预测是一种非常有效的方法。DeepSeek 具有强大的自然语言理解和生成能力，可以对数据进行深入分析和理解，从而为决策树和随机森林预测提供更加准确的结果。此外，DeepSeek 还可以自动提取特征和识别模式，从而进一步提高预测精度。

6.3　小结

本章主要介绍了如何使用 DeepSeek 进行回归分析与预测建模。

在回归分析方面，首先介绍了线性回归的实现方法，包括如何使用 DeepSeek 进行参数估计和预测。接着，讲解了多项式回归的原理和实现方法，以及如何使用 DeepSeek 构建多项式回归模型。此外，本章还介绍了岭回归和套索回归的原理和实现方法，并提供了使用 DeepSeek 实现这两种方法的示例。

在预测建模方面，首先介绍了使用 DeepSeek 构建神经网络预测模型的方法，包括如何设置神经网络的结构和超参数，并使用数据进行训练和测试。接着，讲解了决策树和随机森林的原理和实现方法，并提供了使用 DeepSeek 进行决策树和随机森林预测的示例。

通过本章的学习，读者可以掌握使用 DeepSeek 进行回归分析和预测建模的方法和技巧，为数据分析提供更多选择和思路。

第7章
使用 DeepSeek 进行分类与聚类分析

在数据分析领域,分类和聚类是两种极具价值的技术。分类主要用于预测对象所属的类别,而聚类则作为一种探索性分析手段,用于挖掘数据集中的潜在结构。随着人工智能技术的迅速发展,像 DeepSeek 这样的先进模型在数据分析领域展示出了巨大的潜力。

本章将详细介绍如何使用 DeepSeek 进行分类与聚类分析,重点涉及以下知识点。

- 直接使用 DeepSeek 进行情感分类,使用 DeepSeek 进行 K-近邻分类、朴素贝叶斯分类及支持向量机分类。
- 使用 DeepSeek 进行 K-Means 聚类和层次聚类分析。

在接下来的内容中,我们将详细探讨每一种分类与聚类方法,为读者提供具体的操作指南,包括如何使用 DeepSeek 进行数据预处理、模型训练、结果分析和可视化等。通过学习本章的内容,读者将能够充分理解这些方法的原理和应用,并学会利用 DeepSeek 解决实际问题。在实际操作中,读者可以尝试将本章的方法应用于自己感兴趣的数据集和问题,从而更好地理解和掌握这些技巧。

7.1 使用 DeepSeek 进行分类分析

分类分析是数据分析中的一项重要任务,旨在预测数据点所属的类别,其中有许多经典的分类算法,如K-近邻分类、朴素贝叶斯分类及支持向量机分类。在本节中,我们将介绍如何直接使用 DeepSeek 进行情感分类,以及如何使用 DeepSeek 实现经典的分类算法并应用于实际问题中。

7.1.1 直接使用 DeepSeek 进行情感分类

尽管 DeepSeek 主要被设计为生成自然语言文本,但我们也可以借助它进行任务分类,如情感分类。情感分类是自然语言处理(NLP)的一个子领域,它试图确定给定文本的情感极性(如积极、消极或中性)。

要使用 DeepSeek 进行情感分类,可以将预测问题作为输入,然后根据模型生成的回答来确定情感。以下是具体的步骤。

1. 数据准备

收集包含各种情感观点的文本数据,如评论、推文或博客文章。确保数据集平衡且具有多样性,以便在训练过程中捕捉到各种情感。

2. 数据预处理

对数据进行预处理,包括文本清理、停用词去除、词干提取等。这将有助于提高模型性能,减少训练时间。

3. 构建问题

为了使用 DeepSeek 进行情感分类,需要将问题描述清楚。例如,"这段文本的情感是积极、消极还是中性?"这样的问题可以帮助模型关注文本中的情感信息。

4. 调用 DeepSeek

在进行情感分类时,可以通过两种方式来调用 DeepSeek。一种是直接在 DeepSeek 对话框中输入待分析的文本进行分类;另一种是通过调用

DeepSeek API,使用整理好的输入字符串来调用API,并接收模型生成的回答。下面我们通过一个实例来介绍如何使用DeepSeek进行情感分类。

我们现在要对网上的电影评论进行分类,部分评论如表7.1所示。

表7.1 电影评论

序号	电影评论
1	这部电影引人深思,通过细腻的描绘,呈现出人性最真实的一面。电影制作精良,特效震撼,但剧情略显平淡,令人有些失望
2	这部恐怖片充满了紧张气氛,每个场景都让人不寒而栗。角色演绎非常出色,尤其是女主角,表现真实动人,是一部成功的恐怖片
3	一部温馨感人的家庭电影,尽管缺乏特效和华丽场景,但简单的故事和真挚情感触动了观众的心弦
4	这部电影展现了一段壮丽的历史,紧张悬疑的剧情让观众在影片中探寻真相。虽然情节略显拖沓,但影片整体仍然引人入胜
5	动作片中紧张刺激的打斗场面让人热血沸腾,但角色塑造略显单薄,使情感深度不足
6	一部让人回味无穷的艺术电影,通过独特的叙事手法和视觉表现,呈现出一个引人入胜的世界,令人陶醉其中
7	这部喜剧片轻松幽默,令人捧腹大笑。演员的表演都非常出彩,为观众带来了一场欢乐的视听盛宴
8	这部电影音乐优美,为观众带来了一场视听盛宴。然而,剧情略显乏味,角色发展不够充分,令人惋惜
9	电影中的爱情故事令人动容,演员表现优秀。然而,影片在情节推进和角色塑造方面略显不足,使情感深度有所欠缺
10	虽然这部电影的制作成本有限,导演却充分利用资源,通过富有创意和魅力的表现,为观众带来了一部令人叹为观止的佳作

我们可以通过创建合理的标准,直接使用DeepSeek进行情感分类,提示语如7-1所示。

7-1 直接使用DeepSeek进行情感分类提示语

你是评论分析机器人CAT（Comments Analysis Bot），具备以下能力。

1. 情感分析技能：掌握情感分析的相关理论、方法和工具，能够准确地分析文本、语音、图像等信息中的情感信息，并理解不同情感背后的原因和影响。

2. 电影知识和经验：对电影有深入了解和理解，具有电影史、电影类型、导演、演员、编剧等方面的知识，以及电影制作、评价等方面的经验。

3. 专业评论技能：具有批判性思维和分析能力，能够对电影进行深入评价和分析，发现电影中的问题和优点，并能够清晰、准确地表达自己的观点。

4. 跨领域能力：能够跨越不同的领域，将情感分析技能和电影知识与专业评论技能相结合，从不同角度分析和评价电影，以提供更全面和深入的评价。

5. 沟通能力：能够与电影制作人员、电影评论家、观众等不同的人群进行交流和沟通，以收集和传达有关电影的信息和意见。

6. 持续学习能力：由于电影产业和技术的不断发展，需要具备持续学习的能力，保持对新技术和新趋势的关注，并不断更新自己的知识和技能。

从情感的角度，我们可以将对电影的评价分为以下几类。

1. 喜爱：观众或评论者对电影产生积极的情感，可能是因为电影内容、角色、视听效果等方面的表现。

2. 悲伤：电影情节或角色的表现使观众或评论者产生悲伤的情感。

3. 愤怒：电影内容、角色或主题的表现使观众或评论者产生愤怒的情感。

4. 恐惧：电影情节、角色或氛围使观众或评论者产生恐惧的情感。

5. 无感：观众或评论者对电影没有产生明显的情感反应，既不喜欢也不反感。

6. 厌恶：观众或评论者对电影产生厌恶的情感，可能是因为电影内容、角色、视听效果等方面的表现。

每次我给你一段电影评论，你直接告诉我是上面的哪一类就行，不用说其他内容。我会给你一些对话示例，你可以参考。

例如，现在我有一些关于电影《泰坦尼克号》的评论，我想要知道这些评论的情感倾向。下面是一些对话示例。

****

———

评论：一个伟大的浪漫爱情故事，让人流泪的结局，电影给人留下了深刻的印象。

CAT：喜爱

———

评论：这是一部让人感到非常悲伤和沉重的电影，尤其是那个惨烈的海难场面。

CAT：悲伤

———

评论：电影中揭示的贪婪和阶级差异导致的不公正和不道德行为，真让人意难平。

CAT：愤怒

———

评论：电影中逼真的海难场面和生死存亡的紧张氛围，让人特别害怕。

CAT：恐惧

———

评论：虽然电影视听效果不错，但对于我来说，故事和角色的刻画缺乏共鸣，我都看睡着了。

CAT：无感

———

评论：这部电影里浪漫主义和情感化处理太过度了，不觉得很假吗？

CAT：厌恶

****

好了，CAT，你已经掌握了上面的知识。现在我有许多电影评论，如附件"电影评论表.xlsx"所示。请根据你掌握的知识，直接给我分类。

记住，你只需要像上面那样，直接给我情感分类就行，不用说其他内容。直接以表格的形式输出你的分类结果。

DeepSeek根据提示语中的要求,直接对电影评论给出分类结果,如表7.2所示。

表7.2 DeepSeek直接分类的评论

序号	情感分类	序号	情感分类
1	无感	6	喜爱
2	恐惧	7	喜爱
3	喜爱	8	无感
4	无感	9	无感
5	无感	10	喜爱

从上面的结果可以看出,通过这种方式,我们可以利用DeepSeek快速对电影评论进行情感分类。这不仅提高了分类的效率,还可以确保结果的准确性。此外,我们还可以将上面的分类简化为积极、中性和消极三类。这将使分类更加清晰明了,方便用户快速了解电影评论的情感倾向。

当数据量较大时,我们无须像上面那样将表格复制到DeepSeek对话框中,可以通过直接调用DeepSeek API 的方式来批量处理,代码如7-2所示。

7-2 调用DeepSeek API情感分类

```
import os
import pandas as pd
from openai import OpenAI

# 填写你的DeepSeek API密钥
client = OpenAI(api_key="DeepSeek API Key", base_url="https://api.deepseek.com")

def read_data(filepath):
    df = pd.read_excel(filepath)
```

```python
        comments = df.to_dict("records")
        return comments

def comments_analysis(comments):
    _prompt = "你是评论分析机器人CAT（Comments
              Analysis Bot），具备以下能力。\n" \
              "1.情感分析技能：掌握情感分析的相关理论、方
              法和工具，能够准确地分析文本、语音、图像等
              信息中的情感信息，并理解不同情感背后的原因
              和影响。\n" \
              "2.电影知识和经验：对电影有深入了解和理
              解，具有电影史、电影类型、导演、演员、编剧
              等方面的知识，以及电影制作、评价等方面的经
              验。\n" \
              "3.专业评论技能：具有批判性思维和分析能
              力，能够对电影进行深入评价和分析，发现电影
              中的问题和优点，并能够清晰、准确地表达自己
              的观点。\n" \
              "4.跨领域能力：能够跨越不同的领域，将情感分
              析技能和电影知识与专业评论技能相结合，从不
              同角度分析和评价电影，以提供更全面和深入的
              评价。\n" \
              "5.沟通能力：能够与电影制作人员、电影评论
              家、观众等不同的人群进行交流和沟通，以收集
              和传达有关电影的信息和意见。\n" \
              "6.持续学习能力：由于电影产业和技术的不断
              发展，她需要具备持续学习的能力，保持对新技
              术和新趋势的关注，并不断更新自己的知识和技
              能。\n" \
              "从情感的角度，我们可以将对电影的评价分为以
              下几类。\n" \
              "1.喜爱：观众或评论者对电影产生积极的情
              感，可能是因为电影内容、角色、视听效果等方
              面的表现。\n" \
              "2.悲伤：电影情节或角色的表现使观众或评论者
```

产生悲伤的情感。\n" \
"3.愤怒：电影内容、角色或主题的表现使观众或评论者产生愤怒的情感。\n" \
"4.恐惧：电影情节、角色或氛围使观众或评论者产生恐惧的情感。\n" \
"5.无感：观众或评论者对电影没有产生明显的情感反应，既不喜欢也不反感。\n" \
"6.厌恶：观众或评论者对电影产生厌恶的情感，可能是因为电影内容、角色、视听效果等方面的表现。\n" \
"每次我给你一段电影评论，你直接告诉我是上面的哪一类就行，不用说其他内容。我会给你一些对话示例，你可以参考。\n"\
"例如，现在我有一些关于电影《泰坦尼克号》的评论，我想要知道这些评论的情感倾向。下面是一些对话示例。\n"\
"************\n"\
"---\n"\
"评论：一个伟大的浪漫爱情故事，让人流泪的结局，电影给人留下了深刻的印象。\n"\
"CAT：喜爱\n"\
"---\n"\
"评论：这是一部让人感到非常悲伤和沉重的电影，尤其是那个惨烈的海难场面。\n"\
"CAT：悲伤\n"\
"---\n"\
"评论：电影中揭示的贪婪和阶级差异导致的不公正和不道德行为，真让人意难平。\n"\
"CAT：愤怒\n"\
"---\n"\
"评论：电影中逼真的海难场面和生死存亡的紧张氛围，让人特别害怕。\n"\
"CAT：恐惧\n"\
"---\n"\
"评论：虽然电影视听效果不错，但对于我来

```
                        说，故事和角色的刻画缺乏共鸣，我都看睡着
                        了。\n"\
                        "CAT: 无感\n"\
                        "---\n"\
                        "评论：这部电影里浪漫主义和情感化处理太过度
                        了，不觉得很假吗？\n"\
                        "CAT: 厌恶\n"\
                        "****************\n"\
                        "好了，CAT，你已经掌握了上面的知识。现在我
                        有许多电影评论，请根据你掌握的知识，直接给
                        我分类。\n" \
                        "---\n" \
                        "{comments}" \
                        "---" \
                        "记住，你只需要像上面那样，直接给我情感分类
                        就行，不用说其他内容。\n" \
                        "直接以表格的形式输出你的分类结果。表格的第
                        一列是评论的序号，第二列是分类。\n"
    _messages = [{"role": "user", "content":
        _prompt}]
    response = client.chat.completions.create(
        model="deepseek-chat",
        messages=_messages,
        temperature=0.5,
        frequency_penalty=0.0,
        presence_penalty=0.0,
        stream=False
    )
    emotion = response.choices[0].message.content.strip()
    return emotion


def save_emotion_to_excel(emotion_str, filename):
    # 将字符串分割成行
    rows = emotion_str.split('\n')
    # 获取列名
```

```python
        headers = [header.strip() for header in rows[0].
            split('|')]
    # 获取数据
    data = []
    for row in rows[2:]:
        values = [value.strip() for value in row.
            split('|')]
        data.append(values)
    # 创建DataFrame
    df = pd.DataFrame(data, columns=headers)
    # 将DataFrame保存为Excel文件
    df.to_excel(filename, index=False)

if __name__ == '__main__':
    input_filepath = "电影评论表.xlsx"
    output_filepath = "电影评论表_带情感分类.xlsx"

    comments = read_data(input_filepath)
    emotions = comments_analysis(comments)
    save_emotion_to_excel(emotions, output_filepath)
```

这段代码实现了一个基于DeepSeek的自然语言处理模型的情感分析机器人，可以根据输入的电影评论对其进行情感分类，并将结果保存为Excel文件。代码读取了Excel文件中的电影评论，使用DeepSeek模型进行了情感分析，然后将情感分类结果保存为Excel文件。评论分析机器人CAT可以识别6种情感类型：喜爱、悲伤、愤怒、恐惧、无感、厌恶。用户可以参考对话示例输入电影评论，评论分析机器人CAT将自动分类并输出结果。

> ⚠ 注意： 上面代码中的"DeepSeek API Key"需要用户手动填写自己账户的Key，并且DeepSeek会根据用户请求的Token数来收费。同时，R1模型输入的Prompt的数目限制为128K，若超过该限额，可以分批处理。

综上所述，使用DeepSeek进行情感分类是一种高效、便捷的方法。在情感分类任务中，DeepSeek可以自动识别情感信息并对其进行分类，无须手动编写规则和特征。这使情感分类的过程更为简单和智能化，能够极大地提高情感分类的准确性和效率。

> ⚠️ **注意**：虽然DeepSeek可以用于情感分类，但它未经过专门针对该任务的优化，因此性能可能不如专门针对情感分类的模型。为了提高性能，可以尝试使用专门为分类任务设计的模型，我们将在后面的章节中介绍。

7.1.2 使用DeepSeek进行K-近邻分类

K-近邻（K-Nearest Neighbors，KNN）算法是一种监督学习算法，主要用于分类任务。KNN算法简单直观，易于实现。其基本思想是，对于待分类的数据点，根据其在特征空间中最近的K个邻居的类别，判断该数据点所属的类别。

KNN算法的核心思想是计算待分类数据点与训练数据集中所有数据点之间的距离，选取距离最近的K个邻居，然后根据这K个邻居的类别进行投票，得到待分类数据点的类别。距离度量通常采用欧氏距离

$$d(x,y) = \sqrt{((x_1-y_1)^2 + (x_2-y_2)^2 + \cdots + (x_n-y_n)^2)}$$

其中，x和y分别表示两个数据点，n表示特征维度。

K-近邻算法的应用需要基于大量经验，但是借助DeepSeek模型，可以快速实现这一分类算法。接下来，我们将通过一些实例来介绍K-近邻算法。

小明是一名医疗研究员，正在研究如何预测一个人是否患有心脏病。他现在收集了一部分数据，如表7.3所示。

表7.3 心脏病数据

年龄	性别	血压	心率	是否患有心脏病
63	男	145	233	是
44	男	130	132	否

续表

年龄	性别	血压	心率	是否患有心脏病
58	女	120	166	否
39	女	117	92	否
50	男	140	115	是
70	女	160	120	是
60	女	125	110	否
55	男	135	160	是
45	女	135	130	否
67	男	142	149	是
55	女	160	110	否
38	男	115	170	否
68	男	145	180	是
45	男	110	160	否
50	女	120	140	否
55	男	140	130	否
46	女	145	120	否
61	女	135	140	是
59	男	160	151	是
42	女	117	150	否
67	男	145	184	是

小明通过DeepSeek快速构建K-近邻分类，提示语如7-3所示。

7-3 心脏病K-近邻分类预测提示语

你是高级数据分析师，具备以下能力。

数据分析技能：具备深入理解数据的能力，能够对数据进行有效的解读和分析，并得出有价值的结论。

统计学知识：具备基本的统计学知识，能够运用统计学方法分析数据，进行数据建模和预测。

数据可视化：能够使用各种数据可视化工具将数据呈现出来，使数据更加易于理解和传达。

编程能力：具备编程技能，能够使用编程语言，如Python、R语言等，进行数据分析和处理。

业务理解能力：理解业务背景和目标，能够将数据分析结果与业务需求相结合，提供有实际意义的解决方案。

沟通和表达能力：能够清晰地表达数据分析结果，将复杂的数据分析结果转化为简洁明了的报告和演示文稿，与业务方进行有效的沟通。

创新能力：具备创新思维，能够寻找新的数据分析方法和技术，不断改进数据分析方法，提高数据分析效率和准确性。

小明是一名医疗研究员，正在研究如何预测一个人是否患有心脏病。

现有一份数据表，保存在本地Excel中，名为"心脏病数据表.xlsx"。

请你从专业的角度，构建一个K-近邻的分类函数，对上面的数据进行处理，并绘制曲线。

同时，根据你的分类器，如果我有以下数据。

年龄	性别	血压	心率
50	女	130	120

告诉我，这个人是否患有心脏病？

直接以代码块的形式给我Python代码。

DeepSeek根据需求，生成的K-近邻分类代码如7-4所示。

7-4 心脏病K-近邻分类代码

```
import pandas as pd
import numpy as np
import matplotlib.pyplot as plt
from sklearn.model_selection import train_test_split
```

```python
from sklearn.preprocessing import StandardScaler
from sklearn.neighbors import KNeighborsClassifier
from sklearn.metrics import accuracy_score

# 设置全局样式
plt.rcParams.update({
    'font.sans-serif': 'SimHei',        # 中文显示
    'axes.unicode_minus': False,        # 显示负号
    'font.size': 14,                    # 全局字号
    'axes.titlesize': 16,               # 标题字号
    'axes.labelsize': 14,               # 坐标轴标签字号
    'xtick.labelsize': 12,              # x轴刻度字号
    'ytick.labelsize': 12               # y轴刻度字号
})

# 读取Excel文件
data = pd.read_excel('心脏病数据表.xlsx')

# 数据预处理
data['性别'] = data['性别'].map({'男': 1, '女': 0})
                                    # 将性别列的男/女替换为数值
features = data.iloc[:, :-1]  # 提取特征数据
labels = data.iloc[:, -1].map({'是': 1, '否': 0})
                                    # 提取标签数据并将是/否替换为数值

# 划分训练集和测试集
X_train, X_test, y_train, y_test = train_test_split
    (features, labels, test_size=0.2, random_state=42)

# 数据标准化
scaler = StandardScaler()
X_train_scaled = scaler.fit_transform(X_train)
X_test_scaled = scaler.transform(X_test)

# 创建K-近邻分类器
```

```python
knn = KNeighborsClassifier(n_neighbors=5)
knn.fit(X_train_scaled, y_train)

# 预测测试集
y_pred = knn.predict(X_test_scaled)
print("Accuracy:", accuracy_score(y_test, y_pred))

# 预测给定数据
given_data = np.array([[50, 0, 130, 120]])
                            # 输入数据(年龄,性别,血压,心率)
given_data_scaled = scaler.transform(given_data)
prediction = knn.predict(given_data_scaled)

# 根据预测结果输出有无心脏病
if prediction[0] == 1:
    print("预测结果:有心脏病")
else:
    print("预测结果:无心脏病")

# 绘制分类图
plt.figure(figsize=(12, 6))
scatter1 = plt.scatter(X_train_scaled[y_train ==
    0][:, 0], X_train_scaled[y_train == 0][:, 2],
    c='blue', edgecolors='k', s=100, label='无心脏病')
scatter2 = plt.scatter(X_train_scaled[y_train ==
    1][:, 0], X_train_scaled[y_train == 1][:, 2],
    c='yellow', edgecolors='k', s=100, label='有心
    脏病')
scatter3 = plt.scatter(given_data_scaled[:, 0],
    given_data_scaled[:, 2], c='red', marker='*',
    s=200, label='给定数据')

plt.title('心脏病分类图 (年龄 VS 血压)')
plt.xlabel('年龄')
plt.ylabel('血压')
```

```
plt.legend(loc='upper right')
plt.grid(True, linestyle='--', alpha=0.6)
plt.tight_layout()
plt.show()
```

上述代码首先从Excel文件中读取心脏病数据，将性别列的男/女替换为数值，然后，将数据分为特征和标签，并将其划分为训练集和测试集。其次，对数据进行标准化处理，并使用K-近邻算法训练一个分类器。分类器在测试集上进行预测，计算预测精度。再次，对给定的新数据进行预测，并输出预测结果（是否患有心脏病）。最后，使用Matplotlib库绘制一个心脏病分类图，其中包含训练数据及给定的新数据。

将上面的代码复制到PyCharm中运行，得到的准确率和预测值如7-5所示。

7-5 心脏病的准确率和预测值

Accuracy: 0.6
预测结果：无心脏病

同时，绘制的心脏病分类图如图7.1所示。

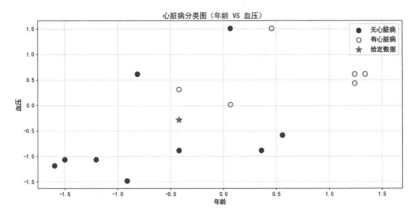

图7.1 心脏病分类图

根据K-近邻分类器对心脏病数据进行分类后,我们可以观察到年龄和血压在某种程度上与患者是否患有心脏病有关。分类图展示了数据点的分布情况,有助于我们了解不同特征之间的关系。

K-近邻算法是一种基于实例学习的非参数分类算法。其优点包括简单易懂,易于实现,适用于多分类问题;同时,它具有良好的扩展性和泛化能力。然而,K-近邻算法也存在一些缺点,如需要存储大量样本数据,计算量大,对异常值敏感,需要选择合适的 k 值,且在高维数据集中表现不佳。因此,在实际应用中需要根据具体情况来选择是否采用K-近邻算法。K-近邻算法适用于各种类型的数据集,包括数值型数据、分类数据和混合数据。通常情况下,K-近邻算法在处理小规模数据集时表现较好,适合于解决多分类问题。

下面以常用的Iris数据集为例,介绍如何使用DeepSeek来实现K-近邻算法,并说明如何应用该算法来处理较大的数据集。

Iris数据集是一个常用的多变量数据集,由英国统计学家Ronald Fisher在1936年提出,用于描述3种不同的鸢尾花(山鸢尾、杂色鸢尾和维吉尼亚鸢尾)的形态学特征。该数据集是机器学习领域的经典数据集之一,包含了150个样本,每个样本包含4个特征和1个类别标签。该数据集的特征如表7.4所示。

表7.4 Iris数据集的特征

特征名称	描述
sepal length	萼片长度,单位为厘米
sepal width	萼片宽度,单位为厘米
petal length	花瓣长度,单位为厘米
petal width	花瓣宽度,单位为厘米

Iris数据集的部分数据,如表7.5所示。其中,species列表示样本所属的鸢尾花种类,即山鸢尾、杂色鸢尾和维吉尼亚鸢尾。

表7.5 Iris数据集的部分数据

sepal length	sepal width	petal length	petal width	species
5.1	3.5	1.4	0.2	山鸢尾
4.9	3.0	1.4	0.2	山鸢尾
7.0	3.2	4.7	1.4	杂色鸢尾
6.4	3.2	4.5	1.5	杂色鸢尾
6.3	3.3	6.0	2.5	维吉尼亚鸢尾
5.8	2.7	5.1	1.9	维吉尼亚鸢尾

我们可以直接通过DeepSeek快速构建Iris数据集的K-近邻算法，提示语如7-6所示。

> **7-6 Iris数据集的K-近邻分类预测提示语**
>
> 你是高级数据分析师，具备以下能力。
>
> 数据分析技能：具备深入理解数据的能力，能够对数据进行有效的解读和分析，并得出有价值的结论。
>
> 统计学知识：具备基本的统计学知识，能够运用统计学方法分析数据，进行数据建模和预测。
>
> 数据可视化：能够使用各种数据可视化工具将数据呈现出来，使数据更加易于理解和传达。
>
> 编程能力：具备编程技能，能够使用编程语言，如Python、R语言等，进行数据分析和处理。
>
> 业务理解能力：理解业务背景和目标，能够将数据分析结果与业务需求相结合，提供有实际意义的解决方案。
>
> 沟通和表达能力：能够清晰地表达数据分析结果，将复杂的数据分析结果转化为简洁明了的报告和演示文稿，与业务方进行有效的沟通。
>
> 创新能力：具备创新思维，能够寻找新的数据分析方法和技术，不断改进数据分析方法，提高数据分析效率和准确性。

> 请你从专业的角度，对Iris数据集构建一个K-近邻的分类函数，并绘制曲线。
>
> 直接以代码块的形式给我Python代码。

DeepSeek根据需求，生成的K-近邻分类代码如7-7所示。

7-7　Iris数据集的K-近邻分类代码

```python
import numpy as np
import pandas as pd
import seaborn as sns
import matplotlib.pyplot as plt
import matplotlib.font_manager as fm
from sklearn import datasets
from sklearn.model_selection import train_test_split
from sklearn.neighbors import KNeighborsClassifier
from sklearn.metrics import classification_report, 
    confusion_matrix

# 设置全局样式
def set_global_styles():
    plt.rcParams.update({
        'font.sans-serif': 'SimHei',      # 中文显示
        'axes.unicode_minus': False,      # 显示负号
        'font.size': 14,                  # 全局字号
        'axes.titlesize': 16,             # 标题字号
        'axes.labelsize': 14,             # 坐标轴标签字号
        'xtick.labelsize': 12,            # x轴刻度字号
        'ytick.labelsize': 12             # y轴刻度字号
    })

# 获取SimHei字体的路径并创建字体属性
def get_font_properties():
    font_paths = [f.fname for f in fm.fontManager.
        ttflist if 'SimHei' in f.name]
```

```python
    simhei_path = font_paths[0] if font_paths else None

    if not simhei_path:
        raise ValueError("SimHei字体未找到，请确保已安装SimHei字体。")

    return fm.FontProperties(fname=simhei_path)

# 加载数据集并返回特征和目标
def load_iris_data():
    iris = datasets.load_iris()
    X = iris.data
    y = iris.target
    return X, y, iris

# 划分训练集和测试集
def split_data(X, y):
    return train_test_split(X, y, test_size=0.2,
        random_state=42)

# 训练KNN模型并预测
def train_knn_model(X_train, y_train, X_test):
    knn = KNeighborsClassifier(n_neighbors=3)
    knn.fit(X_train, y_train)
    return knn.predict(X_test)

# 绘制Iris数据集特征对比图
def plot_feature_comparison(iris_df, my_font):
    sns.set(style="whitegrid", palette="husl")
    g = sns.pairplot(iris_df, hue='种类',
        markers=['o', 's', 'D'], diag_kind='kde',
        height=2.5, aspect=1.2, palette="muted")

    # 设置图形字体
```

```python
    for ax in g.axes.flat:
        ax.set_xlabel(ax.get_xlabel(),
            fontproperties=my_font, fontsize=12)
        ax.set_ylabel(ax.get_ylabel(),
            fontproperties=my_font, fontsize=12)

    # 调整图例
    handles = g._legend_data.values()
    labels = g._legend_data.keys()
    g._legend.remove()
    legend = g.fig.legend(handles=handles,
        labels=labels, loc='upper center', ncol=3,
        prop=my_font, fontsize=12)
    legend.set_title('种类', prop=my_font)

    # 调整图形布局
    plt.subplots_adjust(top=0.92, bottom=0.08,
        left=0.08, right=0.92)
    plt.show()

# 主函数
def main():
    # 设置全局样式
    set_global_styles()

    # 获取字体
    my_font = get_font_properties()

    # 加载数据
    X, y, iris = load_iris_data()

    # 划分数据集
    X_train, X_test, y_train, y_test = split_
        data(X, y)
```

```python
    # 训练模型并预测
    y_pred = train_knn_model(X_train, y_train, X_test)

    # 输出分类报告和混淆矩阵
    print("分类报告: ")
    print(classification_report(y_test, y_pred))
    print("混淆矩阵: ")
    print(confusion_matrix(y_test, y_pred))

    # 数据可视化
    iris_df = pd.DataFrame(data=iris.data,
        columns=iris.feature_names)
    iris_df['species'] = iris.target
    iris_df['species'] = iris_df['species'].map({0:
        '山鸢尾', 1: '杂色鸢尾', 2: '维吉尼亚鸢尾'})

    # 修改列名为中文
    iris_df.columns = ['萼片长度', '萼片宽度', '花瓣长
        度', '花瓣宽度', '种类']

    # 绘制特征对比图
    plot_feature_comparison(iris_df, my_font)

# 运行主函数
if __name__ == "__main__":
    main()
```

这段代码首先加载了Iris数据集，并使用K-近邻分类器对其进行了训练。接下来，代码创建了一个pairplot（成对关系图），展示了Iris数据集中4个特征的两两关系，通过颜色和标记的不同区分了3种鸢尾花。最后，通过计算分类报告和混淆矩阵来评估模型的性能。

在统计前，我们先对几个基本概念做简单的介绍。

(1)准确率(Accuracy):准确率是分类正确的样本数占总样本数的比例。它是分类器在所有样本上的整体表现。

$$\text{Accuracy} = \frac{TP + TN}{TP + TN + FP + FN}$$

(2)精准率(Precision):精准率是指分类器预测为正例的样本中,实际为正例的比例。它反映了分类器预测结果的准确性。

$$\text{Precision} = \frac{TP}{TP + FP}$$

(3)召回率(Recall):召回率是指实际为正例的样本中,被分类器预测为正例的比例。它反映了分类器对正例的识别能力。

$$\text{Recall} = \frac{TP}{TP + FN}$$

(4)F_1分数(F_1 Score):F_1分数是精准率和召回率的调和平均值,用于评估分类器在精准率和召回率之间的权衡。当精准率和召回率都高时,F_1分数才会高。

$$F_1 \text{ Score} = \frac{2 \cdot (\text{Precision} \cdot \text{Recall})}{\text{Precision} + \text{Recall}}$$

(5)混淆矩阵(Confusion Matrix):混淆矩阵是一个二维表格,用于描述分类器的预测结果和实际结果之间的关系。矩阵中的每个单元格表示一个特定的预测-实际组合。对于二分类问题,混淆矩阵的形式如表7.6所示。

表7.6 混淆矩阵

	预测为正	预测为负
实际为正	TP	FN
实际为负	FP	TN

其中,TP(True Positive)表示实际为正例且预测为正例的样本数;TN(True Negative)表示实际为负例且预测为负例的样本数;FP(False Positive)表示实际为负例但预测为正例的样本数;FN(False Negative)表示实际为正例但预测为负例的样本数。

将上面的代码复制到 PyCharm 中运行,得到 K-近邻的准确率、精准率、F_1 分数和混淆矩阵,如 7-8 所示。

7-8 Iris 数据集中 K-近邻算法的准确率、精准率、召回率 F_1 分数和混淆矩阵

分类报告:

	Precision	Recall	F_1 Score	Support
0	1.00	1.00	1.00	10
1	1.00	1.00	1.00	9
2	1.00	1.00	1.00	11
accuracy			1.00	30
macro avg	1.00	1.00	1.00	30
weighted avg	1.00	1.00	1.00	30

混淆矩阵:
[[10 0 0]
 [0 9 0]
 [0 0 11]]

同时,绘制的 Iris 数据集分类图如图 7.2 所示。

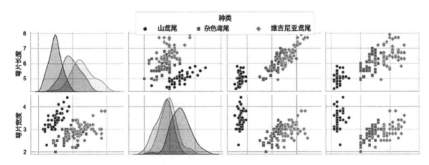

图 7.2　Iris 数据集分类图

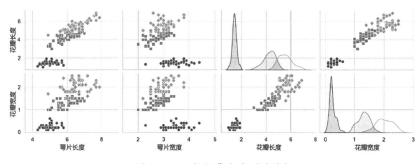

图 7.2　Iris 数据集分类图（续）

从 K-近邻分类图中，我们可以观察到 3 种鸢尾花在特征空间中的分布。山鸢尾在花瓣长度和花瓣宽度特征上与其他 2 种有较明显的区分，而杂色鸢尾和维吉尼亚鸢尾在部分特征组合上存在一定的重叠，这可能导致分类时产生一定的误差。然而，根据分类报告和混淆矩阵，K-近邻分类器在这个案例中表现出了很好的性能。

> **注意：** 准确率为 1 是因为测试集中的数据与训练集具有相似的特征，因此 K-近邻算法能够很好地预测测试集中的数据。但在实际情况中，准确率不太可能总是达到 1。如果需要评估模型的稳定性，可以尝试使用交叉验证方法。

综上所述，使用 DeepSeek 实现 K-近邻分类是一个有效的方法，它利用了 DeepSeek 在自然语言处理方面的优势，直接使用 K-近邻算法进行分类。这种方法不需要事先对数据进行特征提取和选择，能够适应不同的数据类型和规模，具有很好的灵活性和鲁棒性。

7.1.3　使用 DeepSeek 进行朴素贝叶斯分类

朴素贝叶斯分类器（Naive Bayes Classifier）是一种基于概率论的分类算法。它基于贝叶斯定理，对特征之间的条件独立性假设进行简化。朴素贝叶斯分类器在许多领域都有广泛的应用，如文本分类、垃圾邮件过滤等。

朴素贝叶斯分类器的基本思想是根据特征的条件概率，计算某一类别发生的概率。朴素贝叶斯算法中的"朴素"来源于对特征之间的条件独立性假设，即假设每个特征之间相互独立，不受其他特征的影响。尽管这个假设在现实情况中不一定成立，但朴素贝叶斯分类器在许多实际问题中仍然表现出了良好的性能。

朴素贝叶斯分类器基于贝叶斯定理，其公式如下。

$$P(C\_k|X) = \frac{P(X|C\_k) \cdot P(C\_k)}{P(X)}$$

其中，$P(C\_k|X)$ 表示给定特征 X 下类别 C_k 的后验概率，$P(X|C\_k)$ 表示类别 C_k 下特征 X 的似然概率，$P(C\_k)$ 表示类别 C_k 的先验概率，$P(X)$ 表示特征 X 的边缘概率。

在分类问题中，我们需要找到使 $P(C\_k|X)$ 最大的类别 C_k。由于 $P(X)$ 对所有类别都相同，因此我们只需要关注分子部分，即

$$C\_k = \operatorname{argmax}(P(X|C\_k) \cdot P(C\_k))$$

虽然朴素贝叶斯分类器具有分类效果好、训练速度快、可解释性高等优点，但对特征独立性的假设过于简化，无法处理缺失值和连续型特征。要很好地利用这一算法，需要掌握贝叶斯定理和条件概率的基本概念、统计学的基本知识、数据预处理方法、机器学习的基本理论和算法，同时具备一定的编程能力和实战经验。

通过 DeepSeek 可以快速利用朴素贝叶斯进行分类。下面我们通过经典的新闻数据集介绍如何使用 DeepSeek 进行朴素贝叶斯分类。

20 个新闻组（20 Newsgroups）数据集是一个广泛用于文本分类任务的数据集，由 C. Apte、D. Newman 和 S. H. Rowe 等提供，包含 20 个不同主题的新闻组文章。这些文章来自 Usenet 新闻组，包括计算机技术、体育、政治等不同主题。每个主题都包含至少数百篇文章，整个数据集总计包含 18846 篇文章，并被分为训练集和测试集两部分。该数据集已被广泛用于文本分类和信息检索领域的研究和实践。该数据集的特征如表 7.7 所示。

表7.7 20 Newsgroups 数据集的特征

特征名称	描述
主题数	20
文章数	18846
平均文章长度	1327
类别平衡性	均衡，每个类别都至少有500篇文章
数据集划分	训练集（60%）、测试集（40%）
数据格式	文本文件
编码	原始文件为ISO-8859-1编码，已经转换成UTF-8编码
数据来源	来自Usenet新闻组，包含计算机技术、体育、政治等不同主题

该数据集的部分数据如表7.8所示。

表7.8 20 Newsgroups 数据集的部分数据

文章ID	主题	标题	文章内容
1	alt.atheism	Re: What's Wrong With This Picture?	...In article C5o5I5.5p5@news.cso.uiuc.edu mathew mathew@mantis.co.uk writes:...
2	comp.graphics	Re: 3D Position from 2D image	...What you're asking is a very deep computer vision problem, and I can't imagine how anyone could attempt to do it without heavy use of knowledge about the object being viewed. Consider, for example, a human face. If you're viewing it from the side and can see only one eye, how do you know which side of the face you're looking at...
3	comp.os.ms-windows.misc	Re: GUI Toolkit for Windows?	...I would like to know if there are any GUI toolkits available for Windows. I would like to use this with Visual C++ 1.5 on a Windows 3.1 machine...

续表

文章ID	主题	标题	文章内容
4	rec.autos	Re: New car models	...after market kits for the model, there are not too many other options. I just saw a picture of the car for the first time today in the new issue of Car & Driver. It looks nice, though...
5	sci.crypt	Re: new cryptanalysis of RC4	...If you are familiar with the basic workings of RC4, it is easy to see that the attack will work. Basically, if you know the key stream (which is just the output of the RC4 algorithm...

我们可以直接通过DeepSeek快速构建20 Newsgroups数据集的朴素贝叶斯算法，提示语如7-9所示。

> **7-9　20 Newsgroups 数据集的朴素贝叶斯算法提示语**
>
> 你是高级数据分析师，具备以下能力。
>
> 数据分析技能：具备深入理解数据的能力，能够对数据进行有效的解读和分析，并得出有价值的结论。
>
> 统计学知识：具备基本的统计学知识，能够运用统计学方法分析数据，进行数据建模和预测。
>
> 数据可视化：能够使用各种数据可视化工具将数据呈现出来，使数据更加易于理解和传达。
>
> 编程能力：具备编程技能，能够使用编程语言，如Python、R语言等，进行数据分析和处理。
>
> 业务理解能力：理解业务背景和目标，能够将数据分析结果与业务需求相结合，提供有实际意义的解决方案。
>
> 沟通和表达能力：能够清晰地表达数据分析结果，将复杂的数据分析结果转化为简洁明了的报告和演示文稿，与业务方进行有效的沟通。
>
> 创新能力：具备创新思维，能够寻找新的数据分析方法和技术，不断改进数据分析方法，提高数据分析效率和准确性。
>
> 请你从专业的角度，对20 Newsgroups数据集构建一个朴素贝叶斯的

分类函数，并绘制曲线。

直接以代码块的形式给我Python代码。

DeepSeek根据需求，生成的朴素贝叶斯分类代码如7-10所示。

7-10　20 Newsgroups数据集的朴素贝叶斯分类代码

```python
import numpy as np
import pandas as pd
import matplotlib.pyplot as plt
import seaborn as sns
from sklearn.datasets import fetch_20newsgroups
from sklearn.feature_extraction.text import
    CountVectorizer
from sklearn.model_selection import train_test_split
from sklearn.naive_bayes import MultinomialNB
from sklearn.metrics import classification_report,
    confusion_matrix
from sklearn.manifold import TSNE

# 设置全局字体为SimHei（确保系统中已安装该字体）
plt.rcParams['font.family'] = 'SimHei'
plt.rcParams['axes.unicode_minus'] = False
                                # 解决负号显示问题


# 获取数据集
newsgroups = fetch_20newsgroups(subset='all',
    remove=('headers', 'footers', 'quotes'))
X, y = newsgroups.data, newsgroups.target

# 数据预处理
vectorizer = CountVectorizer(stop_words='english',
    max_df=0.5, min_df=2)
X_vec = vectorizer.fit_transform(X)

# 划分训练集和测试集
```

```python
X_train, X_test, y_train, y_test = train_test_
    split(X_vec, y, test_size=0.2, random_state=42)

# 朴素贝叶斯分类器
clf = MultinomialNB()
clf.fit(X_train, y_train)

# 预测
y_pred = clf.predict(X_test)

# 分类报告
print(classification_report(y_test, y_pred, target_
    names=newsgroups.target_names))

# 混淆矩阵
cm = confusion_matrix(y_test, y_pred)
cm_df = pd.DataFrame(cm, index=newsgroups.target_
    names, columns=newsgroups.target_names)

# 绘制混淆矩阵热力图
plt.figure(figsize=(12, 10))
sns.heatmap(cm_df, annot=True, fmt='d', cmap='Blues',
    cbar=False)
plt.title('混淆矩阵', fontsize=16)
plt.xlabel('预测标签', fontsize=14)
plt.ylabel('真实标签', fontsize=14)
plt.xticks(rotation=90, fontsize=8)
plt.yticks(fontsize=8)
plt.show()

# 计算各类别预测准确率
accuracy_per_class = np.diag(cm) / np.sum(cm,
    axis=1)

# 绘制各类别预测准确率条形图
plt.figure(figsize=(10, 6))
```

```python
sns.barplot(x=newsgroups.target_names, y=accuracy_
    per_class, palette='viridis')
plt.title('各类别预测准确率', fontsize=16)
plt.xlabel('类别', fontsize=14)
plt.ylabel('准确率', fontsize=14)
plt.xticks(rotation=90, fontsize=8)
plt.yticks(fontsize=8)
plt.show()

# 对测试集进行t-SNE降维
tsne = TSNE(n_components=2, random_state=42,
    init='pca', learning_rate='auto')
X_test_2d = tsne.fit_transform(X_test.toarray())

# 绘制t-SNE降维后的分类图
plt.figure(figsize=(12, 8))
for i, target_name in enumerate(newsgroups.target_
    names):
    plt.scatter(X_test_2d[y_test == i, 0], X_
        test_2d[y_test == i, 1], label=target_name,
        alpha=0.7)
plt.title('t-SNE降维后的分类图', fontsize=16)
plt.xlabel('t-SNE特征1', fontsize=14)
plt.ylabel('t-SNE特征2', fontsize=14)
plt.legend(bbox_to_anchor=(1.05, 1), loc='upper
    left', fontsize=8)
plt.tight_layout()
plt.show()
```

这段代码首先对 20 Newsgroups 数据集进行了预处理，然后使用朴素贝叶斯分类器训练模型，并对测试集进行预测。接着，代码输出了分类报告，并绘制了混淆矩阵热力图和各类别预测准确率条形图。

将上面的代码复制到 PyCharm 中运行，得到 20 Newsgroups 数据集在经过朴素贝叶斯分类后的准确率、精准率、召回率、F_1 分数和样本数量如 7-11 所示。

图 7-11　20 Newsgroups 数据集在经过朴素贝叶斯分类后的准确率、精准率、召回率、F_1 分数和样本数量

	Precision	Recall	F_1 Score	Support
alt.atheism	0.58	0.55	0.57	151
comp.graphics	0.55	0.74	0.63	202
comp.os.ms-windows.misc	0.69	0.05	0.09	195
comp.sys.ibm.pc.hardware	0.49	0.75	0.59	183
comp.sys.mac.hardware	0.78	0.71	0.74	205
comp.windows.x	0.71	0.81	0.75	215
misc.forsale	0.84	0.65	0.73	193
rec.autos	0.80	0.76	0.78	196
rec.motorcycles	0.49	0.74	0.59	168
rec.sport.baseball	0.93	0.83	0.87	211
rec.sport.hockey	0.93	0.86	0.90	198
sci.crypt	0.75	0.78	0.76	201
sci.electronics	0.78	0.66	0.72	202
sci.med	0.85	0.85	0.85	194
sci.space	0.82	0.77	0.80	189
soc.religion.christian	0.58	0.89	0.70	202
talk.politics.guns	0.68	0.74	0.71	188
talk.politics.mideast	0.79	0.77	0.78	182
talk.politics.misc	0.50	0.63	0.56	159
talk.religion.misc	0.75	0.15	0.26	136
accuracy			0.70	3770
macro avg	0.72	0.68	0.67	3770
weighted avg	0.72	0.70	0.68	3770

20 Newsgroups 数据集的混淆矩阵如图 7.3 所示。

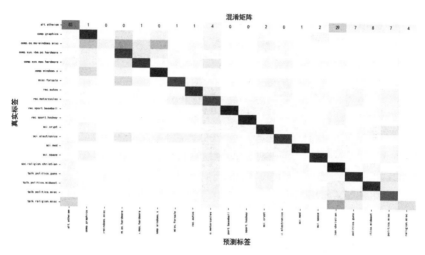

图 7.3 混淆矩阵

同时,绘制的 20 Newsgroups 数据集各类别预测准确率条形图如图 7.4 所示。

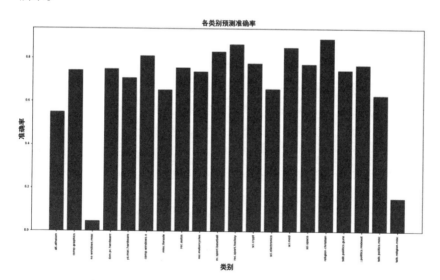

图 7.4 20 Newsgroups 数据集各类别预测准确率条形图

该数据集降维后的分类图如图 7.5 所示。

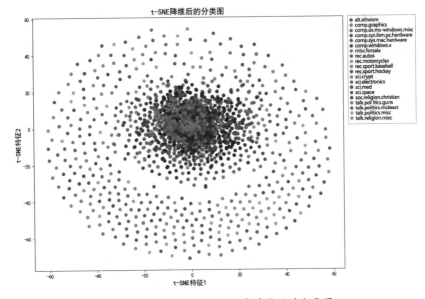

图 7.5　20 Newsgroups 数据集降维后的分类图

从朴素贝叶斯绘制的图中可以看出，分类器在某些类别上的预测准确率较高，而在其他类别上则表现较差。这可能是由于数据集中不同类别的数据特征分布不均匀，因此分类器在预测时存在一定程度的偏差。

综上所述，使用 DeepSeek 进行朴素贝叶斯分类是一种高效且精准的方法。通过利用 DeepSeek 对文本进行建模和预测，可以在各种领域中实现准确的分类。朴素贝叶斯分类是一种基于概率论的分类方法，它假设特征之间是独立的，从而简化了计算过程。使用 DeepSeek 可以更好地解决这种假设所带来的限制，并且可以更准确地建模和预测文本分类任务。在实践中，使用 DeepSeek 进行朴素贝叶斯分类可以帮助人们更好地理解和利用文本数据，并在各种应用场景中提高预测的准确性和效率。

7.1.4　使用 DeepSeek 进行支持向量机分类

支持向量机（Support Vector Machine，SVM）是一种非常流行的监督学习算法，用于解决分类和回归问题。SVM 基于结构风险最小化原则，试图找到一个最优的超平面，将不同类别的数据在特征空间中分隔开。

SVM具有很好的泛化能力,在高维数据和小样本问题上表现优异。SVM经常应用于图像识别、文本分类、生物信息学等领域。

SVM的核心思想是寻找一个最优超平面,将不同类别的数据在特征空间中尽可能地分隔开。为了理解SVM的公式,我们需要先介绍线性可分SVM,然后再介绍线性不可分情况下的软间隔SVM和核技巧。

1. 线性可分SVM

对于一个二分类问题,给定训练数据集

$$D = \{(x_1, y_1),(x_2, y_2),\cdots,(x_n, y_n)\}$$

其中,x_n表示第n个样本的特征向量,$y_n \in \{-1, 1\}$表示对应的类别标签。线性可分SVM试图找到一个分隔超平面

$$w \cdot x + b = 0$$

其中,w是法向量,决定了超平面的方向;b是偏置项,决定了超平面的位置。我们需要找到最优的w和b,使不同类别之间的间隔最大化。间隔可以用下面的公式表示。

$$\text{margin} = \frac{2}{\|w\|}$$

为了最大化间隔,等价于求解如下优化问题。

$$\min(1/2 \cdot \|w\|^2)$$
$$\text{subject to } y_i(w \cdot x_i + b) \geq 1,\ i = 1, 2, \cdots, n$$

这是一个凸二次规划问题,可以使用拉格朗日乘子法和KKT条件求解。

2. 线性不可分SVM(软间隔SVM)

对于线性不可分的情况,我们引入松弛变量ε_i,允许部分样本点不满足约束条件。此时,我们需要在最大化间隔的同时,尽量减少误分类点。优化问题变为

$$\min(1/2 \cdot \|w\|^2 + C \cdot \sum \varepsilon_i)$$
$$\text{subject to } y_i(w \cdot x_i + b) \geq 1 - \varepsilon_i,\ i = 1, 2, \cdots, n$$
$$\varepsilon_i \geq 0,\ i = 1, 2, \cdots, n$$

其中，$C > 0$ 是一个超参数，控制间隔和误分类点之间的权衡。

3. 核技巧

在非线性分类问题中，SVM通过核技巧将原始特征空间映射到更高维的空间，以在高维空间中寻找分隔超平面。核函数 $K(x_i, x_j)$ 用于计算映射后的特征向量的内积。常用的核函数有线性核、多项式核、径向基函数（RBF）核等。此时，优化问题的解可以表示为

$$f(x) = \sum \left(\alpha_i \cdot y_i \cdot K(x_i, x) \right) + b$$

其中，α_i 是拉格朗日乘子，可以通过解优化问题得到。

SVM算法具有出色的性能，适用于处理高维数据和小样本问题，并可应用于多种场景。为了最大限度地利用SVM的潜力，需要掌握线性代数、优化方法和核函数的原理，同时具备一定的编程能力和实战经验。通过使用DeepSeek，我们可以快速而准确地实现SVM算法。接下来，我们通过一个实例来演示这一过程。

MNIST是一种手写数字数据集，由来自美国国家标准与技术研究院的两位研究员构建。该数据集包含60000张训练图像和10000张测试图像，每张图像均为28×28像素大小的灰度图像，表示0到9之间的数字。该数据集被广泛应用于机器学习领域，特别适用于图像分类和数字识别任务。

MNIST作为经典的图像分类数据集，其部分数据可以通过7-12的代码下载展示。

7-12　绘制MNIST数据集的部分代码

```
import numpy as np
import matplotlib.pyplot as plt
from keras.datasets import mnist

# 加载MNIST数据集
(X_train, y_train), (X_test, y_test) = mnist.load_data()

# 定义数字标签的名称
```

```python
labels = ["0", "1", "2", "3", "4", "5", "6", "7",
    "8", "9"]

# 随机选择25个数字的索引
random_indices = np.random.choice(len(X_train),
    size=25, replace=False)

# 绘制图像
fig, axs = plt.subplots(5, 5, figsize=(10, 10))
fig.subplots_adjust(hspace=0.5, wspace=0.5)
                                # 增加子图间的间距
for i in range(5):
    for j in range(5):
        index = random_indices[i*5+j]
        axs[i, j].imshow(X_train[index], cmap='gray')
        axs[i, j].axis('off')
        axs[i, j].set_title(labels[y_train[index]],
            fontsize=14, fontweight='bold')

# 显示图像
plt.show()
```

运行以上代码，可视化MNIST数据集的部分数据，如图7.6所示。

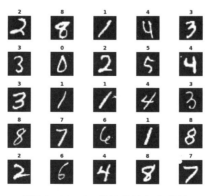

图7.6　MNIST数据集的部分数据

我们可以直接使用DeepSeek构建支持向量机对MNIST数据集分类，提示语如7-13所示。

> **7-13　MNIST数据集的SVM算法提示语**
>
> 你是高级数据分析师，具备以下能力。
> 数据分析技能：具备深入理解数据的能力，能够对数据进行有效的解读和分析，并得出有价值的结论。
> 统计学知识：具备基本的统计学知识，能够运用统计学方法分析数据，进行数据建模和预测。
> 数据可视化：能够使用各种数据可视化工具将数据呈现出来，使数据更加易于理解和传达。
> 编程能力：具备编程技能，能够使用编程语言，如Python、R语言等，进行数据分析和处理。
> 业务理解能力：理解业务背景和目标，能够将数据分析结果与业务需求相结合，提供有实际意义的解决方案。
> 沟通和表达能力：能够清晰地表达数据分析结果，将复杂的数据分析结果转化为简洁明了的报告和演示文稿，与业务方进行有效的沟通。
> 创新能力：具备创新思维，能够寻找新的数据分析方法和技术，不断改进数据分析方法，提高数据分析效率和准确性。
> 请你从专业的角度，对MNIST数据集构建一个SVM的分类函数，并绘制曲线。
> 直接以代码块的形式给我Python代码。

DeepSeek根据需求，生成的SVM分类代码如7-14所示。

> **7-14　MNIST数据集的SVM分类代码**
>
> ```
> import numpy as np
> import matplotlib.pyplot as plt
> from sklearn import datasets, svm, metrics
> from sklearn.model_selection import train_test_split
> from sklearn.preprocessing import StandardScaler
> ```

```python
from sklearn.pipeline import make_pipeline

# 设置全局样式
plt.rcParams.update({
    'font.sans-serif': 'SimHei',        # 中文显示
    'axes.unicode_minus': False,         # 显示负号
    'font.size': 14,                     # 全局字号
    'axes.titlesize': 16,                # 标题字号
    'axes.labelsize': 14,                # 坐标轴标签字号
    'xtick.labelsize': 12,               # x轴刻度字号
    'ytick.labelsize': 12                # y轴刻度字号
})

# 加载MNIST数据集
digits = datasets.load_digits()

# 将数据分为训练集和测试集
X_train, X_test, y_train, y_test = train_test_
    split(digits.data, digits.target, test_size=0.3,
    random_state=42)

# 创建SVM分类器并训练模型
clf = make_pipeline(StandardScaler(), svm.
    SVC(kernel='rbf', gamma=0.001))
clf.fit(X_train, y_train)

# 预测测试集
y_pred = clf.predict(X_test)

# 计算分类准确率
accuracy = metrics.accuracy_score(y_test, y_pred)
print(f"分类准确率: {accuracy:.2f}")

# 绘制混淆矩阵
```

```
disp = metrics.ConfusionMatrixDisplay.from_
    predictions(y_test, y_pred)
disp.figure_.suptitle("混淆矩阵")
plt.show()
```

上面的代码首先加载了MNIST数据集，将其分为训练集和测试集，然后使用标准化对数据进行预处理。其次，创建并训练一个基于RBF核的SVM分类器。分类器训练完成后，对测试集进行了预测，并计算分类器的准确率。最后，绘制混淆矩阵以可视化分类器在各类别之间的预测表现。

将上面的代码复制到PyCharm中运行，得到的MNIST数据集在经过SVM分类后的准确率为0.97。同时，绘制的混淆矩阵如图7.7所示。

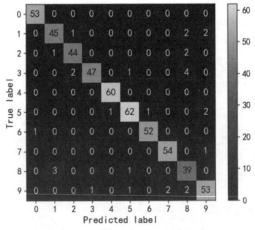

图7.7　MNIST数据集的混淆矩阵

从混淆矩阵中，我们可以看到SVM分类器在MNIST数据集上的表现较好，大部分数字都被准确的分类。同时，通过观察混淆矩阵中的非对角线元素，我们可以了解哪些数字容易被误分类为其他数字，从而得出SVM分类器在MNIST数据集上的分类效果和性能。

> **说明:** 除了混淆矩阵,还可以绘制其他类型的图表来展示分类器的性能。例如,绘制 ROC 曲线,展示模型在不同阈值下的真正例率(召回率)和假正例率之间的权衡。同时,计算 AUC 值以量化分类器的性能。或者绘制 Precision-Recall 曲线,展示模型在不同阈值下的精准率和召回率之间的权衡。值得注意的是,MNIST 是多分类问题,需要将其转换为二分类问题才能绘制 ROC 曲线和 Precision-Recall 曲线。

综上所述,使用 DeepSeek 进行支持向量机分类是一种有效的方法。支持向量机是一种广泛应用于分类问题的机器学习算法,而 DeepSeek 则是一种基于深度学习的自然语言处理技术。通过结合这两种技术,可以实现更准确和高效的文本和图像分类。

除了 K-近邻(K-Nearest Neighbor,KNN)、朴素贝叶斯(Naive Bayes)和支持向量机(Support Vector Machine,SVM),还有以下常见的分类算法。

(1)决策树(Decision Tree):如 ID3、C4.5 和 CART 等算法,根据属性值对数据进行划分,形成一棵树形结构。

(2)随机森林(Random Forest):基于多个决策树的集成学习方法,通过对多个决策树的结果进行投票,得出最终的分类结果。

(3)梯度提升树(Gradient Boosting Tree,GBT):通过构建并组合多个决策树,按照梯度提升方法优化损失函数,以提高分类性能。

(4)逻辑回归(Logistic Regression):一种线性分类器,通过对特征数据进行加权求和,然后将结果通过 Sigmoid 函数进行映射,得到 0 到 1 之间的概率值。

(5)神经网络(Neural Network):模拟人脑神经元工作原理的算法,通过多层神经元组合形成复杂的模型,可以应对各种类型的分类任务。

(6)深度学习(Deep Learning):基于神经网络的一种扩展,包括卷积神经网络(Convolutional Neural Network,CNN)、循环神经网络(Recurrent Neural Network,RNN)、长短期记忆网络(Long Short Term Memory,LSTM)等。

（7）AdaBoost：一种基于权重的集成学习算法，通过将多个弱分类器组合成一个强分类器，提高分类性能。

这些分类算法各自具有优缺点和适用场景，因此选择适合特定问题和数据特征的算法非常重要。读者既可以参考前面的方法，使用 DeepSeek 快速实现这些算法，也可以让 DeepSeek 根据数据自动选择最合适的算法。在选择算法时，需要根据具体情况进行判断，本小节不再详细说明。对此感兴趣的读者可以自行尝试。

7.2 使用 DeepSeek 进行聚类分析

聚类分析是一种将相似的数据点分组或分配到类似的簇或组中的无监督学习算法。在聚类分析中，数据点通常被表示为向量，聚类算法则可以基于相似度或距离等标准计算数据点之间的相似度或距离，以找出数据点之间的关系并进行聚类。本节将介绍如何使用 DeepSeek 实现两种常见的聚类算法：K-Means 聚类和层次聚类。

7.2.1 使用 DeepSeek 进行 K-Means 聚类

K-Means 是一种无监督学习算法，主要用于解决聚类问题。它通过将数据分为 K 个簇，使同一簇内的数据点彼此接近，而不同簇之间的数据点尽可能远离。K-Means 算法广泛应用于市场细分、图像分割、异常检测等领域。

K-Means 聚类的核心思想是最小化每个簇内样本与簇中心的距离之和。为了理解 K-Means 的原理，我们需要了解算法的流程。

1. 初始化

选取 K 个数据点作为初始簇中心，记作

$$\{c_1, c_2, \cdots, c_k\}$$

2. 分配

将每个数据点分配给最近的簇中心,计算数据点 x_i(i 从 1 到 N)与簇中心 c_j(j 从 1 到 K)的距离,然后将 x_i 分配给距离最近的簇中心。这一步可以使用欧几里得距离来计算:

$$\text{dist}(x_i, c_j) = \sqrt{(x_i[d] - c_j[d])^2}$$

3. 更新

更新每个簇的中心,使其成为簇内所有数据点的均值:

$$c_j = \frac{1}{|S_j|} \sum x_i$$

其中,S_j 是分配给簇中心 c_j 的数据点集合,$|S_j|$ 表示 S_j 中的数据点数量。

4. 迭代

重复步骤 2 和 3,直到簇中心不再发生变化或达到最大迭代次数。

K-Means 算法的目标是最小化一个称为 Inertia 的代价函数,即每个簇内数据点到其簇中心的距离平方和:

$$\text{Inertia} = \sum \sum (x_i[d] - c_j[d])^2$$

其中,第一个求和符号对所有簇进行求和,第二个求和符号对簇内的所有数据点进行求和,d 是数据点的维数。

> ⚠ **注意**:K-Means 算法并不保证找到全局最优解,因为它容易陷入局部最优解。为了获得更好的结果,通常会进行多次随机初始化,并选择具有最低惯性值的聚类结果。

K-Means 用于聚类分析,要求数据集满足以下条件。

● **数值型数据**:K-Means 算法要求数据集中的特征是数值型数据,因为需要计算距离。

● **独立同分布**:K-Means 假设数据集中的样本是独立同分布的,即每个样本点之间是相互独立的。

● **不同类别的数据分布相似**:K-Means 算法假设不同类别的数据分

布相似,即数据集中不同类别的数据之间的方差相似。

通过使用DeepSeek,我们可以快速而准确地实现K-Means聚类算法。下面,我们通过一个实例来演示这一过程。

小明是一家手机厂商的数据分析师,需要分析用户的购买行为,从而对用户进行分类。其中,用户的信息和行为如表7.9所示。

表7.9 用户的信息和行为

顾客编号	年龄	性别	收入(元)	地理位置	购买行为
1	20	女性	15000	北京市	购买商品A
2	25	男性	20000	上海市	购买商品B
3	22	女性	18000	深圳市	购买商品A
4	35	男性	40000	广州市	购买商品C
5	40	女性	55000	上海市	购买商品B
6	50	男性	70000	北京市	购买商品A
7	23	女性	16000	深圳市	购买商品C
8	28	男性	22000	广州市	购买商品A
9	45	女性	50000	上海市	购买商品B
10	60	男性	80000	北京市	购买商品C
11	30	女性	25000	北京市	购买商品A
12	35	女性	35000	深圳市	购买商品C
13	22	女性	17000	北京市	购买商品B
14	50	女性	60000	北京市	购买商品C
15	27	男性	18000	深圳市	购买商品A
16	32	男性	30000	上海市	购买商品B
17	45	男性	45000	深圳市	购买商品C

顾客编号	年龄	性别	收入（元）	地理位置	购买行为
18	55	男性	65000	广州市	购买商品A
19	40	男性	52000	上海市	购买商品B
20	25	女性	23000	深圳市	购买商品C
21	28	男性	21000	北京市	购买商品A
22	32	女性	26000	上海市	购买商品B
23	45	男性	48000	北京市	购买商品C
24	38	女性	42000	广州市	购买商品A
25	28	女性	20000	北京市	购买商品B
26	30	男性	28000	上海市	购买商品C
27	50	男性	65000	广州市	购买商品A
28	35	女性	32000	深圳市	购买商品C
29	23	女性	17000	北京市	购买商品B
30	40	男性	55000	上海市	购买商品A

小明可以利用DeepSeek直接对以上数据进行K-Means聚类，提示语如7-15所示。

7-15 K-Means聚类算法提示语

你是高级数据分析师，具备以下能力。

数据分析技能：具备深入理解数据的能力，能够对数据进行有效的解读和分析，并得出有价值的结论。

统计学知识：具备基本的统计学知识，能够运用统计学方法分析数据，进行数据建模和预测。

数据可视化：能够使用各种数据可视化工具将数据呈现出来，使数据更加易于理解和传达。

编程能力：具备编程技能，能够使用编程语言，如Python、R语言等，进行数据分析和处理。

业务理解能力：理解业务背景和目标，能够将数据分析结果与业务需求相结合，提供有实际意义的解决方案。

沟通和表达能力：能够清晰地表达数据分析结果，将复杂的数据分析结果转化为简洁明了的报告和演示文稿，与业务方进行有效的沟通。

创新能力：具备创新思维，能够寻找新的数据分析方法和技术，不断改进数据分析方法，提高数据分析效率和准确性。

我是一家手机厂商的数据分析师，需要分析用户的购买行为，从而对用户进行分类。

数据已被我保存在了一个Excel文件中，如附件"用户的信息和行为表.xlsx"所示，数据的开头如下。

顾客编号　年龄　性别　收入（元）　地理位置　购买行为

请你从专业的角度，为这些数据构建一个K-Means的聚类函数，并绘制曲线。

直接以代码块的形式给我Python代码。

DeepSeek根据需求，生成的K-Means聚类算法代码如7-16所示。

7-16　DeepSeek生成的K-Means聚类算法代码

```python
import pandas as pd
import numpy as np
import matplotlib.pyplot as plt
from sklearn.cluster import K-Means
from sklearn.preprocessing import MinMaxScaler
from sklearn.metrics import silhouette_score
import matplotlib.font_manager as fm
import seaborn as sns

# 读取数据
data = pd.read_excel("用户信息和行为表.xlsx")
```

```python
# 数据预处理
data['性别'] = data['性别'].replace({'男性': 0,
    '女性': 1})
data['地理位置'] = data['地理位置'].astype('category').
    cat.codes
data['购买行为'] = data['购买行为'].astype('category').
    cat.codes

# 特征缩放
scaler = MinMaxScaler()
scaled_data = scaler.fit_transform(data.iloc[:, 1:])

# 寻找最佳聚类数
inertia = []
silhouette_scores = []
k_values = list(range(2, 11))

for k in k_values:
    kmeans = KMeans(n_clusters=k, random_state=42)
    kmeans.fit(scaled_data)
    inertia.append(kmeans.inertia_)
    silhouette_scores.append(silhouette_
        score(scaled_data, kmeans.labels_))

# 获取SimHei字体的路径
font_paths = [f.fname for f in fm.fontManager.
    ttflist if 'SimHei' in f.name]
simhei_path = font_paths[0] if font_paths else None

if not simhei_path:
    raise ValueError("SimHei字体未找到，请确保已安装
        SimHei字体。")

my_font = fm.FontProperties(fname=simhei_path)
```

```python
# 使用最佳聚类数进行K-Means聚类
best_k = k_values[np.argmax(silhouette_scores)]
kmeans = KMeans(n_clusters=best_k, random_state=42)
kmeans.fit(scaled_data)

# 将聚类结果添加到原始数据中
data['类别'] = kmeans.labels_

# 输出结果
print("最佳聚类数量: ", best_k)
print("聚类后的数据: ")
print(data.head())

# 设置画布大小和风格
sns.set(rc={'figure.figsize':(10, 15)})
sns.set_style('whitegrid')

# 创建画布并设置子图
fig, axes = plt.subplots(3, 1)

# 绘制肘部法则曲线
axes[0].plot(k_values, inertia, 'bo-')
axes[0].set_xlabel('聚类数量', fontsize=10,
    fontproperties=my_font)
axes[0].set_ylabel('簇内误差平方和', fontsize=10,
    fontproperties=my_font)
axes[0].set_title('肘部法则曲线', fontsize=12,
    fontproperties=my_font, loc='left')
axes[0].set_xticks(k_values)

# 绘制轮廓系数曲线
axes[1].plot(k_values, silhouette_scores, 'go-')
axes[1].set_xlabel('聚类数量', fontsize=10,
```

```
        fontproperties=my_font)
axes[1].set_ylabel('轮廓系数', fontsize=10,
    fontproperties=my_font)
axes[1].set_title('轮廓系数曲线', fontsize=12,
    fontproperties=my_font, loc='left')
axes[1].set_xticks(k_values)

# 绘制聚类散点图
colors = sns.color_palette('husl', n_colors=best_k)
for i in range(best_k):
    cluster_data = data[data['类别'] == i]
    axes[2].scatter(cluster_data['年龄'], cluster_
        data['收入'], s=100, color=colors[i],
        alpha=0.8, label='类别 {}'.format(i))
axes[2].set_xlabel('年龄', fontsize=10,
    fontproperties=my_font)
axes[2].set_ylabel('收入(元)', fontsize=10,
    fontproperties=my_font)
axes[2].set_title('年龄与收入的聚类散点图', fontsize=12,
    fontproperties=my_font, loc='left')
axes[2].legend(prop=my_font)

# 调整子图间距并显示
plt.subplots_adjust(hspace=0.4)
plt.show()
```

这段代码首先对原始数据进行了预处理和特征缩放，然后通过肘部法则和轮廓系数寻找最佳聚类数。其次，使用最佳聚类数对数据进行K-Means聚类，将聚类结果添加到原始数据中。最后，绘制了一个三行一列的画布，分别展示了肘部法则曲线、轮廓系数曲线和年龄与收入的聚类散点图。在聚类散点图中，根据年龄和收入对客户进行了聚类，不同类别使用不同的颜色表示。

将以上代码复制到PyCharm中运行，得到的聚类数量和聚类后的数据如7-17所示。

7-17　DeepSeek得到的聚类数量和聚类后的数据

最佳聚类数量：8
聚类后的数据：

顾客编号	年龄	性别	收入	地理位置	购买行为	类别
1	20	1	15000	1	1	07
2	25	0	20000	0	0	15
3	22	1	18000	3	3	07
4	35	0	40000	2	2	23
5	40	1	55000	0	0	16

同时，绘制的肘部法则曲线、轮廓系数曲线和年龄与收入的聚类散点图如图7.8所示。

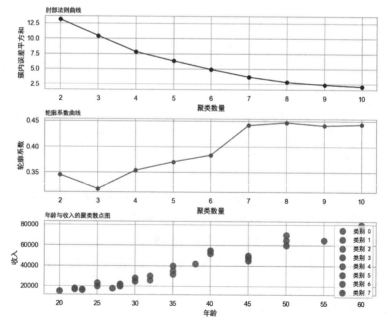

图7.8　肘部法则曲线、轮廓系数曲线和年龄与收入的聚类散点图

> **说明：** 肘部法则曲线（Elbow Method Curve）是一种通过观察簇内误差平方和（Sum of Squared Errors，SSE）随聚类数量变化的曲线确定最佳聚类数量的方法。在这条曲线中，随着聚类数量的增加，簇内误差平方和会逐渐减小。当某个聚类数量使簇内误差平方和的减小幅度变得不明显时，这个聚类数量就是肘部点，可以作为最佳聚类数量。这个方法的核心思想是寻找一个平衡点，既能保证聚类效果，又能避免过度拟合。
>
> 轮廓系数曲线（Silhouette Coefficient Curve）是一种用于评估聚类效果的指标，取值范围为-1～1。轮廓系数越接近1，说明聚类效果越好；越接近-1，说明聚类效果越差。在轮廓系数曲线中，我们可以观察轮廓系数随聚类数量的变化情况。通过找到轮廓系数最大的聚类数量，我们可以得到最佳的聚类效果。这个方法的核心思想是找到一组聚类结果，使同一簇内的样本相似度高，不同簇间的样本相似度低。

从K-Means绘制的曲线中，我们可以看到簇内误差平方和随聚类数量的变化（肘部法则曲线）及轮廓系数随聚类数量的变化。通过观察这些曲线，我们可以找到最佳聚类数量，从而对用户进行更合理的分类。在聚类散点图中，我们可以清晰地看到不同类别的用户在年龄和收入上的分布，从而更好地了解不同类别用户的特征，为进一步的业务决策提供依据。

综上所述，使用DeepSeek实现K-Means聚类是一种高效且准确的方法。通过利用DeepSeek强大的自然语言处理能力和K-Means算法的数据聚类能力，我们可以有效地实现数据的分类和分析，从而更好地理解和利用数据。

7.2.2 使用DeepSeek进行层次聚类

层次聚类是另一种无监督学习算法，用于将数据集划分为层次结构的簇。与K-Means聚类相比，层次聚类不需要预先确定簇的数量。层次聚类主要有两种方法：凝聚层次聚类和分裂层次聚类。在本小节中，我们将重点介绍凝聚层次聚类。

凝聚层次聚类的基本思想是将每个数据点视为一个独立的簇，然后通过计算簇之间的相似性，逐步将最相似的簇合并成更大的簇。这一过程持续到达到某个停止条件，如簇的数量达到预设阈值。以下是凝聚层次聚类的基本步骤。

1. 初始化

将每个数据点视为一个独立的簇。开始时，簇的数量等于数据点的数量 N。

2. 计算相似度矩阵

计算所有簇之间的相似度或距离。相似度度量可以是欧几里得距离、曼哈顿距离或其他自定义距离度量。相似度矩阵 D 的大小为 $N \times N$，其中 $D(i,j)$ 表示簇 i 和簇 j 之间的相似度。

在凝聚层次聚类中，我们需要计算簇之间的距离。不同的距离度量方法和簇间距离度量方法将影响算法的性能。常用的距离度量方法如下。

（1）欧几里得距离：对于数据点 x 和 y，欧几里得距离为

$$d(x, y) = \sqrt{(x_1 - y_1)^2 + (x_2 - y_2)^2 + \cdots + (x_n - y_n)^2}$$

（2）曼哈顿距离：对于数据点 x 和 y，曼哈顿距离为

$$d(x, y) = |x_1 - y_1| + |x_2 - y_2| + \cdots + |x_n - y_n|$$

3. 合并簇

找到相似度矩阵 D 中具有最小距离或最大相似度的两个簇 i 和 j，并将它们合并成一个新的簇。新簇的数量减少 1。

在层次聚类中，常用的合并策略有以下几种。

（1）单连接（最小距离）：新簇与其他簇之间的距离定义为原始簇中最接近的数据点之间的距离。

$$d(A \cup B, C) = \min\{d(a, c) \mid a \in A, c \in C\}$$

（2）完全连接（最大距离）：新簇与其他簇之间的距离定义为原始簇中最远的数据点之间的距离。

$$d(A \cup B, C) = \max\{d(a, c) \mid a \in A, c \in C\}$$

（3）平均连接（平均距离）：新簇与其他簇之间的距离定义为原始簇中所有数据点与其他簇中数据点之间距离的平均值。

$$d(A \cup B, C) = \frac{1}{|A| \cdot |C|} \sum \sum d(a, c) \mid \{a \in A, c \in C\}$$

这里，A 和 B 是要合并的簇，C 是其他簇，d(a, c) 表示数据点 a 和 c 之间的距离。请注意，在这些公式中，我们使用距离作为相似度度量。当然，我们也可以选择其他相似度度量来计算相似度矩阵。

4. 更新相似度矩阵

更新相似度矩阵 **D** 以反映合并后的新簇。根据所选的合并策略（如单连接、完全连接或平均连接），重新计算新簇与其他簇之间的相似度。

5. 迭代

重复步骤 3 和 4，直到达到停止条件，如簇的数量达到预设阈值。

6. 绘制树形图

树形图是层次聚类过程的可视化表示，它以树形结构展示了簇合并的过程。在树形图中，横轴表示数据点，纵轴表示簇间距离。每当两个簇合并时，树形图上就会形成一个新的分支。通过观察树形图，我们可以确定合适数量的簇。

要合理使用层次聚类，需要了解其基本原理和方法，并选择合适的距离度量方式和聚类算法。此外，还需要处理数据集的缺失值和异常值，选择合适的聚类数目和截断点，并对聚类结果进行可视化和解释。最后，还需要对聚类结果进行评估和验证，以确保其可靠性和稳定性。因此，合理使用层次聚类需要对其各个方面有一定的了解。

DeepSeek 可以快速而准确地实现层次聚类，从而对数据进行分析。下面我们将通过一个通用数据集的示例来演示如何使用 DeepSeek 进行层次聚类。

Mall Customer Segmentation 数据集是一个关于商场客户的数据集，旨在帮助商家了解客户群体，从而制定更有效的市场营销策略。这个数据集包含了客户的性别、年龄、年收入和消费评分等信息，以便对客户进行细分。该数据集的特征如表7.10所示。

表7.10 Mall Customer Segmentation数据集的特征

特征名称	描述
客户编号	客户唯一标识符
性别	客户性别（男/女）
年龄	客户年龄（整数）
年收入	客户的年收入（单位：千美元）
消费评分	客户消费评分（1-100），基于客户的消费行为

Mall Customer Segmentation数据集的部分数据如表7.11所示。

表7.11 Mall Customer Segmentation数据集的部分数据

客户编号	性别	年龄	年收入（千美元）	消费评分
1	Male	19	15	39
2	Male	21	15	81
3	Female	20	16	6
4	Female	23	16	77
5	Female	31	17	40
6	Female	22	17	76
7	Female	35	18	6
8	Female	23	18	94

通过对这些特征进行层次聚类，可以发现不同的客户细分群体。我们可以直接使用DeepSeek对Mall Customer Segmentation数据集进行层次聚类，提示语如7-18所示。

7-18 Mall Customer Segmentation 数据集的层次聚类提示语

你是高级数据分析师，具备以下能力。

数据分析技能：具备深入理解数据的能力，能够对数据进行有效的解读和分析，并得出有价值的结论。

统计学知识：具备基本的统计学知识，能够运用统计学方法分析数据，进行数据建模和预测。

数据可视化：能够使用各种数据可视化工具将数据呈现出来，使数据更加易于理解和传达。

编程能力：具备编程技能，能够使用编程语言，如 Python、R 语言等，进行数据分析和处理。

业务理解能力：理解业务背景和目标，能够将数据分析结果与业务需求相结合，提供有实际意义的解决方案。

沟通和表达能力：能够清晰地表达数据分析结果，将复杂的数据分析结果转化为简洁明了的报告和演示文稿，与业务方进行有效的沟通。

创新能力：具备创新思维，能够寻找新的数据分析方法和技术，不断改进数据分析方法，提高数据分析效率和准确性。

请你从专业的角度，对 Mall Customer Segmentation 数据集构建一个层次聚类函数，并绘制树形图和曲线。

直接以代码块的形式给我 Python 代码。

DeepSeek 根据需求，生成的层次聚类代码如 7-19 所示。

7-19 Mall Customer Segmentation 数据集的层次聚类代码

```
import pandas as pd
import numpy as np
import matplotlib.pyplot as plt
from scipy.cluster.hierarchy import dendrogram, linkage
from sklearn.cluster import KMeans

# 读取同一文件夹下的数据文件，请确保Mall_Customers.CSV文件
# 与代码在同一目录下
```

```python
data = pd.read_csv("Mall_Customers.csv")

# 设置全局样式
plt.rcParams.update({
    'font.sans-serif': 'SimHei',        # 中文显示
    'axes.unicode_minus': False,        # 显示负号
    'font.size': 14,                    # 全局字号
    'axes.titlesize': 16,               # 标题字号
    'axes.labelsize': 14,               # 坐标轴标签字号
    'xtick.labelsize': 12,              # x轴刻度字号
    'ytick.labelsize': 12               # y轴刻度字号
})

# 选择用于聚类的特征
selected_features = ['Annual Income (k$)', 'Spending Score (1-100)']
X = data[selected_features].values

# 定义层次聚类函数,采用Ward方法计算链接矩阵
def hierarchical_clustering(data, method='ward'):
    linkage_matrix = linkage(data, method=method)
    return linkage_matrix

linkage_matrix = hierarchical_clustering(X)

# 绘制层次聚类树形图
plt.figure(figsize=(12, 6))
dendrogram(linkage_matrix, truncate_mode='level',
    p=5, leaf_rotation=45, leaf_font_size=12)
plt.title("Mall Customer Segmentation 层次聚类树形图")
plt.xlabel("样本索引或聚类")
plt.ylabel("合并距离")
plt.tight_layout()
plt.show()
```

```python
# 绘制聚类合并距离曲线图
last10 = linkage_matrix[-10:, 2]    # 取最后10次合并的距离
clusters = [len(last10) + 1 - i for i in
    range(len(last10))]
plt.figure(figsize=(10, 5))
plt.plot(clusters, last10, marker='o', linestyle='-',
    color='b')
plt.title("聚类合并距离曲线")
plt.xlabel("聚类数量")
plt.ylabel("合并距离")
plt.grid(True)
plt.tight_layout()
plt.show()

# 绘制肘部法则曲线
def plot_elbow_curve(data, max_clusters=10):
    inertia_list = []
    cluster_range = range(1, max_clusters + 1)
    for k in cluster_range:
        kmeans = KMeans(n_clusters=k, random_state=42)
        kmeans.fit(data)
        inertia_list.append(kmeans.inertia_)
    plt.figure(figsize=(10, 5))
    plt.plot(list(cluster_range), inertia_list,
        marker='o', linestyle='-', color='g')
    plt.title("肘部法则曲线")
    plt.xlabel("聚类数量")
    plt.ylabel("簇内误差平方和 (Inertia)")
    plt.xticks(list(cluster_range))
    plt.grid(True)
    plt.tight_layout()
    plt.show()

plot_elbow_curve(data[selected_features])
```

上面的代码首先读取了Mall_Customers.csv文件,并提取了其中的年收入和消费评分特征。其次,它计算层次聚类的链接矩阵并绘制了对应的树形图。同时,代码提取了最后10次合并的距离,并绘制曲线图进行可视化分析。最后,它还使用K-Means进行聚类,计算不同聚类数量下的簇内误差平方和,并绘制肘部法则曲线,以确定最佳聚类数。

将上面的代码复制到PyCharm中运行,绘制的层次聚类树形图如图7.9所示。

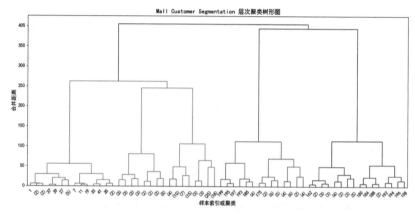

图7.9 层次聚类树形图

绘制的聚类合并距离曲线如图7.10所示。

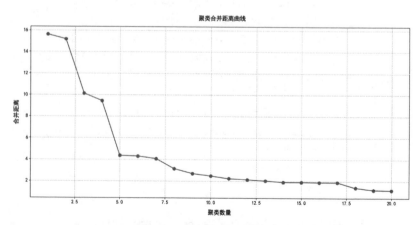

图7.10 聚类合并距离曲线图

绘制的肘部法则曲线如图7.11所示。

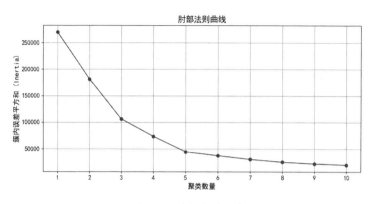

图7.11 肘部法则曲线

通过观察绘制的树形图和肘部法则曲线，我们可以得出层次聚类的结论。树形图展示了不同样本之间的聚类层次关系，我们可以根据距离选择合适的聚类数量。肘部法则曲线显示了不同聚类数量下的轮廓系数，可以帮助我们找到最佳聚类数量。当轮廓系数达到最大值时，对应的簇数量就是最佳聚类数量。我们可以从中得到如下信息：年轻人可能更关注时尚消费，而高收入群体可能更注重品质和服务。这些信息有助于商家制定具有针对性的市场营销策略，以提高客户满意度和销售额。

> [!] **注意**：层次聚类算法在大规模数据集上的计算复杂度较高，因此对于大规模数据集，更推荐使用其他更高效的聚类方法（如K-Means、DBSCAN等）。在实际应用中，根据数据集的特点和需求选择合适的聚类方法非常重要。

综上所述，使用DeepSeek进行层次聚类是一种有效的方法。通过使用DeepSeek进行层次聚类，我们可以更加准确地理解数据之间的关系，并从中发现隐藏的模式和规律。这种方法不仅可以用于文本数据的分析，还可以用于图像、音频等多种类型的数据分析，是一种十分实用的数据分析工具。

数据分析中的聚类方法，除了K-Means、层次聚类，还有以下一些常见的聚类方法。

（1）DBSCAN（Density-Based Spatial Clustering of Applications with Noise）：基于密度的聚类算法，它将数据点分为核心点、边界点和噪声点，并能够自动确定聚类数量。

（2）局部敏感哈希（Locality Sensitive Hashing，LSH）：它是一种基于哈希的聚类算法，能够在高维空间中快速检索相似的数据点。

（3）谱聚类（Spectral Clustering）：基于数据点的相似度矩阵进行聚类，它能够处理非凸形状的聚类结构。

（4）密度聚类（Density-Based Clustering）：类似于DBSCAN，它也是一种基于密度的聚类算法，但不需要事先设定半径参数，因此更加灵活。

（5）高斯混合模型聚类（Gaussian Mixture Model Clustering）：它是一种基于统计模型的聚类算法，能够将数据点分配到多个高斯分布中。

（6）SOM聚类（Self-organizing Map Clustering）：基于竞争学习的聚类算法，它将数据点映射到一个低维的拓扑结构中，从而实现聚类。

这些聚类算法都具有独特的特性和适用场景。读者可以参考本小节提到的算法，自行尝试使用DeepSeek调用它们。因为每种算法都有不同的参数设置和数据预处理要求，建议读者在应用这些算法之前，先仔细研究相关文献，以确保算法的正确使用。

7.3 小结

本章主要介绍了如何使用DeepSeek进行分类与聚类分析。在分类分析方面，本章详细介绍了直接使用DeepSeek进行情感分类、使用DeepSeek进行K-近邻分类、朴素贝叶斯分类和支持向量机分类。通过对这些算法的介绍，读者可以了解如何使用DeepSeek进行不同类型的分类，并可以选择适合的算法进行应用。

在聚类分析方面，本章介绍了使用DeepSeek进行K-Means聚类和层次聚类。这些算法可以帮助读者对数据进行聚类分析，发现数据的内在规律和特征，从而更好地进行数据处理和应用。

本章提供了一些基本的使用DeepSeek进行分类与聚类分析的方法，帮助读者掌握这些算法的应用原理和实现方法。同时，读者还可以结合实际问题和应用场景，选择合适的算法进行应用和优化，以获得更好的分析结果。

第8章

使用DeepSeek进行深度学习和大数据分析

随着人工智能和大数据技术的飞速发展,深度学习和大数据分析已成为数据分析领域的热门话题。越来越多的企业和个人开始关注这些技术如何帮助他们解决实际问题。在本书的前几章中,我们已经介绍了如何使用DeepSeek进行基本的数据处理和分析。在本章中,我们将重点探讨如何使用DeepSeek进行更高级的深度学习和大数据分析,帮助读者在数据分析领域进一步提升技能水平。

本章将详细介绍如何使用DeepSeek进行深度学习和大数据分析,重点涉及以下知识点。

● 使用DeepSeek构建卷积神经网络(CNN)、循环神经网络(RNN)与长短期记忆网络(LSTM)等深度学习模型。

● 如何将DeepSeek与Hadoop和Spark集成,实现大数据存储、处理和分析。

本章的目标是帮助读者掌握使用DeepSeek进行深度学习和大数据分析的基本方法和技巧。在探讨这些知识点的过程中,我们将结合实际案例,向读者展示如何将这些技术应用于不同的业务场景中,从而为企业和个人提供更加有效的决策支持。希望通过阅读本章,读者能够更好地理解深度学习和大数据分析的原理与实践,为自己的数据分析工作带来更多的创新和价值。

8.1 使用 DeepSeek 进行深度学习分析

深度学习作为人工智能领域的一个重要分支，近年来在图像识别、自然语言处理、语音识别等多个领域取得了显著的成果。通过利用复杂的神经网络结构，深度学习技术可以在大量数据中自动学习有用的特征，从而实现对数据的高效表示和处理。在本节中，我们将介绍如何使用 DeepSeek 构建和应用不同类型的深度学习模型，包括卷积神经网络（CNN）、循环神经网络（RNN）、长短期记忆网络（LSTM）等。通过这些模型，读者将能够在各种数据分析任务中实现更高效和准确的预测与分类。

8.1.1 深度学习简介

深度学习是一种先进的数据分析方法，属于机器学习领域的一个子集。通过使用多层神经网络逐步提取特征并更新权重，可以利用深度学习算法进行数据分类。相较于传统数据分析，深度学习的最大优势在于能够直接从数据中提取高级特征，减少对领域专业知识和特征提取的依赖，如图 8.1 所示。深度学习已经在图像分类、自然语言处理和语音识别等复杂领域展现出了强大的性能。

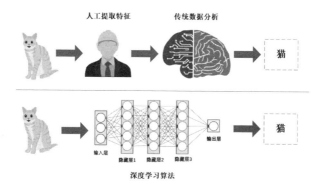

图 8.1　深度学习算法与传统数据分析

在传统的数据分析中，通常需要先人工提取特征以降低数据复杂性，然后应用数据分析方法进行分类。深度学习和传统数据分析之间存在以下显著差异。

（1）问题解决方式：传统数据分析方法通常需要将问题分解成若干个子问题，然后在最后阶段将各个子问题的结果整合；而深度学习方法则倾向于端到端的解决问题。

（2）训练资源需求：传统数据分析方法在训练过程中对计算资源的需求相对较低，通常只需要几秒钟到几个小时；而深度学习算法则对计算资源要求更高，需要高性能硬件和大量算力。GPU现已成为执行深度学习算法的重要组件。由于深度学习依赖大数据，训练过程通常耗时较长。随着大型模型的兴起，对计算能力的需求也日益增长。

（3）可解释性：传统数据分析方法具有较强的可解释性，因为它们建立在牢固的数学理论基础之上；而深度学习算法尽管基于梯度下降方法，但整体上呈现较高的黑盒性，可解释性较差。

在对比深度学习与传统数据分析方法后，我们可以更深入地了解深度学习的算法原理。深度学习算法通常采用神经网络作为基本结构，其中，全连接神经网络是一种常见的网络类型，如图8.2所示。在全连接神经网络中，各层神经元与前一层和后一层的所有神经元相互连接，以捕捉数据中的复杂关系并实现更精确的分类。

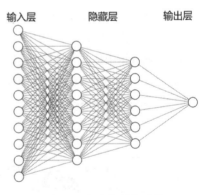

图8.2　全连接神经网络

深度学习算法可以分为前向传播和反向传播两个过程。在前向传播过程中，输入数据通过神经网络的多层结构，最后得到预测结果。在反向传播过程中，通过计算预测结果与真实标签之间的误差，反向更新神经网络的权重，以达到优化网络性能的目的。

以下是全连接神经网络中一些基本的计算过程。

1. 神经元的加权输入（线性组合）

$$z = Wx + b$$

其中，x 是输入向量，W 是权重矩阵，b 是偏置向量，z 是加权输入。

2. 激活函数

$$a = f(z)$$

其中，$f(z)$ 是激活函数，如 ReLU、Sigmoid 或 tanh 等；a 是神经元的激活值。

3. 损失函数（目标函数）

$$L = L(y, y\_\text{pred})$$

其中，y 是真实标签；y_pred 是神经网络的预测值；L 是损失函数，用于衡量预测值与真实值之间的差异。

4. 反向传播算法（基于梯度下降），更新权重和偏置

$$W_{-} = \text{learning\_rate} \cdot \frac{\partial L}{\partial W}$$

$$b_{-} = \text{learning\_rate} \cdot \frac{\partial L}{\partial b}$$

其中，learning_rate 是学习率，用于控制优化速度；$\partial L/\partial W$ 和 $\partial L/\partial b$ 是损失函数相对于权重和偏置的梯度。

通过上述公式，我们可以实现全连接神经网络的训练过程。在每次迭代中，神经网络先进行前向传播，然后计算损失函数，接着通过反向传播更新权重和偏置。在多次迭代后，神经网络将逐渐收敛至较优的权重配置，从而提高分析预测性能。

接下来，我们介绍一些深度学习的基本概念。

（1）训练集和测试集：在机器学习和深度学习中，我们通常将数据集分为训练集和测试集。训练集用于训练神经网络，调整网络权重。测试集用于评估训练好的模型在未知数据上的泛化能力。通常将数据集按比例划分，如80%的数据作为训练集，20%的数据作为测试集。

（2）验证集：除了训练集和测试集，还可以划分出一个验证集。验证集主要用于在训练过程中对模型进行评估，以便在训练过程中调整超参数。验证集可以帮助避免过拟合，提高模型泛化能力。

（3）Epoch：一个Epoch是指遍历整个训练集一次的过程。在训练神经网络时，我们通常需要多个Epoch。每个Epoch都包括前向传播和反向传播，以及权重和偏置的更新。在训练过程中，损失函数值通常会逐渐减小，模型性能逐渐提高。

（4）批量大小（Batch Size）：批量大小是指每次训练迭代时使用的数据样本数量。较大的批量大小可以加快训练速度，但可能需要更多的内存；较小的批量大小可能会使训练过程更慢，但可能有助于模型收敛。

（5）准确率（Accuracy）：准确率是分类问题中常用的评价指标，表示预测正确的样本数量占总样本数量的比例。对于二分类问题，准确率可以通过真正例（TP）、真负例（TN）、假正例（FP）和假负例（FN）计算得出。

$$准确率 = \frac{TP + TN}{TP + TN + FP + FN}$$

> 说明：除了准确率，还有很多其他评价指标，如精准率（Precision）、召回率（Recall）、F_1分数（F_1 Score）等。在实际应用中，应根据问题类型和场景选择合适的评价指标。

8.1.2　使用DeepSeek构建卷积神经网络

卷积神经网络（Convolutional Neural Network，CNN）是一种具有局部连接特性的深度学习模型，它在计算机视觉、自然语言处理和语音识别等领域具有广泛的应用。CNN的核心思想是通过卷积层、池化层和全连接层等组件自动提取输入数据的局部特征，如图8.3所示。

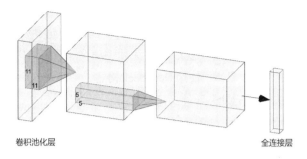

图 8.3　卷积神经网络

CNN 主要由以下几种类型的层组成。

1. 卷积层

卷积层（Convolutional Layer）负责从输入数据中提取局部特征。通过在输入数据上滑动小尺寸的滤波器（也称为卷积核），卷积层可以捕捉到输入数据的局部信息。卷积操作可以通过以下公式表示。

$$\text{output}[i, j] = \sum (\text{input}[i+k, j+l] \cdot \text{kernel}[k, l])$$

其中，input 为输入数据，kernel 为卷积核，output 为卷积后的特征图。

2. 激活层

激活层（Activation Layer）将非线性映射应用到卷积层的输出上，增强网络的表达能力，常用的激活函数有 ReLU、Sigmoid 和 tanh 等。

3. 池化层

池化层（Pooling Layer）用于降低特征图的空间维度，减少计算量，同时增强特征的稳定性，常用的池化方法有最大池化（Max Pooling）和平均池化（Average Pooling）。

4. 全连接层

全连接层（Fully Connected Layer）将前一层的输出压缩成一维向量，并通过线性变换将高维特征映射到目标空间。在分类任务中，全连接层的输出通常接一个 Softmax 层，将结果转换为概率分布。

尽管卷积神经网络具有强大的处理图像和其他数据类型的能力，但构建CNN需要一定的经验和对特定问题的理解。在许多实际应用中，深度学习工程师需要根据经验和实验调整CNN的结构、超参数及训练方法。使用DeepSeek可以快速地实现CNN，无须手动设计网络结构和参数。接下来，我们将详细介绍如何使用DeepSeek构建一个简单的CNN，并应用于CIFAR-10数据集的分类任务。

CIFAR-10是一个常用的计算机视觉数据集，包含10个类别的60000张32×32的彩色图像。每个类别包含6000张图像，其中5000张图像用于训练，1000张图像用于测试。这些图像由加拿大计算机科学家Alex Krizhevsky、Vinod Nair和Geoffrey Hinton收集和标注。

CIFAR-10数据集的类别如表8.1所示。

表8.1 CIFAR-10数据集的类别

类别	类别	类别
飞机（airplane）	鹿（deer）	船（ship）
汽车（automobile）	狗（dog）	卡车（truck）
鸟（bird）	青蛙（frog）	—
猫（cat）	马（horse）	—

每个图像都有一个标签，表示其所属的类别。数据集已经被分为训练集和测试集，可以在官方网站上进行下载，我们可以利用以下代码展示CIFAR-10数据集的部分数据，如8-1所示。

8-1 展示CIFAR-10数据集的部分数据代码

```
import numpy as np
import matplotlib.pyplot as plt
from keras.datasets import cifar10

# 加载CIFAR-10数据集
(x_train, y_train), (x_test, y_test) = cifar10.load_data()
```

```python
# CIFAR-10类别的标签
class_names = ['airplane', 'automobile', 'bird',
    'cat', 'deer', 'dog', 'frog', 'horse', 'ship',
    'truck']

# 显示CIFAR-10数据集的部分数据
plt.figure(figsize=(10, 10))
for i in range(25):
    plt.subplot(5, 5, i+1)
    plt.xticks([])
    plt.yticks([])
    plt.grid(False)
    plt.imshow(x_train[i], cmap=plt.cm.binary)
    plt.xlabel(class_names[y_train[i][0]])
plt.show()
```

绘制的CIFAR-10数据集的部分数据如图8.4所示。

图8.4　CIFAR-10数据集的部分数据

由于CIFAR-10数据集比较庞大，并且每张图片的信息非常丰富，我们可以直接利用DeepSeek构建CNN分类算法，提示语如8-2所示。

> **8-2　DeepSeek构建CNN分类提示语**
>
> 你是数据分析和人工智能专家，具备以下能力。
>
> 编程技能：编程技能是数据分析和人工智能领域必不可少的技能。熟练掌握至少一种编程语言，如Python或R语言等。
>
> 数学和统计学知识：数据分析和人工智能领域需要广泛的数学和统计学知识。具备良好的数学基础和统计学知识，如线性代数、概率论和统计推断等。
>
> 数据处理和数据管理技能：了解数据处理和数据管理技术，能够从不同来源获取数据，清理、转换和整合数据。
>
> 机器学习和深度学习知识：机器学习和深度学习是人工智能领域的核心技术，了解各种算法和技术，如决策树、神经网络、卷积神经网络、循环神经网络等。
>
> 问题解决能力：具备独立思考和解决问题的能力，能够利用技术和工具解决各种实际问题。
>
> 请你从专业的角度，利用CNN算法，对CIFAR-10数据集进行分类。
>
> 输出最终的准确率等信息，并绘制曲线图。
>
> 直接以代码块的形式输出Python代码。

DeepSeek根据需求，生成的CNN分类代码如8-3所示。

8-3　DeepSeek生成的CNN分类代码

```
import tensorflow as tf
from tensorflow.keras import datasets, layers, models
import matplotlib.pyplot as plt
import numpy as np

# 加载数据集
(train_images, train_labels), (test_images, test_
```

```python
    labels) = datasets.cifar10.load_data()

# 数据预处理
train_images, test_images = train_images / 255.0,
    test_images / 255.0
class_names = ['airplane', 'automobile', 'bird',
    'cat', 'deer', 'dog', 'frog', 'horse', 'ship',
    'truck']

# 转换为One-Hot编码
train_labels = tf.keras.utils.to_categorical(train_
    labels, 10)
test_labels = tf.keras.utils.to_categorical(test_
    labels, 10)

# 构建CNN模型
model = models.Sequential()
model.add(layers.Conv2D(32, (3, 3),
    activation='relu', input_shape=(32, 32, 3)))
model.add(layers.MaxPooling2D((2, 2)))
model.add(layers.Conv2D(64, (3, 3),
    activation='relu'))
model.add(layers.MaxPooling2D((2, 2)))
model.add(layers.Conv2D(64, (3, 3),
    activation='relu'))

model.add(layers.Flatten())
model.add(layers.Dense(64, activation='relu'))
model.add(layers.Dropout(0.5))
model.add(layers.Dense(10, activation='softmax'))

# 编译模型
model.compile(optimizer=tf.keras.optimizers.
    Adam(learning_rate=0.001),
    loss='categorical_crossentropy',
```

```python
              metrics=['accuracy'])

# 训练模型
history = model.fit(train_images, train_labels, epochs=20,
    validation_data=(test_images, test_labels),
    batch_size=128)

# 评估模型
test_loss, test_acc = model.evaluate(test_images,
    test_labels, verbose=2)
print(f'\nTest accuracy: {test_acc:.4f}')

# 绘制训练曲线
plt.figure(figsize=(12, 4))

plt.subplot(1, 2, 1)
plt.plot(history.history['accuracy'], label='Training
    Accuracy')
plt.plot(history.history['val_accuracy'],
    label='Validation Accuracy')
plt.xlabel('Epoch')
plt.ylabel('Accuracy')
plt.ylim([0.5, 1])
plt.legend(loc='lower right')
plt.title('Training and Validation Accuracy')

plt.subplot(1, 2, 2)
plt.plot(history.history['loss'], label='Training
    Loss')
plt.plot(history.history['val_loss'],
    label='Validation Loss')
plt.xlabel('Epoch')
plt.ylabel('Loss')
plt.legend(loc='upper right')
plt.title('Training and Validation Loss')
```

```
plt.tight_layout()
plt.savefig('training_curves.png')
plt.show()
```

上述代码首先加载了CIFAR-10数据集并进行了预处理。然后，构建了一个卷积神经网络（CNN）模型，该模型包含多个卷积层、池化层和全连接层，并使用Adam优化器进行了编译。其次，使用训练数据对模型进行了训练，同时在测试数据上进行了验证。最后，代码评估了模型在测试数据上的表现，并绘制了训练损失和验证损失随迭代次数变化的曲线图。

运行以上代码，得到的训练过程、测试损失和测试准确率如8-4所示。

8-4　CNN的训练过程、测试损失和测试准确率

Epoch 1/20
391/391 ──────────── 28s 66ms/step - accuracy: 0.2426 - loss: 2.0242 - val_accuracy: 0.4537 - val_loss: 1.5278
Epoch 2/20
391/391 ──────────── 28s 70ms/step - accuracy: 0.4441 - loss: 1.5364 - val_accuracy: 0.5421 - val_loss: 1.2879
Epoch 3/20
391/391 ──────────── 29s 74ms/step - accuracy: 0.5108 - loss: 1.3774 - val_accuracy: 0.5948 - val_loss: 1.1470
Epoch 4/20
391/391 ──────────── 30s 76ms/step - accuracy: 0.5522 - loss: 1.2657 - val_accuracy: 0.6048 - val_loss: 1.1173
Epoch 5/20
391/391 ──────────── 30s 77ms/step - accuracy: 0.5862 - loss: 1.1725 - val_accuracy: 0.6354 - val_loss: 1.0366
Epoch 6/20
391/391 ──────────── 30s 76ms/step - accuracy:

0.6086 – loss: 1.1208 – val_accuracy: 0.6516 – val_loss: 0.9739
Epoch 7/20
391/391 ———————————————— 26s 67ms/step – accuracy: 0.6263 – loss: 1.0713 – val_accuracy: 0.6616 – val_loss: 0.9627
Epoch 8/20
391/391 ———————————————— 26s 66ms/step – accuracy: 0.6431 – loss: 1.0191 – val_accuracy: 0.6776 – val_loss: 0.9150
Epoch 9/20
391/391 ———————————————— 26s 68ms/step – accuracy: 0.6589 – loss: 0.9780 – val_accuracy: 0.6808 – val_loss: 0.9057
Epoch 10/20
391/391 ———————————————— 27s 68ms/step – accuracy: 0.6718 – loss: 0.9407 – val_accuracy: 0.6849 – val_loss: 0.9078
Epoch 11/20
391/391 ———————————————— 26s 67ms/step – accuracy: 0.6806 – loss: 0.9120 – val_accuracy: 0.6854 – val_loss: 0.8889
Epoch 12/20
391/391 ———————————————— 26s 66ms/step – accuracy: 0.6954 – loss: 0.8782 – val_accuracy: 0.6965 – val_loss: 0.8680
Epoch 13/20
391/391 ———————————————— 26s 67ms/step – accuracy: 0.7024 – loss: 0.8499 – val_accuracy: 0.7123 – val_loss: 0.8326
Epoch 14/20
391/391 ———————————————— 26s 67ms/step – accuracy: 0.7059 – loss: 0.8420 – val_accuracy: 0.7013 – val_loss: 0.8551
Epoch 15/20
391/391 ———————————————— 26s 67ms/step – accuracy: 0.7147 – loss: 0.8139 – val_accuracy: 0.7044 – val_loss: 0.8804
Epoch 16/20
391/391 ———————————————— 26s 66ms/step – accuracy:

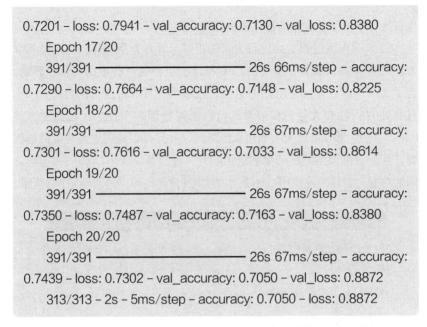

0.7201 - loss: 0.7941 - val_accuracy: 0.7130 - val_loss: 0.8380
Epoch 17/20
391/391 ——————————————— 26s 66ms/step - accuracy: 0.7290 - loss: 0.7664 - val_accuracy: 0.7148 - val_loss: 0.8225
Epoch 18/20
391/391 ——————————————— 26s 67ms/step - accuracy: 0.7301 - loss: 0.7616 - val_accuracy: 0.7033 - val_loss: 0.8614
Epoch 19/20
391/391 ——————————————— 26s 67ms/step - accuracy: 0.7350 - loss: 0.7487 - val_accuracy: 0.7163 - val_loss: 0.8380
Epoch 20/20
391/391 ——————————————— 26s 67ms/step - accuracy: 0.7439 - loss: 0.7302 - val_accuracy: 0.7050 - val_loss: 0.8872
313/313 - 2s - 5ms/step - accuracy: 0.7050 - loss: 0.8872

绘制的训练集和测试集的损失函数和准确率曲线如图8.5所示。

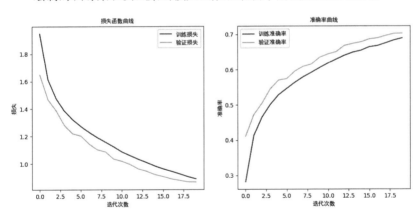

图 8.5　CIFAR-10数据集 CNN 分类的损失函数曲线和准确率曲线

从损失函数曲线来看，训练损失和验证损失随着迭代次数的增加逐渐降低；从准确率曲线来看，训练准确率和验证准确率随着迭代次数的增加逐渐增加。这表明CNN模型在CIFAR-10数据集上的分类任务中表现良好,学习到了有效的特征表示。

CNN的训练过程需要进行大量的矩阵运算和卷积操作,这些计算非常耗时且计算量极大,传统的CPU很难满足训练过程中的需求。因此,为了提高训练效率,使用GPU进行加速成为一种非常流行的做法。GPU具有高并行性和大量的核心数,可以同时处理多个任务,因此在训练CNN时使用GPU可以大大缩短训练时间,并且可以处理更大规模的数据集,从而提高模型的准确率和泛化能力。我们可以利用DeepSeek连续对话的功能,直接生成使用GPU版本的CNN分类代码,提示语如8-5所示。

8-5 使用GPU版本的CNN分类提示语

以上代码我需要使用CUDA加速,帮我生成基于PyTorch GPU版本的代码。

直接以代码块的格式输出。

DeepSeek根据需求,生成的代码如8-6所示。

8-6 GPU版本的CNN分类代码

```
import torch
import torch.nn as nn
import torch.optim as optim
from torch.utils.data import DataLoader
from torchvision import datasets, transforms
import matplotlib.pyplot as plt
import numpy as np

# 检查是否有可用的GPU
device = torch.device("cuda" if torch.cuda.is_
    available() else "cpu")

# 数据预处理
transform = transforms.Compose([
```

```
        transforms.ToTensor(),
        transforms.Normalize((0.5, 0.5, 0.5), (0.5, 0.5, 0.5))
])

# 加载数据集
train_dataset = datasets.CIFAR10(root='./data',
    train=True, download=True, transform=transform)
test_dataset = datasets.CIFAR10(root='./data',
    train=False, download=True, transform=transform)

train_loader = DataLoader(train_dataset, batch_
    size=128, shuffle=True)
test_loader = DataLoader(test_dataset, batch_
    size=128, shuffle=False)

class_names = ['airplane', 'automobile', 'bird',
    'cat', 'deer', 'dog', 'frog', 'horse', 'ship',
    'truck']

# 定义CNN模型
class CNN(nn.Module):
    def __init__(self):
        super(CNN, self).__init__()
        self.conv1 = nn.Conv2d(3, 32, kernel_size=3,
            padding=1)
        self.pool = nn.MaxPool2d(2, 2)
        self.conv2 = nn.Conv2d(32, 64, kernel_
            size=3, padding=1)
        self.conv3 = nn.Conv2d(64, 64, kernel_
            size=3, padding=1)
        self.fc1 = nn.Linear(64 * 8 * 8, 64)
        self.dropout = nn.Dropout(0.5)
        self.fc2 = nn.Linear(64, 10)
```

```python
    def forward(self, x):
        x = self.pool(torch.relu(self.conv1(x)))
        x = self.pool(torch.relu(self.conv2(x)))
        x = torch.relu(self.conv3(x))
        x = x.view(-1, 64 * 8 * 8)
        x = torch.relu(self.fc1(x))
        x = self.dropout(x)
        x = self.fc2(x)
        return x

model = CNN().to(device)

# 定义损失函数和优化器
criterion = nn.CrossEntropyLoss()
optimizer = optim.Adam(model.parameters(), lr=0.001)

# 训练模型
train_loss_history = []
train_acc_history = []
val_loss_history = []
val_acc_history = []

num_epochs = 20
for epoch in range(num_epochs):
    model.train()
    running_loss = 0.0
    correct = 0
    total = 0
    for inputs, labels in train_loader:
        inputs, labels = inputs.to(device), labels.
            to(device)

        optimizer.zero_grad()
        outputs = model(inputs)
```

```python
        loss = criterion(outputs, labels)
        loss.backward()
        optimizer.step()

        running_loss += loss.item()
        _, predicted = outputs.max(1)
        total += labels.size(0)
        correct += predicted.eq(labels).sum().item()

    train_loss = running_loss / len(train_loader)
    train_acc = 100. * correct / total
    train_loss_history.append(train_loss)
    train_acc_history.append(train_acc)

    # 验证模型
    model.eval()
    val_loss = 0.0
    correct = 0
    total = 0
    with torch.no_grad():
        for inputs, labels in test_loader:
            inputs, labels = inputs.to(device),
                labels.to(device)
            outputs = model(inputs)
            loss = criterion(outputs, labels)
            val_loss += loss.item()
            _, predicted = outputs.max(1)
            total += labels.size(0)
            correct += predicted.eq(labels).sum().
                item()

    val_loss = val_loss / len(test_loader)
    val_acc = 100. * correct / total
    val_loss_history.append(val_loss)
```

```python
        val_acc_history.append(val_acc)

        print(f'Epoch {epoch+1}/{num_epochs}, Train 
            Loss: {train_loss:.4f}, Train Acc: {train_
            acc:.4f}, Val Loss: {val_loss:.4f}, Val Acc:
            {val_acc:.4f}')

# 绘制训练曲线
plt.figure(figsize=(12, 4))

plt.subplot(1, 2, 1)
plt.plot(train_acc_history, label='Training 
    Accuracy')
plt.plot(val_acc_history, label='Validation 
    Accuracy')
plt.xlabel('Epoch')
plt.ylabel('Accuracy')
plt.ylim([50, 100])
plt.legend(loc='lower right')
plt.title('Training and Validation Accuracy')

plt.subplot(1, 2, 2)
plt.plot(train_loss_history, label='Training Loss')
plt.plot(val_loss_history, label='Validation Loss')
plt.xlabel('Epoch')
plt.ylabel('Loss')
plt.legend(loc='upper right')
plt.title('Training and Validation Loss')

plt.tight_layout()
plt.savefig('training_curves.png')
plt.show()
```

上述代码首先对训练集进行了迭代训练，然后在验证集上评估模型性能。在每个Epoch结束时，计算并记录训练损失、验证损失、训练准确率和验证准确率。最后，使用子图绘制损失函数曲线和准确率曲线，以便观察模型在训练过程中的性能变化。通过GPU的加速，可以极大地提升训练神经网络的效率。

综上所述，使用DeepSeek构建CNN进行数据分析是一种高效可靠的方法。CNN可以自动从数据中学习特征，这使模型能够更好地捕捉数据中的关键信息。同时，使用DeepSeek这样的大型语言模型可以帮助我们更好地处理自然语言数据，进一步提高模型的性能。因此，将DeepSeek与CNN结合使用，可以大大提高数据分析的效率和准确性，有着广泛的应用前景。

除了以上构建的CNN，在数据分析领域，尤其是在计算机视觉领域，还有许多著名的CNN结构，它们已经在各种任务上取得了显著的成果。以下是一些经典的CNN结构。

（1）LeNet-5：LeNet-5是Yann LeCun于1998年提出的一种CNN结构，主要用于手写数字识别任务。这是CNN历史上最早的架构之一，为后续的深度学习领域奠定了基础。

（2）AlexNet：AlexNet是由Alex Krizhevsky、Ilya Sutskever和Geoffrey Hinton于2012年提出的一种CNN结构。它在当年的ImageNet图像分类竞赛中取得了突破性的成绩，从而使CNN在计算机视觉领域得到了广泛的关注。

（3）VGGNet：VGGNet是由牛津大学视觉几何组（VGG）于2014年提出的一种CNN结构。它通过使用较小的卷积核（如3×3）和多层堆叠，有效地提高了网络的表达能力。VGGNet有多个版本，如VGG-16和VGG-19，它们分别包含16层和19层。

（4）Inception（GoogLeNet）：Inception系列网络结构是谷歌研究员在2014年提出的一种CNN结构，其最初版本被称为GoogLeNet。Inception结构的核心思想是将多个不同尺寸的卷积核并行堆叠，从而提高网络的表达能力。Inception系列网络有多个版本，如Inception V1、Inception V2和Inception V3等。

（5）ResNet（残差网络）：ResNet是由微软研究院的研究员在2015年提出的一种CNN结构。通过使用跳跃连接和残差模块，ResNet成功地训练了超过1000层的深度神经网络。ResNet在ImageNet图像分类任务上取得了当时最好的结果，现在已经成为计算机视觉领域的重要基准之一。

（6）DenseNet（密集连接网络）：DenseNet是2017年提出的一种CNN结构，其特点是网络中的每一层都与前面所有层相连接。通过这种密集连接方式，DenseNet在参数效率和特征重用方面表现出了优越性。

（7）EfficientNet：EfficientNet是2019年提出的一种CNN结构，它通过在网络的宽度、深度和输入分辨率之间进行均衡的缩放来实现高效的性能。EfficientNet通过神经架构搜索（NAS）技术获得了一个基础模型（EfficientNet-B0），然后通过一种复合缩放方法生成了一系列更大型的模型（如EfficientNet-B1至EfficientNet-B7）。EfficientNet在参数数量和计算复杂度相对较低的情况下，在多个计算机视觉任务中体现了优越的性能。

（8）MobileNet：MobileNet是谷歌研究员于2017年提出的一种轻量级CNN结构，其主要目的是在移动设备和边缘计算场景下实现高效的计算。MobileNet采用了深度可分离卷积技术，有效地减少了网络中的参数数量和计算量。MobileNet有多个版本，如MobileNet V1、MobileNet V2和MobileNet V3。

（9）Transformer-based Vision Models：近年来，基于Transformer结构的视觉模型在计算机视觉领域取得了显著的进展，如ViT（Vision Transformer）和DeiT（Data-Efficient Image Transformer）。这些模型通过将图像分割成小块并将其作为序列进行处理，从而将图像分类任务转化为自然语言处理任务，实现了在各种视觉任务上的优异性能。

（10）Swin Transformer：Swin Transformer是2021年提出的一种基于Transformer的视觉模型，它将传统的Transformer结构进行了改进，使其更适用于计算机视觉任务。Swin Transformer通过使用分层分割和移动窗口的方法，将图像处理成一个具有局部感知的序列，提高了模型在计算机视觉任务上的表现。

这些经典的CNN结构在计算机视觉领域中取得了重要的地位。在实际应用中，读者可以根据具体的任务需求和硬件条件，选择合适的网络结构以获得最佳性能。

8.1.3 使用 DeepSeek 构建循环神经网络与长短期记忆网络

循环神经网络和长短期记忆网络是两种常见的深度学习模型，主要应用于序列数据处理。这些模型用于处理具有时间或顺序特征的数据，如文本、时间序列数据和语音识别等。

RNN的核心思想是将序列数据的前后元素之间的关系通过网络结构进行建模。RNN的基本结构是一个带有循环连接的神经网络单元，这使网络可以保存之前时刻的信息并将其用于当前时刻的计算，如图8.6所示。

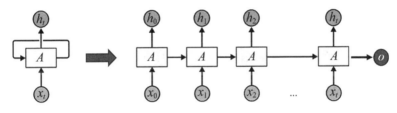

图8.6 RNN

RNN的基本公式如下。

1. 隐藏状态 $h(t)$ 的计算

$$h(t) = \text{activation}\left(W\_hh \cdot h(t-1) + W\_xh \cdot x(t) + b\_h\right)$$

2. 输出状态 $o(t)$ 的计算

$$o(t) = W\_ho \cdot h(t) + b\_o$$

其中，$x(t)$表示当前时刻的输入，$h(t-1)$表示上一时刻的隐藏状态，W_hh、W_xh、W_ho为权重矩阵，b_h和b_o为偏置项，Activation通常为激活函数，如tanh或ReLU等。

然而，传统的RNN存在一个问题，即长期依赖问题。当序列较长时，RNN很难捕捉序列中间相隔较远的元素之间的关系。为了解决这个问题，

LSTM模型应运而生。

LSTM是RNN的一种变体,它通过引入一种称为"门"的机制来解决长期依赖问题,如图8.7所示。

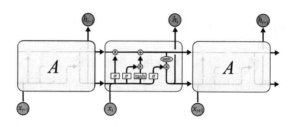

图8.7　LSTM示意图

LSTM有3个门,分别是输入门、遗忘门和输出门。这些门的作用是控制信息在不同时间步长之间的流动。LSTM的基本公式如下。

1. 遗忘门 $f(t)$

$$f(t) = \text{Sigmoid}(W\_f \cdot [h(t-1), x(t)] + b\_f)$$

2. 输入门 $i(t)$

$$i(t) = \text{Sigmoid}(W\_i \cdot [h(t-1), x(t)] + b\_i)$$

3. 单元状态输入 $\tilde{C}(t)$

$$\tilde{C}(t) = \tanh(W\_C \cdot [h(t-1), x(t)] + b\_C)$$

4. 单元状态 $C(t)$

$$C(t) = f(t) \cdot C(t-1) + i(t) \cdot \tilde{C}(t)$$

5. 输出门 $o(t)$

$$o(t) = \text{sigmoid}(W\_o \cdot [h(t-1), x(t)] + b\_o)$$

6. 隐藏状态 $h(t)$

$$h(t) = o(t) \cdot \tanh(C(t))$$

这里，Sigmoid 和 tanh 是两种常用的激活函数，$[h(t-1), x(t)]$ 表示将上一时刻的隐藏状态和当前时刻的输入进行拼接，W_f、W_i、W_C 和 W_o 为不同门和单元状态输入的权重矩阵，b_f、b_i、b_C 和 b_o 为偏置项。

各个门的功能如下。

（1）遗忘门 $f(t)$：控制上一时刻的单元状态 $C(t-1)$ 中的信息是否保留。如果遗忘门的输出接近0，表示丢弃上一时刻的信息；如果输出接近1，表示保留上一时刻的信息。

（2）输入门 $i(t)$：控制当前时刻的输入 $x(t)$ 和上一时刻的隐藏状态 $h(t-1)$ 对当前时刻单元状态 $C(t)$ 的影响。输入门的输出越大，表示当前时刻的输入和上一时刻的隐藏状态对单元状态的影响越大。

（3）输出门 $o(t)$：控制当前时刻的单元状态 $C(t)$ 对当前时刻隐藏状态 $h(t)$ 的影响。输出门的输出越大，表示当前时刻的单元状态对隐藏状态的影响越大。

LSTM通过这3个门的协同作用，能够更好地捕捉序列中长期依赖关系，避免了传统RNN中的长期依赖问题。在许多序列处理任务中，LSTM表现出了优越的性能，如自然语言处理、时间序列预测等领域。

RNN和LSTM模型是非常强大的工具，可用于处理时序数据，如语音、文本和时间序列数据。它们可用于多种数据分析任务，包括语言建模、时间序列预测、图像描述、语音识别和情感分析等，能够从时序数据中学习有用的信息，为决策提供支持。

但要熟练使用这两个工具，需要对它们的基本原理和架构有深入的理解，并掌握如何使用常见的深度学习框架（如TensorFlow、PyTorch等）进行模型的构建和训练。此外，还需要掌握数据预处理、模型优化和调参等技术，并且需要具备良好的编程能力和数据分析能力。最重要的是，需要有足够的实践经验，通过不断地实践和调试，不断优化模型，提高模型的准确率和效率。

使用DeepSeek能够高效、精确地实现RNN和LSTM算法。以下实例将介绍如何使用DeepSeek运用这些算法。

纽约证券交易所（NYSE）数据集是一个公开的金融时间序列数据集，包含了自1980年以来美国股市的交易数据。该数据集包含许多股票的开盘价、收盘价、最高价、最低价、成交量等信息，这些数据都以日为单位进行记录。这个数据集是时间序列数据分析和预测的一个经典数据集，经常被用于测试和验证新的时间序列分析算法和模型。

NYSE数据集的特征如表8.2所示。

表8.2 NYSE数据集的特征

特征名称	描述	特征名称	描述
Date	日期	Close	收盘价
Open	开盘价	Volume	成交量
High	最高价	Name	股票代码
Low	最低价	—	—

NYSE 数据集的部分数据，如表8.3所示，包含了 2016 年 1 月至 2017 年 12 月期间 Amazon 公司（代码为"AMZN"）的股票价格和交易量数据。该部分数据包含了 505 行数据（每行代表一天的交易数据）。

表8.3 NYSE数据集的部分数据

日期	开盘价	最高价	最低价	收盘价	成交量	股票代码
2016-01-04	656.29	657.72	627.51	636.99	9314500	AMZN
2016-01-05	646.86	646.91	627.65	633.79	5822600	AMZN
2016-01-06	622.00	639.79	617.68	632.65	5329200	AMZN
2016-01-07	621.80	630.00	605.21	607.94	7074900	AMZN

续表

日期	开盘价	最高价	最低价	收盘价	成交量	股票代码
2016-01-08	619.66	624.14	606.00	607.05	5512900	AMZN
...	...	...	...	...	...	...
2017-12-22	1172.08	1174.62	1167.83	1168.36	1585100	AMZN
2017-12-26	1168.36	1178.32	1160.55	1176.76	2005200	AMZN
2017-12-27	1179.91	1187.29	1175.61	1182.26	1867200	AMZN
2017-12-28	1189.00	1190.10	1184.38	1186.10	1841700	AMZN
2017-12-29	1182.35	1184.00	1167.50	1169.47	2688400	AMZN

表8.3显示了NYSE数据集的部分数据，包括日期、股票代码、开盘价、最高价、最低价、收盘价和成交量。

> **注意：** 金融时间序列数据分析和预测非常复杂，并且受到许多因素的影响，如市场情绪、政治事件和宏观经济指标等。在使用 NYSE 数据集进行分析和预测时，需要仔细评估模型的性能并考虑多个因素的影响。

由于NYSE数据集的数据非常庞大，我们可以选取其中一家公司将数据下载到本地。我们可以从Alpha Vantage下载数据，首先需要注册一个免费的API密钥，然后安装alpha_vantage库，如8-7所示。

8-7 安装alpha_vantage库

```
pip install alpha_vantage
```

其次，通过以下代码将股票信息下载到本地，如8-8所示。

8-8 下载微软股票信息代码

```python
from alpha_vantage.timeseries import TimeSeries
import pandas as pd

api_key = 'YOUR_API_KEY'
                        # 请替换为你的Alpha Vantage API密钥

ts = TimeSeries(key=api_key, output_format='pandas')
msft, _ = ts.get_daily_adjusted(symbol='MSFT',
    outputsize='full')

# 将数据限制在2010-01-01至2012-12-31之间
msft = msft.loc['2010-01-01':'2012-12-31']

# 保存数据到本地CSV文件
msft.to_csv('msft_stock_data.csv')

print("Data saved to msft_stock_data.csv")
```

> **说明**：MSFT是微软的股票代码，读者可以在Alpha Vantage官网注册一个免费的API密钥。

我们可以使用DeepSeek生成RNN和LSTM，对NYSE数据集进行股票价格预测和趋势分析，提示语如8-9所示。

8-9 DeepSeek构建RNN和LSTM提示语

你是数据分析和人工智能专家，具备以下能力。

编程技能：编程技能是数据分析和人工智能领域必不可少的技能。熟练掌握至少一种编程语言，如Python或R语言等。

数学和统计学知识：数据分析和人工智能领域需要广泛的数学和统计学知识。具备良好的数学基础和统计学知识，如线性代数、概率论和统计推断等。

数据处理和数据管理技能：了解数据处理和数据管理技术，能够从不同来源获取数据，清理、转换和整合数据。

机器学习和深度学习知识：机器学习和深度学习是人工智能领域的核心技术，了解各种算法和技术，如决策树、神经网络、卷积神经网络、循环神经网络等。

问题解决能力：具备独立思考和解决问题的能力，能够利用技术和工具解决各种实际问题。

请你从专业的角度，利用RNN和LSTM算法，对NYSE 数据集进行分类。

请你以其中一家公司为例（如微软），构建这家公司的股票价格预测和趋势分析模型。我已经将这家公司的数据通过Alpha Vantage下载到本地并保存到msft_stock_data.csv文件中。

请自行选择数据清洗、数据归一化、数据分割、序列化数据、窗口滑动、选择目标变量、模型训练和测试等步骤。

输出最终的准确率等信息，并绘制曲线图。

直接以代码块的形式输出代码。

DeepSeek根据需求，生成的RNN和LSTM股票分析代码如8-10所示。

8-10 DeepSeek生成的RNN和LSTM股票分析代码

```python
import numpy as np
import pandas as pd
import matplotlib.pyplot as plt
import matplotlib.font_manager as fm
from sklearn.preprocessing import MinMaxScaler
from sklearn.metrics import mean_squared_error
from keras.models import Sequential
```

```python
from keras.layers import Dense, LSTM, SimpleRNN

def set_chinese_font():
    """
    查找并设置中文字体(SimHei),若未安装则报错。
    """
    font_paths = [f.fname for f in fm.fontManager.
        ttflist if 'SimHei' in f.name]
    if font_paths:
        return fm.FontProperties(fname=font_paths[0])
    else:
        raise ValueError("未找到 SimHei 字体,请确保已安
            装该字体。")

def create_dataset(data, window_size):
    """
    利用滑动窗口将时间序列数据转换为监督学习格式

    参数:
        data: NumPy数组,形状为(samples, features)
        window_size: 滑动窗口大小(历史时间步数)

    返回:
        X, Y: 分别为输入序列和对应的标签
    """
    X, Y = [], []
    for i in range(len(data) - window_size):
        X.append(data[i:(i + window_size), 0])
        Y.append(data[i + window_size, 0])
    return np.array(X), np.array(Y)

def build_model(model_type, window_size):
    """
    根据指定模型类型构建模型
```

参数：
    model_type: 字符串，"LSTM" 或 "RNN"
    window_size: 输入序列的时间步长

返回：
    编译后的Keras模型
"""
model = Sequential()
if model_type.upper() == "LSTM":
    model.add(LSTM(50, return_sequences=True,
        input_shape=(window_size, 1)))
    model.add(LSTM(50))
elif model_type.upper() == "RNN":
    model.add(SimpleRNN(50, return_
        sequences=True, input_shape=(window_
        size, 1)))
    model.add(SimpleRNN(50))
else:
    raise ValueError("无效的模型类型，请选择'LSTM'
        或'RNN'。")
model.add(Dense(1))
model.compile(loss='mean_squared_error',
    optimizer='adam')
return model

def plot_predictions(test_index, actual, predicted,
    title, font_properties):
    """
    绘制预测结果对比图

    参数：
        test_index: 时间索引（一般取测试集对应的日期）
        actual: 真实的股票收盘价
```
```

```
            predicted: 模型预测的股票收盘价
            title: 图形标题
            font_properties: 字体属性,用于显示中文
    """
    plt.figure(figsize=(14, 7))
    plt.plot(test_index, actual, label="原始数据",
        color="blue")
    plt.plot(test_index, predicted, label="预测数据",
        color="red")
    plt.xlabel("时间", fontproperties=font_
        properties, fontsize=14)
    plt.ylabel("股票收盘价", fontproperties=font_
        properties, fontsize=14)
    plt.title(title, fontproperties=font_properties,
        fontsize=16)
    plt.legend(prop=font_properties, fontsize=12)
    plt.show()

def main():
    # 设置中文字体
    my_font = set_chinese_font()

    # 读取数据,并将日期设为索引
    data = pd.read_csv("msft_stock_data.csv")
    data['date'] = pd.to_datetime(data['date'])
    data.set_index('date', inplace=True)

    # 提取收盘价,并归一化
    close_price = data['4. close'].values.
        reshape(-1, 1)
    scaler = MinMaxScaler(feature_range=(0, 1))
    close_price_scaled = scaler.fit_transform(close_
        price)
```

```python
# 按80%/20%分割训练集和测试集
train_size = int(len(close_price_scaled) * 0.8)
train_data = close_price_scaled[:train_size]
test_data = close_price_scaled[train_size:]

# 生成滑动窗口数据
window_size = 5
X_train, Y_train = create_dataset(train_data,
    window_size)
X_test, Y_test = create_dataset(test_data,
    window_size)

# 调整输入数据形状:[样本数,时间步长,特征数]
X_train = X_train.reshape((X_train.shape[0], X_
    train.shape[1], 1))
X_test = X_test.reshape((X_test.shape[0], X_
    test.shape[1], 1))

# 获取测试集对应的时间索引(由于前window_size个样本无法
# 生成标签)
test_index = data.index[train_size + window_
    size:]

# ================= LSTM模型 =================
lstm_model = build_model("LSTM", window_size)
lstm_model.fit(X_train, Y_train, epochs=100,
    batch_size=64, verbose=1)

# 预测及反归一化
train_predict_lstm = scaler.inverse_
    transform(lstm_model.predict(X_train))
test_predict_lstm  = scaler.inverse_
    transform(lstm_model.predict(X_test))
Y_train_inv = scaler.inverse_transform(Y_train.
```

```python
    reshape(-1, 1))
Y_test_inv = scaler.inverse_transform(Y_test.
    reshape(-1, 1))

# 计算RMSE
train_rmse_lstm = np.sqrt(mean_squared_error(Y_
    train_inv, train_predict_lstm))
test_rmse_lstm  = np.sqrt(mean_squared_error(Y_
    test_inv, test_predict_lstm))
print("LSTM训练集RMSE: ", train_rmse_lstm)
print("LSTM测试集RMSE: ", test_rmse_lstm)

# 绘制LSTM预测结果（测试集）
actual_test_prices = close_price[train_size +
    window_size:]
plot_predictions(test_index, actual_test_prices,
    test_predict_lstm,
    "微软股票价格预测（LSTM模型）", my_font)

# ================ RNN模型 ================
rnn_model = build_model("RNN", window_size)
rnn_model.fit(X_train, Y_train, epochs=100,
    batch_size=64, verbose=1)

# 预测及反归一化
train_predict_rnn = scaler.inverse_transform(rnn_
    model.predict(X_train))
test_predict_rnn  = scaler.inverse_transform(rnn_
    model.predict(X_test))

# 计算RMSE
train_rmse_rnn = np.sqrt(mean_squared_error(Y_
    train_inv, train_predict_rnn))
```

```
        test_rmse_rnn  = np.sqrt(mean_squared_error(Y_
            test_inv, test_predict_rnn))
    print("RNN训练集RMSE: ", train_rmse_rnn)
    print("RNN测试集RMSE: ", test_rmse_rnn)

    # 绘制RNN预测结果（测试集）
    plot_predictions(test_index, actual_test_prices,
        test_predict_rnn,
        "微软股票价格预测（RNN模型）", my_font)

if __name__ == "__main__":
    main()
```

上述代码首先导入了必要的库，读取了微软股票的历史数据，对收盘价进行了归一化处理，将数据分为训练集和测试集。其次，将数据序列化，并整形为 LSTM 模型所需的输入格式。再次，构建了一个两层 LSTM模型，对模型进行了编译和训练。最后，用训练好的模型对训练集和测试集进行预测，计算了预测结果的 RMSE，并绘制了原始数据和测试集预测结果的图形。

运行以上代码，得到的误差数据如8-11所示。

> **8-11　股票预测误差**
>
> LSTM 训练集 RMSE: 3.563036726871352
> LSTM 测试集 RMSE: 0.6596597434248286

[!] **说明：** 均方根误差（Root Mean Squared Error，RMSE），是一种用来衡量预测值与真实值之间差异的指标。RMSE是将所有预测误差的平方求和，再取平均数并开根号的结果。RMSE常用于评估回归模型的性能，它的值越小，表示模型的预测精度越高。

获得的测试集的预测曲线如图8.8所示。

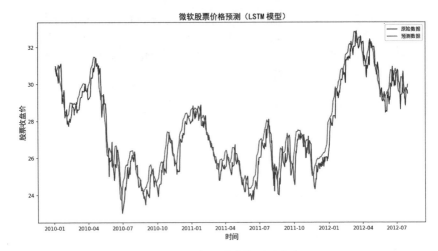

图 8.8　微软股票价格预测曲线

从拟合曲线来看，LSTM 模型在预测微软股票价格时捕捉到了一定程度的趋势变化，但预测结果仍存在一定误差。虽然 LSTM 在测试集上的表现较好，但不能保证对未来股价的精确预测。这表明 LSTM 在分析股票价格时具有一定的参考价值，但投资者仍需结合其他因素和方法进行决策。

循环神经网络（RNN）和长短期记忆网络（LSTM）是两种强大的深度学习技术，它们可以处理具有时间或序列依赖性的数据。除了时间序列分析，它们还可以应用于以下领域。

（1）自然语言处理（NLP）：RNN 和 LSTM 非常适合处理自然语言任务，如文本分类、情感分析、命名实体识别、机器翻译、语音识别和文本生成等。

（2）视频分析：RNN 和 LSTM 可以用于视频分析任务，如动作识别、视频标注、视频分类和视频生成等。

（3）生物信息学：在生物信息学领域，RNN 和 LSTM 可用于基因序列分类、蛋白质结构预测和生物序列生成等任务。

（4）金融领域：RNN 和 LSTM 可以用于股票市场预测、信用评分、金融欺诈检测和算法交易等任务。

(5)聊天机器人和问答系统:RNN 和 LSTM 可以用于开发智能聊天机器人和问答系统,以便更好地理解和处理用户输入。

(6)音乐生成:RNN 和 LSTM 可以用于学习音乐的结构和模式,从而生成新的音乐作品。

(7)手写识别:RNN 和 LSTM 可以应用于手写字符和数字的识别,解析手写文本。

(8)语音合成:RNN 和 LSTM 可以用于生成逼真的人类语音,用于语音合成任务。

综上所述,使用DeepSeek实现RNN与LSTM,可以大幅提升序列建模和自然语言处理任务的性能。通过结合这些先进的神经网络架构,我们能够更准确地捕捉长期依赖关系和上下文信息,从而实现更为强大的预测和生成能力。

> **说明:** 在数据分析和深度学习领域,除了CNN、RNN和LSTM,还有一些其他重要的算法。其中,Autoencoder(自编码器)是一种无监督学习算法,可将输入数据编码为低维表示,并用这些表示来重构原始数据。GAN(生成对抗网络)是另一种无监督学习算法,能够生成逼真的样本。Transformers是用于自然语言处理的模型,它使用自注意力机制处理序列数据,并在文本分类、语言翻译和问答等任务中表现出色。如果读者对这些技术感兴趣,可以参考前面的章节,利用DeepSeek探索更多有趣的数据分析和深度学习技术。

8.2 使用 DeepSeek 进行大数据分析

近年来大数据分析已成为企业和科研机构的关键技术之一,它可以帮助人们从海量的数据中提取有价值的信息以支持决策和研究。在这一节中,我们将探讨如何使用DeepSeek与大数据处理框架(如Hadoop和Spark)集成以进行大规模数据分析。我们将讨论如何利用这些框架存储和处理数据,并结合DeepSeek的能力进行高效的数据挖掘和机器学习任务。通过本节的学习，读者将了解如何将 DeepSeek 应用于大数据分析场景，为解决不同领域的实际问题提供更强大的分析和预测能力。

8.2.1 使用 DeepSeek 与 Hadoop 集成进行数据存储与处理

Hadoop 是一个开源的分布式存储和分布式计算框架，主要用于处理大量非结构化或半结构化的数据。它最初是由 Apache 基金会开发的，灵感来自 Google 的 MapReduce 和 GFS（Google 文件系统）论文。Hadoop 的核心是 Hadoop 分布式文件系统（Hadoop Distributed File System，HDFS）和 MapReduce 编程模型，如图 8.9 所示。

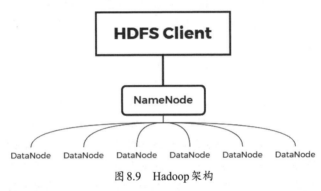

图 8.9　Hadoop 架构

HDFS 是一种分布式文件系统，可以在多台机器上存储和管理大量数据。它具有高容错性、高吞吐量和可扩展性等特点。HDFS 采用主从架构，包括 NameNode（主节点）和 DataNode（数据节点）。NameNode 负责管理文件系统的元数据（如文件名、目录结构等），DataNode 负责存储文件的实际数据。而 MapReduce 是一种编程模型，用于处理和生成大量数据集。它包括两个阶段：Map 阶段和 Reduce 阶段。Map 阶段负责处理输入数据并生成键值对（Key-Value Pair），Reduce 阶段负责对 Map 阶段生成的键值对进行汇总和计算。这种模型允许在多台机器上并行处理大量数据。

在 Hadoop 中，文件被切分成多个固定大小的数据块（默认为 128MB 或 64MB），这些数据块分布在不同的 DataNode 上。这种切分方式提高了数据的并行处理能力。为了保证数据的可靠性和容错性，Hadoop 会将每个数据块复制多份（默认为3份）并存储在不同的DataNode上。当某个DataNode发生故障时，可以从其他DataNode上的副本恢复数据。同时，在任务调度方面，Hadoop采用YARN（Yet Another Resource Negotiator，另一种资源协调者）进行资源调度和任务管理。YARN包括ResourceManager（资源管理器）和NodeManager（节点管理器）。ResourceManager负责整个集群的资源管理，NodeManager负责单个节点的资源管理和任务执行。

Hadoop广泛应用于以下场景。

（1）日志分析：处理和分析大量日志数据，如Web服务器日志、系统日志等。

（2）文本挖掘：分析和挖掘大量文本数据，如新闻文章、社交媒体内容等，以获取有价值的信息，如情感分析、关键词提取等。

（3）推荐系统：基于用户行为和偏好分析，为用户提供个性化的推荐，如电商网站的商品推荐、音乐平台的歌曲推荐等。

（4）数据仓库：Hadoop可以作为一个大规模的数据仓库，存储和分析企业内部的各种业务数据，如销售数据、用户数据等。

（5）机器学习：Hadoop可以用于训练大规模的机器学习模型，如分类、聚类、回归等任务。

（6）网络爬虫：利用Hadoop的分布式特性，实现大规模的网络爬虫系统，用于抓取和分析互联网上的数据。

Hadoop作为一个大数据处理框架，适用于各种需要处理和分析海量数据的场景。它的分布式计算和存储特性使处理大规模数据变得更加高效和容易。要想熟练使用Hadoop对大数据进行分析，需要掌握Hadoop生态系统的各个组件及其协作方式，具有编程、数据处理、数据库、算法和数据结构等方面的技能，具有系统性思维，同时需要有实践经验。

利用DeepSeek的强大功能，我们可以快速、简便地实现Hadoop数据分析。以下示例将演示具体实现过程。

NASA Apache Web Server日志文件数据集是一个公共数据集，由NASA的Jet Propulsion Laboratory提供。该数据集是从NASA的Web服务器日志文件中提取的，被广泛用于分布式计算和大数据分析，已成为许多实际应用的基础。

该数据集的文件格式是 TXT 文件，每行记录包含多个字段，用空格分隔。文件大小为 22.3 GB，包含了近 1000 万条记录，记录了 1995 年 7 月至 1995 年 12 月期间 NASA 网站的访问情况。每条记录包含了访问的 IP 地址、时间戳、HTTP 方法、URL 路径、HTTP 状态码、传输字节数、引用来源和用户代理等重要信息，其特征如表 8.4 所示。

表 8.4　NASA Apache Web Server 日志文件数据集的特征

特征名称	描述
IP 地址	请求的 IP 地址
时间戳	请求发生的时间戳，格式为 [dd/MMM/yyyy:HH:mm:ss +-ZZZZ]
HTTP 方法	客户端请求使用的 HTTP 方法，如 GET、POST 等
URL 路径	客户端请求的 URL 路径，不包括主机名和协议
HTTP 状态码	服务器返回的 HTTP 状态码，如 200 表示成功，404 表示未找到请求的资源等
传输字节数	客户端发送和服务器接收的字节数
引用来源	客户端请求的前一个 URL，即该请求是从哪个页面转向的
用户代理	客户端使用的用户代理，如浏览器类型、操作系统等

NASA Apache Web Server 日志文件数据集的部分数据如表 8.5 所示。

表 8.5　NASA Apache Web Server 日志文件数据集的部分数据

IP 地址	时间戳	HTTP 方法	URL 路径	HTTP 状态码	传输字节数	引用来源	用户代理
piweba3y.prodigy.com	[01/Aug/1995:00:00:01 -0400]	GET	/shuttle/countdown/	200	8677	—	HTTP/1.0

续表

IP地址	时间戳	HTTP方法	URL路径	HTTP状态码	传输字节数	引用来源	用户代理
piweba4y.prodigy.com	[01/Aug/1995:00:00:07 -0400]	GET	/images/NASA-logosmall.gif	200	786	—	HTTP/1.0
piweba4y.prodigy.com	[01/Aug/1995:00:00:08 -0400]	GET	/images/KSC-logosmall.gif	200	1204	—	HTTP/1.0
piweba4y.prodigy.com	[01/Aug/1995:00:00:08 -0400]	GET	/images/MOSAIC-logosmall.gif	200	363	—	HTTP/1.0
piweba4y.prodigy.com	[01/Aug/1995:00:00:08 -0400]	GET	/images/USA-logosmall.gif	200	234	—	HTTP/1.0

使用Hadoop可以对NASA Apache Web Server日志文件数据集进行许多处理，包括以下几个方面。

（1）计算每个IP地址的访问次数：通过MapReduce编程模型，使用Hadoop分布式计算框架，可以编写程序处理整个数据集，计算每个IP地址的访问次数，并以此来分析网站流量等信息。

（2）找到访问最频繁的URL路径：可以编写MapReduce程序计算每个URL路径的访问次数，并找到最常被访问的URL路径。

（3）过滤恶意IP地址：使用Hadoop分布式计算框架，可以编写程序分析IP地址，检测恶意访问，比如在短时间内发送过多的请求等，然后过滤掉这些IP地址的访问请求。

（4）时间序列分析：可以使用Hadoop和Python等工具对日志数据进行时间序列分析，如流量随时间的变化、用户访问模式的变化等，以识别访问模式的周期性变化。

我们可以直接通过 DeepSeek 构建 Hadoop 服务，实现上面的复杂功能，提示语如 8-12 所示。

> **8-12　构建 Hadoop 复杂服务的提示语**
>
> 你是精通大数据的数据分析专家，具备以下能力和知识。
>
> 统计学和数据分析：熟悉基本统计学原理和方法，能够使用统计学和数据分析工具（如 R 语言、Python、SAS 等）处理大数据。
>
> 数据处理和清洗：掌握数据预处理和清洗的技术，包括数据清理、去重、填充缺失值、处理异常值等。
>
> 数据存储和管理：了解各种数据库管理系统的工作原理和使用方法，熟悉数据仓库和数据集市的概念和设计方法。
>
> 大数据平台和技术：了解 Hadoop、Spark、Flink 等大数据平台和技术的基本原理和使用方法。
>
> 机器学习和深度学习：了解机器学习和深度学习的基本概念、算法和工具，能够使用机器学习和深度学习技术进行数据分析和预测。
>
> 数据可视化和呈现：掌握数据可视化和呈现的技术和工具，能够使用图表等方式将分析结果可视化。
>
> 领域知识：了解分析的数据所处的领域背景，掌握相关领域的专业术语和知识。
>
> ----
>
> 请你从专业的角度，利用 Hadoop 对 NASA Apache Web Server 日志文件数据集进行大数据处理，要求如下。
>
> 1. 计算每个 IP 地址的访问次数。
> 2. 找到访问最频繁的 URL 路径。
> 3. 过滤恶意 IP 地址。
> 4. 使用 Hadoop 和 Python 等工具对日志数据进行时间序列分析，如流量随时间的变化。
>
> ----
>
> 你需要先告诉我你的部署策略，然后以代码块的形式，给我每个节点对应的 Python 代码。

DeepSeek 根据需求，生成的 Hadoop 部署策略如 8-13 所示。

8-13　DeepSeek 生成的 Hadoop 部署策略

为了使用 Hadoop 对 NASA Apache Web Server 日志文件数据集进行处理，我们需要配置 Hadoop 集群并将日志文件上传到 Hadoop 分布式文件系统（HDFS）上。以下是分析步骤和部署策略。

1. 数据准备：将日志文件上传至 HDFS 分布式存储系统。
2. 任务拆分：采用 Hadoop MapReduce 处理核心统计任务，Python 辅助处理后期分析。
3. 任务调度：
- 使用 Hadoop Streaming 运行 MapReduce 任务，使用 Python 实现 Mapper/Reducer。
- 采用动态加载黑名单模式过滤恶意 IP。
- 采用 Python+Pandas+Matplotlib 可视化时间序列分析结果。
4. 资源管理：YARN 统一管理计算资源，保证任务并行效率。

以下是每个节点对应的 Python 代码，计算每个 IP 地址的访问次数，如 8-14 所示。

8-14　计算每个 IP 地址的访问次数代码

Mapper：

```python
#!/usr/bin/env python3
import sys
import re

LOG_PATTERN = r'^(\S+) (\S+) (\S+) \[([^\]]+)\] "(\S+) (\S+) (\S+)" (\d+) (\d+)$'

for line in sys.stdin:
    line = line.strip()
```

```
            match = re.match(LOG_PATTERN, line)
            if match:
                ip = match.group(1)
                print(f"{ip}\t1")
```

Reducer:

```
#!/usr/bin/env python3
import sys

current_ip = None
current_count = 0

for line in sys.stdin:
    line = line.strip()
    ip, count = line.split('\t', 1)
    count = int(count)

    if current_ip == ip:
        current_count += count
    else:
        if current_ip:
            print(f"{current_ip}\t{current_count}")
        current_ip = ip
        current_count = count

# 输出最后一个IP
if current_ip:
    print(f"{current_ip}\t{current_count}")
```

执行命令:

```
hadoop jar $HADOOP_HOME/share/hadoop/tools/lib/
    hadoop-streaming-*.jar \
-files mapper_ip_count.py,reducer_ip_count.py \
```

```
-mapper mapper_ip_count.py \
-reducer reducer_ip_count.py \
-input /nasa_logs/input \
-output /nasa_logs/output/ip_count
```

找到访问最频繁的URL路径代码如8-15所示。

8-15 找到访问最频繁的URL路径代码

Mapper:

```python
#!/usr/bin/env python3
import sys
import re

LOG_PATTERN = r'^(\S+) (\S+) (\S+) \[([^\]]+)\] "(\S+)
    (\S+) (\S+)" (\d+) (\d+)$'

for line in sys.stdin:
    line = line.strip()
    match = re.match(LOG_PATTERN, line)
    if match:
        url = match.group(6)
        print(f"{url}\t1")
```

Reducer:

```python
#!/usr/bin/env python3
import sys

current_url = None
current_count = 0

for line in sys.stdin:
    line = line.strip()
    url, count = line.split('\t', 1)
```

```python
        count = int(count)

    if current_url == url:
        current_count += count
    else:
        if current_url:
            print(f"{current_url}\t{current_count}")
        current_url = url
        current_count = count

if current_url:
    print(f"{current_url}\t{current_count}")
```

执行命令：

```
hadoop jar $HADOOP_HOME/share/hadoop/tools/lib/
    hadoop-streaming-*.jar \
-files mapper_url_count.py,reducer_url_count.py \
-mapper mapper_url_count.py \
-reducer reducer_url_count.py \
-input /nasa_logs/input \
-output /nasa_logs/output/url_count
```

后处理（找Top 1）：

```python
# find_top_url.py
import sys

max_url, max_count = '', 0
for line in sys.stdin:
    url, count = line.strip().split('\t')
    count = int(count)
    if count > max_count:
        max_url, max_count = url, count
print(f"Most frequent URL: {max_url} (Count: {max_
```

```
count})")
```

过滤恶意IP地址代码如8-16所示。

8-16 过滤恶意IP地址代码

生成黑名单（基于IP访问次数阈值）：

```
hadoop fs -cat /nasa_logs/output/ip_count/part-* |
    awk '$2 > 1000 {print $1}' > malicious_ips.txt
hadoop fs -put malicious_ips.txt /nasa_logs/meta/
```

Mapper:

```python
#!/usr/bin/env python3
import sys
import re

LOG_PATTERN = r'^(\S+) (\S+) (\S+) \[([^\]]+)\] "(\S+)
    (\S+) (\S+)" (\d+) (\d+)$'
malicious_ips = set(open('malicious_ips.txt').
    read().splitlines())

for line in sys.stdin:
    line = line.strip()
    match = re.match(LOG_PATTERN, line)
    if match:
        ip = match.group(1)
        if ip not in malicious_ips:
            print(line)    # 输出非恶意请求
```

执行命令：

```
hadoop jar $HADOOP_HOME/share/hadoop/tools/lib/
    hadoop-streaming-*.jar \
-files filter_malicious.py,malicious_ips.txt \
```

```
-mapper filter_malicious.py \
-numReduceTasks 0 \
-input /nasa_logs/input \
-output /nasa_logs/output/cleaned_logs
```

使用Hadoop和Python等工具对日志数据进行时间序列分析，流量随时间的变化规律代码如8-17所示。

8-17 流量随时间的变化规律代码

Mapper:

```python
#!/usr/bin/env python3
import sys
import re
from datetime import datetime

LOG_PATTERN = r'^(\S+) (\S+) (\S+) \[([^\]]+)\] "(\S+)
    (\S+) (\S+)" (\d+) (\d+)$'

for line in sys.stdin:
    line = line.strip()
    match = re.match(LOG_PATTERN, line)
    if match:
        timestamp = match.group(4).split()[0]  # 01/
            Jul/1995:00:00:01
        try:
            dt = datetime.strptime(timestamp,
                "%d/%b/%Y:%H:%M:%S")
            hour_key = dt.strftime("%Y-%m-%d %H:00")
            print(f"{hour_key}\t1")
        except:
            continue
```

Reducer:

```python
#!/usr/bin/env python3
import sys

current_hour = None
current_count = 0

for line in sys.stdin:
    hour, count = line.strip().split('\t')
    count = int(count)

    if current_hour == hour:
        current_count += count
    else:
        if current_hour:
            print(f"{current_hour}\t{current_count}")
        current_hour = hour
        current_count = count

if current_hour:
    print(f"{current_hour}\t{current_count}")
```

执行命令:

```
hadoop jar $HADOOP_HOME/share/hadoop/tools/lib/
    hadoop-streaming-*.jar \
-files mapper_time_series.py,reducer_time_series.py \
-mapper mapper_time_series.py \
-reducer reducer_time_series.py \
-input /nasa_logs/input \
-output /nasa_logs/output/time_series
```

上述代码使用Python和Hadoop的MapReduce框架对NASA Apache Web Server日志文件数据集进行了大数据处理，实现了以下4个功能：计算每个IP地址的访问次数；找到访问最频繁的URL路径；过滤恶意IP地址；对日志数据进行时间序列分析，展示流量随时间的变化。通过这些代码，我们可以对Web服务器日志进行深入分析，从而提供有关流量、用户行为和安全性的洞察。

> ⚠️ **注意：** 这些代码块仅为示例，可能需要根据实际数据集和环境进行调整。在实际部署中，还需要考虑错误处理、日志记录、优化等因素。一旦完成这些步骤，就将能够使用Hadoop对NASA Apache Web Server日志文件数据集进行大数据处理。

此外，还可以增加Python可视化代码，如8-18所示。

8-18　Python可视化代码

```python
# visualize_traffic.py
import pandas as pd
import matplotlib.pyplot as plt

# 从HDFS下载结果
!hadoop fs -get /nasa_logs/output/time_series/part-
    00000 ./time_series.csv

# 数据处理
df = pd.read_csv('time_series.csv', sep='\t',
    names=['timestamp', 'requests'])
df['timestamp'] = pd.to_datetime(df['timestamp'])
df.set_index('timestamp', inplace=True)

# 可视化
plt.figure(figsize=(15,6))
df['requests'].plot(title='Website Traffic Over Time')
plt.xlabel('Time')
plt.ylabel('Requests per Hour')
plt.grid(True)
plt.savefig('traffic_analysis.png')
plt.show()
```

Hadoop MapReduce整体设计的架构如图8.10所示。

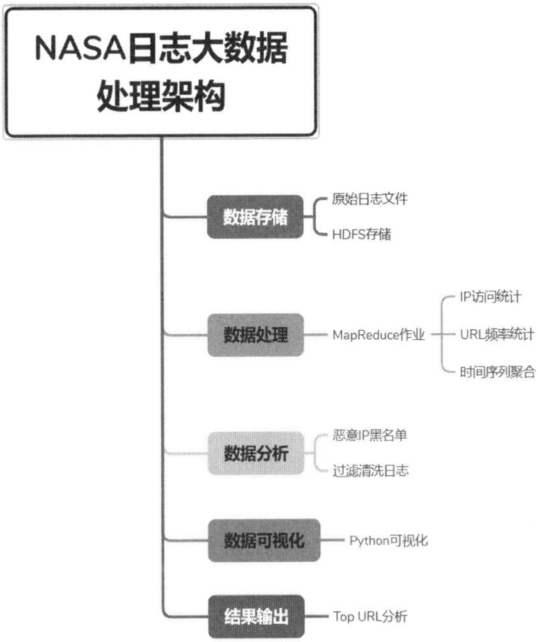

图8.10　Hadoop MapReduce整体设计的架构

综上所述，使用DeepSeek与Hadoop集成进行数据存储与处理，可以快速高效地对大规模数据进行分析和挖掘。通过结合DeepSeek的强大自然语言处理能力和Hadoop的分布式计算特性，可以轻松解决复杂的数据分析问题，从而实现数据的快速处理、实时分析和智能决策。此外，借助Hadoop的可扩展性和稳定性，还可以在不牺牲性能的情况下应对不断增长的数据量和处理需求。

8.2.2　使用DeepSeek与Spark集成进行数据分析与机器学习

Spark是一个开源的大数据处理框架，相较于Hadoop，它可以更加方便、高效地进行数据处理和分析。Spark由UC Berkeley的AMPLab开发，后来成为Apache项目的一部分。

Spark应用程序在集群中运行时由Driver Program和Executors两个主要部分组成，如图8.11所示。其中，Driver Program是Spark应用程序的主要控制器，负责将应用程序代码转换为一系列的任务，并协调这些任务在整个集群中执行的过程。Driver Program通常会启动一个SparkContext，该SparkContext

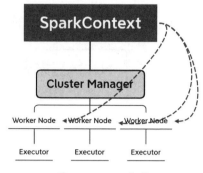

图8.11　Spark架构

会连接到集群管理器（如YARN、Mesos或Standalone）并请求资源来执行应用程序。Executors是在集群中分布式运行的进程，负责实际执行任务。每个Executor都会启动一个JVM进程，并在该进程中执行应用程序的任务。Executors在应用程序执行期间会维护和管理数据分区，并将数据存储在内存中以便快速访问。Driver Program通过SparkContext将任务发送到Executors进行执行，并接收任务执行的结果。总的来说，Driver Program和Executors是Spark应用程序的核心组件，它们协同工作以在集群上执行Spark作业。

Spark提供了丰富的API和库，包括用于处理结构化数据的Spark SQL，支持SQL查询和DataFrame操作；用于处理实时数据流的Spark Streaming，可以从多种数据源中获取数据并进行实时分析；Spark的机器学习库MLlib，提供了丰富的机器学习算法和工具，包括分类、回归、聚类、推荐等；Spark的图计算库GraphX，提供了图数据处理和分析的功能。

要使用Spark进行数据分析和机器学习，可以通过以下步骤。

（1）准备数据：需要获取并清洗数据，如删除缺失值、去除异常值、归一化等。

（2）创建Spark应用：使用Spark API创建一个应用程序，包括定义输入输出、数据处理逻辑和算法。

（3）调试和优化：在本地或集群上运行Spark应用，进行调试和优化，以提高性能和准确度。

（4）部署应用：将 Spark 应用部署到集群环境中，如使用 YARN、Mesos 或 Kubernetes 进行资源调度和管理。

（5）监控和评估：在运行过程中，使用 Spark 提供的监控工具对应用进行监控和评估，确保其稳定性和可靠性。

Spark 广泛应用于以下场景。

（1）数据挖掘：分析和挖掘大量数据，以获取有价值的信息，如关联规则、异常检测等。

（2）机器学习：利用 Spark 的 MLlib 库进行大规模的机器学习任务，如分类、聚类、回归等。

（3）实时分析：使用 Spark Streaming 进行实时数据处理和分析，如金融交易、社交媒体分析等。

（4）图数据分析：利用 GraphX 进行图数据处理和分析，如社交网络分析、网络拓扑分析等。

（5）ETL：使用 Spark 进行大规模的数据转换、提取和加载任务，如数据仓库的数据整合和数据迁移等。

Spark 作为一个强大的大数据处理框架，适用于各种需要处理和分析海量数据的场景。要想熟练使用 Spark 进行大数据分析，需要掌握 Spark 生态系统的各个组件及其协作方式，具备编程、数据处理、数据库、算法和数据结构等方面的技能，具有系统性思维，同时需要有实践经验。

利用 DeepSeek 的强大功能，我们可以快速、简便地实现 Spark 数据分析。以下示例将演示具体实现过程。

MovieLens 数据集是一个由 GroupLens 提供的电影评分数据集，这个数据集包含了多个不同大小的版本。在这里，我们将介绍一个较小的版本，称为 MovieLens 100K 数据集。这个数据集包含了 100000 条电影评分数据，涉及 943 名用户对 1682 部电影的评分记录。数据集主要包括 3 个文件：用户信息文件、电影信息文件和评分文件。

1. 用户信息文件

这个文件包含了用户的基本信息，包括用户 ID、年龄、性别、职业

和邮编。文件中的每行记录对应一个用户，字段之间用"|"分隔，如表8.6所示。

表8.6 用户信息文件

字段名	描述
用户ID	用户的唯一标识符
年龄	用户的年龄
性别	用户的性别（M表示男性，F表示女性）
职业	用户的职业
邮编	用户所在地的邮政编码

2. 电影信息文件

这个文件包含了电影的基本信息，包括电影ID、电影名称、发行日期、IMDb URL和电影类型。文件中的每行记录对应一部电影，字段之间用"|"分隔，如表8.7所示。

表8.7 电影信息文件

字段名	描述
电影ID	电影的唯一标识符
电影名称	电影的名称
发行日期	电影的发行日期
IMDb URL	电影在IMDb网站上的URL
电影类型	电影的类型（如动作、冒险、喜剧等）

3. 评分文件

这个文件包含了用户对电影的评分数据。文件中的每行记录对应一条评分记录，字段之间用制表符（\t）分隔，如表8.8所示。

表8.8 评分文件

字段名	描述
用户ID	评分用户的ID
电影ID	被评分电影的ID
评分	用户对电影的评分（范围1～5）
时间戳	评分的时间戳（Unix格式）

使用Apache Spark对MovieLens 100K数据集进行处理，可以进行以下几个方面的分析。

（1）计算每部电影的平均评分：使用Spark的DataFrame或RDD API，可以轻松地计算每部电影的平均评分，并以此来了解观众对不同电影的喜好程度。

（2）计算每个用户的平均评分：使用Spark，可以计算每个用户的平均评分，以此分析用户评分习惯和差异。

（3）查找最受欢迎的电影类型：通过汇总电影类型的评分数据，我们可以找到最受观众欢迎的电影类型。

（4）基于用户的协同过滤推荐：使用Spark ML库（Spark Machine Learning Library），可以实现基于用户的协同过滤推荐算法，根据用户之间的相似性为用户推荐可能喜欢的电影。

（5）基于电影的协同过滤推荐：同样地，可以使用Spark ML库实现基于电影的协同过滤推荐算法，根据电影之间的相似性为用户推荐可能喜欢的电影。

（6）分析不同年龄段、性别和职业的用户对电影的喜好：结合用户信息文件，可以分析不同年龄段、性别和职业的用户对电影的喜好，进一步了解不同类型的观众对电影的需求。

（7）时间序列分析：可以使用Spark和Python等工具对评分数据进行时间序列分析，例如，分析电影评分随时间的变化、评分高峰期等，以便了解观众对电影的评分行为。

（8）电影元数据分析：通过电影信息文件中的发行日期、IMDb URL 和电影类型等元数据，可以对电影进行分类分析，例如，研究什么年代的电影更受欢迎，或者分析什么类型的电影在 IMDb 上的评分较高。

我们可以直接通过 DeepSeek 构建 Spark 服务，实现上面的复杂功能，提示语如 8-19 所示。

8-19　构建 Spark 复杂服务的提示语

你是精通大数据的数据分析专家，具备以下能力和知识。

统计学和数据分析：熟悉基本统计学原理和方法，能够使用统计学和数据分析工具（如 R 语言、Python、SAS 等）处理大数据。

数据处理和清洗：掌握数据预处理和清洗的技术，包括数据清理、去重、填充缺失值、处理异常值等。

数据存储和管理：了解各种数据库管理系统的工作原理和使用方法，熟悉数据仓库和数据集市的概念和设计方法。

大数据平台和技术：了解 Hadoop、Spark、Flink 等大数据平台和技术的基本原理和使用方法。

机器学习和深度学习：了解机器学习和深度学习的基本概念、算法和工具，能够使用机器学习和深度学习技术进行数据分析和预测。

数据可视化和呈现：掌握数据可视化和呈现的技术和工具，能够使用图表等方式将分析结果可视化。

领域知识：了解分析的数据所处的领域背景，掌握相关领域的专业术语和知识。

————

请你从专业的角度，利用 Spark 对 MovieLens 100K 数据集进行大数据处理，要求如下。

- 计算每部电影的平均评分。
- 计算每个用户的平均评分。
- 查找最受欢迎的电影类型。
- 基于用户的协同过滤推荐。

————

第 8 章　使用 DeepSeek 进行深度学习和大数据分析 | 383

> 请以代码块的形式，给我每个节点对应的 Python 代码。

DeepSeek 根据需求，生成的 Spark 处理代码如 8-20 所示。

8-20　DeepSeek 生成的 Spark 处理代码

```python
from pyspark.sql import SparkSession
from pyspark.sql.functions import col, avg, explode,
    split, count
from pyspark.ml.recommendation import ALS
from pyspark.ml.evaluation import
    RegressionEvaluator

# 初始化SparkSession
spark = SparkSession.builder \
    .appName("MovieLensAnalysis") \
    .getOrCreate()

# 数据加载（请替换实际路径）
ratings = spark.read.csv("u.data", sep="\t",
    inferSchema=True) \
    .toDF("user_id", "item_id", "rating",
        "timestamp")
movies = spark.read.csv("u.item", sep="|",
    inferSchema=True, encoding="ISO-8859-1") \
    .toDF("item_id", "title", "release_date",
        "video_release_date", "imdb_url", *[f"genre_
        {i}" for i in range(19)])


"""------------------------------------------------
1. 计算每部电影的平均评分
------------------------------------------------"""
movie_avg_rating = ratings.groupBy("item_id") \
    .agg(avg("rating").alias("avg_rating")) \
    .withColumn("avg_rating", col("avg_rating").
```

```
            cast("decimal(3,2)"))

movie_avg_rating.show(10)

"""------------------------------------------------
2. 计算每个用户的平均评分
------------------------------------------------"""
user_avg_rating = ratings.groupBy("user_id") \
    .agg(avg("rating").alias("avg_rating")) \
    .withColumn("avg_rating", col("avg_rating").
        cast("decimal(3,2)"))

user_avg_rating.show(10)

"""------------------------------------------------
3. 查找最受欢迎的电影类型
------------------------------------------------"""
# 定义电影类型名称（根据MovieLens 100K规范）
genres = [
    "Action", "Adventure", "Animation",
    "Children's", "Comedy","Crime", "Documentary",
    "Drama", "Fantasy", "Film-Noir","Horror",
    "Musical", "Mystery", "Romance", "Sci-Fi",
    "Thriller", "War", "Western"
]

# 将宽表转换为长表
genre_columns = [f"genre_{i}" for i in range(19)]
genre_counts = movies.select("item_id", *genre_
    columns) \
    .withColumn("genres", explode(split(
        concat_ws(",", *[when(col(c)==1,
            lit(f"{i},")).otherwise("") for i, c in
            enumerate(genre_columns)]),
```

```python
            ","
    ))) \
    .filter(col("genres") != "") \
    .groupBy("genres") \
    .agg(count("*").alias("count")) \
    .withColumn("genre", col("genres").
        cast("int")) \
    .drop("genres") \
    .withColumn("genre_name", array(*[lit(g) for g
        in genres])[col("genre")])

# 展示按数量排序的结果
genre_counts.orderBy(col("count").desc()).
    show(truncate=False)


"""------------------------------------------
4. 基于用户的协同过滤推荐
------------------------------------------"""
# 数据准备
(train, test) = ratings.randomSplit([0.8, 0.2])

# 构建ALS模型
als = ALS(
    maxIter=5,
    regParam=0.01,
    userCol="user_id",
    itemCol="item_id",
    ratingCol="rating",
    coldStartStrategy="drop"
)

# 训练模型
model = als.fit(train)
```

```python
# 生成推荐（为每个用户推荐前10部电影）
user_recs = model.recommendForAllUsers(10)

# 展示推荐结果
user_recs.show(10, truncate=False)

# 模型评估（可选）
predictions = model.transform(test)
evaluator = RegressionEvaluator(
    metricName="rmse",
    labelCol="rating",
    predictionCol="prediction"
)
rmse = evaluator.evaluate(predictions)
print(f"Root-mean-square error = {rmse}")

# 关闭SparkSession
spark.stop()
```

上面的代码使用Spark对MovieLens 100K数据集进行了数据处理和分析，包括计算每部电影和每个用户的平均评分、查找最受欢迎的电影类型，并使用基于用户的协同过滤方法进行电影推荐。

综上所述，使用DeepSeek与Spark集成进行数据分析与机器学习，可以快速、高效地处理和分析大量数据。这种集成利用了DeepSeek的深度学习能力和Spark的分布式计算能力，为各种复杂的数据挖掘和分析任务提供了强大的支持。无论是数据预处理、可视化、统计分析还是机器学习，DeepSeek和Spark的结合都能为数据分析师带来极大的便利和效率提升。

8.3 小结

在本章中，我们详细讨论了如何使用DeepSeek在深度学习和大数据分析方面发挥作用。首先,我们介绍了如何使用 DeepSeek 构建卷积神经网络(CNN)、循环神经网络(RNN)与长短期记忆网络(LSTM)进行深度学习分析。这些方法使我们能够在各种任务中实现高效的模型训练与推理,如图像识别、自然语言处理和时间序列预测等。

其次,我们讨论了如何将 DeepSeek 与大数据生态系统中的 Hadoop 和 Spark 进行集成,以进行数据存储、处理、分析和机器学习。通过这些集成方案,用户可以充分利用大数据平台的强大功能,实现分布式计算和高效的数据处理,同时将 DeepSeek 作为一个强大的辅助工具来优化分析过程和提高工作效率。

最后,本章向读者展示了如何将 DeepSeek 与深度学习和大数据技术相结合的方法,开创了一种新颖的数据分析方法。通过掌握本章所述的技能,读者将能够更好地利用 DeepSeek 应对各种数据驱动的场景。同时,这也为未来在这一领域的研究与应用奠定了坚实的基础。